离网小型垂直轴风电系统的特性研究与结构开发

莫秋云　著

西安电子科技大学出版社

内 容 简 介

本书共七章，包括风力发电与垂直轴风力发电技术的发展、垂直轴风力发电的理论研究及流场特性分析、风能的转换与储存、垂直轴风力发电机的电气控制系统、离网小型垂直轴风力发电系统研究与开发、垂直轴风力发电机全生命周期评价以及实验研究与论证等内容。

本书基于风能利用率和结构局限状态，指出风能利用率的多场耦合理论、能量利用率的建模方法以及效能评估机理等方面存在的关键技术问题，论证解决办法，提出以计算流体力学、绿色与全生命周期设计、能量转化理论、电磁理论等多学科交叉为理论依据，建立多场多学科交叉系统分析模型，最终实现高效能、高集成度的风电系统的整机研发。在风能转化与存储方面创新地提出了新概念风能转换系统多学科风轮优化模型和变步长占空比扰动 MPPT 模型，提出并开发多情景 LCA 安装评价系统。通过自行搭建的实验平台，获得大量数据并验证了所构建模型的合理性，研发的“风轮—电机”集成一体化风力发电机的转矩系数相对普通机型可提高 12.76%，转矩系数波动幅度减小 48.25%。

本书是在提炼了国家基金、省级科技攻关与基金项目的主要研究成果的基础上完成的，所总结的科研经验与技术、方法等，可为风力发电技术专业研究人员及技术开发人员提供较为前沿的参考和借鉴。

图书在版编目(CIP)数据

离网小型垂直轴风电系统的特性研究与结构开发/莫秋云著. —西安：
西安电子科技大学出版社，2020.10
ISBN 978-7-5606-5787-5

Ⅰ.①离…　Ⅱ.①莫…　Ⅲ.①风力发电系统—研究　Ⅳ.①TM614

中国版本图书馆 CIP 数据核字(2020)第 164953 号

策划编辑　陈　婷
责任编辑　雷鸿俊
出版发行　西安电子科技大学出版社(西安市太白南路 2 号)
电　　话　(029)88242885　88201467　　邮　　编　710071
网　　址　www.xduph.com　　电子邮箱　xdupfxb001@163.com
经　　销　新华书店
印刷单位　广东虎彩云印刷有限公司
版　　次　2020 年 10 月第 1 版　2020 年 10 月第 1 次印刷
开　　本　787 毫米×1092 毫米　1/16　印张　12.5
字　　数　291千字
定　　价　35.00 元
ISBN 978-7-5606-5787-5/TM

XDUP 6089001-1

前　言

中国经济的快速增长引发了巨大的能源消耗，大量传统化石能源的使用带来的环境污染已不容忽视，我国以煤炭为主的能源结构亟待调整。为了有效解决这一难题，我国近几年大力发展清洁能源产业，水能、风能、核能、太阳能等清洁能源都得到了较好的应用。风力发电作为一种清洁、可再生的电力获取形式，对我国乃至世界的能源发展都具有重要意义。

垂直轴风力发电机虽然对风能的利用率较低，但由于其安装简单、运行稳定性好、工作噪声低、抗风能力强等诸多优点被广泛运用于离网发电。但相较于水平轴风力发电机，垂直轴风力发电机的风能利用率较低，主要原因是存在诸多亟待解决的关键技术问题，如低风速下高风能利用率的多场耦合理论不完善，系统性能量利用率的建模方法及效能评估机理的研究还不成熟，间歇性风能与极限环境影响系统功率特性参数变化易引起控制电路不稳定的问题也没有得到有效解决等。

本书是在国家自然科学基金“多尺度多因素协同作用的风电系统能效评估机理的研究”、广西自然科学基金项目“基于能量收集与多学科优化的垂直轴风力发电系统关键技术研究”等系列相关项目研究内容的基础上撰写而成的，在能量转化与利用理论、机械结构与电器结构开发理论、多场多学科交叉融合理论研究方面有一定深度，在实验平台建设和实践认证方法方面也做出了大胆的尝试并取得了初步的成效。因此，本书具有较好的科学性、系统性与前沿性。

作者多年从事风力发电(简称风电)专业技术研究，先后完成了多个国家级及省部级项目，对风力发电技术有系统的认知和全面的把握。撰写本书的目的就是为了介绍所完成项目的研究成果，为风电技术专业研究人员及技术开发人员提供较为前沿的技术资料，同时介绍科研经验及技术、方法，为风力发电技术的发展与创新及科研成果的转化注入新的动力。

本书共七章，主要内容包括风力发电与垂直轴风力发电技术的发展、垂直轴风力发电的理论研究及流场特性分析、风能的转换与储存、垂直轴风力发电机的电气控制系统、离网小型垂直轴风力发电系统研究与开发、垂直轴风力发电机全生命周期评价以及实验研究与论证。

本书由莫秋云教授组织编写，并完成写作思路、整体框架的设计以及全书的统稿工作。具体的编写分工为：刘伟豪编写第 1 章和第 5 章，管会森、尹嘉蓓编写第 2 章，廖智强、陈林编写第 3 章和第 7 章，廖智强编写第 4 章和第 6 章。

限于作者的水平，书中难免会有不当之处，诚请读者提出宝贵意见和建议，也希望从事垂直轴风力发电机相关专业研究的专家批评指正。

作　者

2020 年 5 月

目　　录

第1章 风力发电与垂直轴风力发电技术的发展

1.1 风能与风力发电系统发展前沿

能源是人类社会发展进步的物质基础，能源、材料与信息被称为人类文明发展的三大支柱[1]。在人类对清洁、可再生能源从未停止的探索和开发过程中，风能作为最重要的清洁能源之一，尤其受到重视。风能的利用无论是从政府决策、科研机构，还是在民间的应用都达到了空前的认识高度。全球许多国家已经把大力发展风力发电作为新能源战略的重点。《国家能源局关于可再生能源发展“十三五”规划实施的指导意见》(国能发新能〔2017〕31号)中明确提出了各地区新增风力发电建设规模方案的分年度规模及相关要求。

由于地面各处受太阳辐照后气温变化不同以及空气中水蒸气的含量不同，各地气压存在差异，在水平方向，高压地区的空气向低压地区流动，即形成风[2]。空气流所具有的动能称为风能，空气流速越高，动能越大，所具有的能量也越大[3]。风能的流速、动能、能量是直接影响风力发电效率及容量大小的因素，因此，目前研究热点之一是对风能特性及其分布规律的研究，以精准预测和有效评估风场的质量从而实现对风力能源的良好利用与控制。研究的另一个热点主要是关于风力发电应用基础理论的研究，由于空气流场的复杂性以及流-固-电的多场耦合问题在力学计算和仿真等模型算法方面的一些限制条件，垂直轴风力发电装置的效率计算等问题仍有待突破。

本章将在主要分析风能所具有的特点及其地域分布的基础上，简要概括介绍风力发电技术的发展情况与研究现状，并阐述垂直轴风力发电系统的基本结构的分类与构成情况，从而作为后续各章节对于该类型风力发电系统的应用理论逐步深入研究、关键技术研究与结构开发的铺垫。

1.1.1 风能研究理论及现状分析

1. 风能特性的分析

1) 风能的优点

(1) 资源储量大，来源丰富。据估计，风中含有的能量，远多于人类迄今为止所能控制的能量。全世界每年燃烧煤炭得到的能量，还不到风力在同一时间内所提供能量的1%[4]。

(2) 风能是可再生能源。风能由太阳转化而来，只要太阳和地球存在，就会有风。据估计，到达地球的太阳能中虽然只有约2%转化为风能，但其总量仍非常可观[4]。风能与自然界中的煤炭、石油和天然气等化石燃料不同，不会随自身的转化和人类的利用而日渐减少，其周而复始、取之不尽、用之不竭，具有长期性、周期性以及可再生性等特点。

(3) 风能是清洁能源。开发利用风能不会造成大气和环境污染，不会破坏生态环境和危害人类健康，是真正的绿色能源。开发利用风能有助于实现能源的安全性和多元化，减少温室气体排放，减少化石燃料造成的环境污染。

(4) 分布广泛，能量巨大。风能分布广泛，不受任何地域限制，从大陆到沿海、从近海到远洋均蕴藏着大量风能，任何国家都可将风能作为本土能源的解决方案。我国风能分布广泛，特别是东南沿海，风能质量较高。此外，风具有的能量非常惊人，风速为 9～10 m/s 的 5 级风，吹到物体表面上的力，每平方米面积上可达 98 N 左右。风速为 20 m/s 的 9 级风，吹到物体表面上的力，每平方米面积可达 490 N 左右。台风风速可达 50～60 m/s，对每平方米物体表面上的压力，可高达 1960 N 以上[5]。

(5) 风能具有统计规律。从短时间来看，风速忽大忽小、时有时无，方向也忽左忽右，具有较大的随机性和不可控制性。但从宏观、长时间来看，风能具有一定的统计规律，在一定程度上是可以预测的，因而风能是完全可以利用的[6]。

2) 风能的缺点

风能的优点显著，但其缺点也较多[7]，主要表现在以下几点：

(1) 能量密度小。能量密度小是风能的一个重要缺陷。风能来源于空气流动，而空气密度非常小，因此风能的能量密度也较小，只有水能的 1/1000。由表 1-1 可知，在各种能源中，风能的能量密度较低，从而给其高效利用带来一定难度。

表 1-1 几种清洁能源的能量密度比较

能源类别	能量密度/(kW/m²)	能源类别	能量密度/(kW/m²)
风能(风速 3 m/s)	0.02	潮汐能(潮差 10 m)	100
水能(流速 3 m/s)	20	太阳能(晴天平均)	1
波浪能(浪高 2 m)	30	太阳能(昼夜平均)	0.16

(2) 不稳定。风能的不稳定性主要表现在风随时间波动和空间波动上。

风的不稳定主要体现在随着时间不断变化，其瞬时风速和风向的变化具有随机性和不可预测性。由于气流瞬息万变，风的脉动、日变化、季变化以至年变化都十分明显，波动很大，极不稳定。中国大部分地区风的季节性变化情况是：春季最强，冬季次之，夏季最弱。因此，风资源的利用必须考虑风在时间上的周期性与能源需求之间的矛盾。

风在空间上的不稳定主要表现在地面上空气的流动受涡流、山谷、地表植被、建筑物以及地球自转等的影响，风向和风速随高度发生变化。各种不同地貌情况，如城市、乡村、海边平地和海面，其粗糙度不同，风速随高度的变化也不同。对于接近地面的位置，风速随高度的变化主要取决于地面粗糙度。

(3) 具有随机性。如果长期对某一地区的风速和风向进行观察与记录，就会发现风速和风向是不断变化的，一般所说的风速是指平均风速。通常，自然风是一种平稳气流与瞬间激烈变动的紊乱气流相叠加的风。紊乱气流所产生的瞬时高峰风速称为阵风风速。阵风多数对风力发电机无益，有时还会造成事故。

(4) 地区差异大。风的地区性差异表现在风的强度随海拔、地形和地貌的变化而不同。由于受地形和地貌的影响，风力的地区差异非常明显。一个邻近的区域，有利地形下的风力往往是不利地形下的几倍甚至几十倍。

因此，在设计和安装制造风力发电机时要综合考虑风能的特性，选择最有益于风能转化的地区进行安装。特别是在建设大型风力发电场时，地区的风能特点是必须要考虑的因素之一。只有这样才能实现风力发电机的效益。

2. 风能参数

风能的优点明显，其缺点也是显而易见的，不稳定性、随机性及地区差异性都使得风能的有关研究难度提升。为了更好地利用风能，研究者们根据风能自有属性及特性规律，提取了影响风能利用的主要变量(风速、风能密度、风切变律)进行研究，并对这些变量进行数学建模，最终形成了一套能够科学地表征风能特点和风能转化过程的参数及数学模型。通过这些参数及数学模型，可以根据不同的风况特点对风能进行评估，为风力发电机在实际工程应用中的规格选型及布置提供理论指导和技术支撑。下面将对本书在后续的理论分析和结构设计中使用到的核心参数进行简要介绍。

1) 风速

风速是指空气单位时间内在水平方向上的位移，常用的单位有米/秒(m/s)、千米/小时(km/h)和海里/小时等。在前面所述的风的不稳定性和随机性中提到，风速受多方面因素影响，不同尺度的大气运动非线性叠加使得风速变得较为复杂，具有随机性，或者说是一种湍流状态。而对湍流的直接描述较为困难，因此，为了更好地描述风速，通常把瞬时风速分解为平均风速和脉动风速[8]，即

$$v(t) = \bar{v} + v'(t) \tag{1-1}$$

式中：$v(t)$为瞬时风速，是指在某时刻t空间某点的真实风速；$\bar{v}$为平均风速，是指在某时距内空间某点上各瞬时风速的平均值；$v'(t)$为脉动风速，是指在某时刻t空间某点上的瞬时风速与平均风速的差值。

平均风速是有规律的、可预报的，风速的随机性变化包含在脉动风速内[9]。平均风速可表示为

$$\bar{v} = \frac{1}{t_2 - t_1}\int_{t_1}^{t_2} v(t)\,\mathrm{d}t \tag{1-2}$$

国际上对于风力状况的评估分析及风能计算都是以每小时的平均风速为基本依据。中国气象站采用世界气象组织规定的风时速的测定方法，即以每小时最后10分钟内测量的风速取平均值作为每小时的平均风速[10]。

2) 风能密度

风能密度(风功率密度)是指空气流动在单位时间通过单位截面的能量。在衡量一个地方风能大小和评估其风能潜力中，风能密度是一个非常方便和有价值的参数。其表达式为

$$E=\frac{1}{2}\rho v^3 \tag{1-3}$$

其单位为瓦/米^2(W/m^2)。由公式可知，风能密度 E 是空气质量密度 ρ 和风速 v 的函数。ρ 值的大小随气压、气温和湿度变化。由于本书所研究的对象为离网小型垂直轴风力发电机，这类风力发电机一般在低海拔山区、城市、近郊或者农村使用，这些人类活动区域的一般温度范围为－20～45℃，对应空气密度 ρ 值如表 1－2 所示。

表 1－2　不同温度下空气密度对照表

温度/℃	－20	－15	－10	－5	0	5	10
空气密度/(kg/m^2)	1.395	1.367	1.341	1.315	1.29	1.266	1.242
温度/℃	15	20	25	30	35	40	45
空气密度/(kg/m^2)	1.218	1.195	1.171	1.146	1.121	1.097	1.07

在实际风能利用中，对于那些不能被风能转换装置转化的风速(如不能使风力发电机起动或运行的风速，低于风力发电机切入风速不能使风力发电机起动，超过风力发电机安全运行的风速将会给风力发电机带来破坏)，这部分风速无法利用。除去这些不可利用的风速后，得出的平均风速所求出的风能密度称为有效风能密度。根据有效风能密度的定义，在有效风速区间，利用风速频率的概率密度函数建立积分公式：

$$\bar{E}_{\mathrm{u}}=\frac{\int_{V_{\mathrm{in}}}^{V_{\mathrm{out}}}Ef(v)\mathrm{d}v}{\int_{v_{\mathrm{in}}}^{v_{\mathrm{out}}}f(v)\mathrm{d}v}=\frac{\rho}{2}\frac{\int_{V_{\mathrm{in}}}^{V_{\mathrm{out}}}v^3f(v)\mathrm{d}v}{\int_{V_{\mathrm{in}}}^{V_{\mathrm{out}}}f(v)\mathrm{d}v}$$

$$=\frac{\rho}{2}\times\frac{\int_{V_{\mathrm{in}}}^{V_{\mathrm{out}}}\left[\frac{k}{c}\left(\frac{v}{c}\right)^{k-1}\mathrm{e}^{-\left(\frac{v}{c}\right)^k}\right]v^3\mathrm{d}v}{\mathrm{e}^{-\left(\frac{V_{\mathrm{in}}}{c}\right)^k}-\mathrm{e}^{-\left(\frac{V_{\mathrm{out}}}{c}\right)^k}} \tag{1-4}$$

式中：$\bar{E}_{\mathrm{u}}$ 为有效风能密度，单位为 W/m^2；V_{in}为切入风速，单位为 m/s；V_{out}为切出风速，单位为 m/s；$f(v)$为有效风速范围内的条件概率分布密度函数；ρ 为空气密度，单位为 kg/m^3。

3) 风切变律

风速随地面高度变化的曲线称为风廓线，其变化规律称为风切变律。风随高度变化的经验公式很多，通常采用“对数公式”(对数风廓线)和“指数公式”(指数风廓线)，如式(1－5)和式(1－6)所示。

对数风廓线：
$$V(Z)=V(Z_{\mathrm{r}})\times\frac{\ln\left(\frac{Z}{Z_0}\right)}{\ln\left(\frac{Z_{\mathrm{r}}}{Z_0}\right)} \tag{1-5}$$

指数轮廓线：
$$V(Z)=V(Z_{\mathrm{r}})\times\left(\frac{Z}{Z_{\mathrm{r}}}\right)^n \tag{1-6}$$

式中：$V(Z)$为高度 Z 处的风速；Z_{r}为用于拟合风廓线的离地面标准高度；Z_0 为粗糙长度；n 为切边指数，是经验指数，它取决于大气稳定度和地面粗糙度，其值约为 1/8～1/2。

1.1.2　风力发电技术的发展

1. 早期风能利用的主要形式

人类利用风能的历史可以追溯到公元前。我国是世界上最早利用风能的国家之一[11]。东汉时期出现的龙骨水车就是利用了风力提水(见图 1-1)，之后还出现了用风力灌溉、磨面、舂米以及用风帆推动船舶前进。埃及尼罗河上的风帆船、中国的木帆船已有两三千年的历史记载。唐代有“乘风破浪会有时，直挂云帆济沧海”的诗句，可见那时风帆船已广泛用于江河航运。宋代更是我国应用风车的全盛时代，当时流行的垂直轴风车一直沿用至今。

图 1-1　中国古代风力提水

在国外，公元前 2 世纪，古波斯人就利用垂直轴风车碾米[12]。10 世纪伊斯兰人用风车提水，11 世纪风车在中东已获得广泛的应用。13 世纪风车传至欧洲，14 世纪已成为欧洲不可缺少的原动机。在荷兰，风车(见图 1-2)先用于莱茵河三角洲湖地和低湿地的汲水，其风车的功率可达 36～75 W，以后又用于榨油和锯木。到了 18 世纪 20 年代，在北美洲风力发电机被用来灌溉田地和驱动发电机发电。从 1920 年起，人们开始研究利用风力发电机进行大规模发电。1931 年，在苏联的 Crimean Balaclava 建造了一座 100 kW 容量的风力发电机，这是最早商业化的风力发电机。

图 1-2　荷兰风车

2. 国外风力发电的发展现状

风力发电技术在国外的研究开始较早，无论是理论基础还是实际应用，较国内都有不同程度的领先。特别是在动量理论方面，1974 年，加拿大航空航天研究所(National Research Council-Institute for Aerospace Research，NRC-IAR)的工程师 R. J. Templin 提出了基于动量理论的单盘面单流管模型，该模型引入了风轮的结构参数，但忽略了风剪切效应。以此为基础发展而来的多流管模型计算结果具有更高的精度，也能较好地描述叶片上的受力分布，同时引入了风剪切效应，但其缺点是对风轮流场描述不够精确。1981 年，美国国家航空航天局(National Aeronautics and Space Administration，NASA)的工程师 Paraschivoiu 为了评估 Darrieus 风力发电机的气动性能，提出了双制动盘多流管理论。该模型忽略了气流中的湍流和阵风效应，只考虑风速的平均效应。

除了以动量理论为基础的两种模型外，涡流模型、动态失速模型以及计算流体力学也在国外得到了较好的发展，并逐渐形成了一套完整的风力发电计算体系。以此为基础，发展出了众多 CFD 计算软件，其中又以 1983 年美国 FLUENT 公司推出的 CFD 软件和 1986 年英国 AEA Technology 公司推出的 CFX 计算软件应用最为广泛。

在理论体系及计算机软件辅助下，国外的风力发电理论及技术快速发展，逐渐表现出以下几方面的优势：

(1) 样式多样，种类齐全。对于垂直轴风力发电机而言，国外虽然开发出多种型号，但相关研究仍处于摸索阶段。

(2) 新技术广泛使用。随着国外理论研究及加工技术的不断进步，大量先进技术应用于垂直轴风力发电机中，使风力发电技术得到了较大的发展，也进一步提升了垂直轴风力发电机的风能转化率和环境适应能力。

(3) 逐渐自定义化。随着小型垂直轴风力发电技术的不断成熟，在各种风况及地理条件下都能表现出较好的能量转化效果。加之人们环保意识的不断深入，户用离网小型垂直轴风力发电机也得到了人们的青睐。因此，针对不同应用场合和需求的自定义垂直轴风力发电机生产模式在国外取得了较好的发展。

3. 我国风力发电的发展与现代风力发电技术

随着我国对风力发电技术研究力度的不断加大，风力发电技术在我国已经得到了一定的发展，其主要表现在风力发电的产能以及风力发电技术的发展现状方面。

据 2018 年全球风能理事会(GWEC)发布的《2018 年全球风力发电发展报告》中的数据(见图 1-3)显示：全球年新装机容量保持 5×10^4 MW 以上，累计装机容量从 2001 年起连续 17 年实现 10%以上增长，2017 年便已突破 5×10^5 MW[13]。为满足中国经济高速增长对电力供应的需求，国家发展和改革委员会制定了我国中长期能源发展战略规划，计划 2050 年年底全国装机规模达到 5×10^8 kW 以上，使风力发电在能源领域占有重要地位，对经济和社会发展作出重大贡献[14]。在此战略背景下，我国风力发电产业发展态势良好，2017 年新装机容量占世界新装机容量的 37%，是排名第二位的 2.84 倍(见图 1-4)，其中，离网型风力发电系统的贡献正逐渐增加。

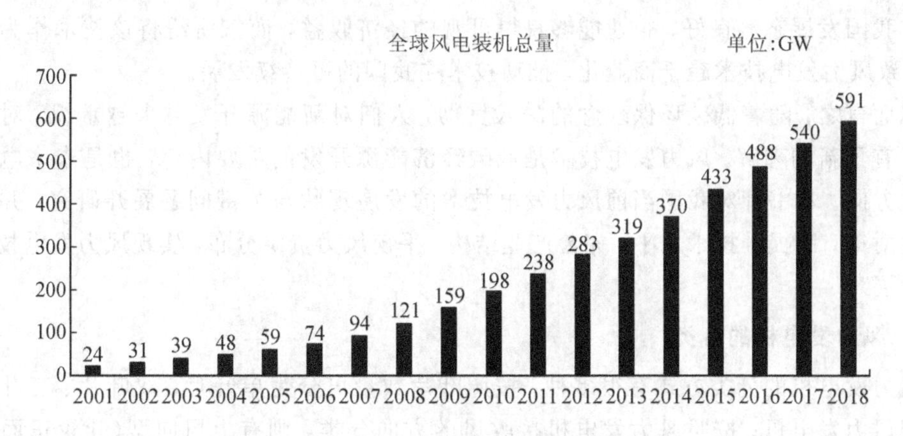

图1-3　2001—2018年全球新装机容量图

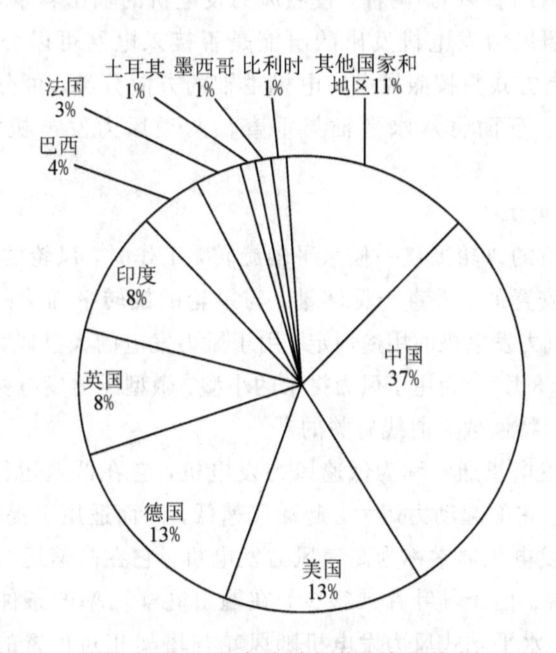

图1-4　2017年全球新装机容量前十

风力发电技术稳定发展，电力企业对风力发电技术的研发力度不断加大，但是风力资源分布不均匀，使得企业无法保证风力发电机组的安全性能，对风力发电技术的可持续发展造成阻碍[15-17]。

首先，风力发电企业数量增加，规模扩大。国家不断推广新能源，人们对新能源有了新的认识，环保理念不断提升，风力发电在电力行业占据比重加大，越来越多的风力发电企业涌现，且规模也在扩大。其次，单机容量逐渐增加。随着风力发电技术水平的提升，风力发电企业获得突飞猛进的技术成果，单机容量不断提升，这也是我国未来风力发电技术发展的必然趋势。再次，风力发电技术趋于稳定化。我国对新能源企业十分重视，风力发电技术本身稳定性较高，使风力发电技术的发展越来越稳定，特别是海风发电技术，由于海风强度较大，抗干扰性较强，技术稳定性更加明显。最后，风力发电技术趋于商业化。风力发电技术在我国发展态势良好，企业能够获得可观的经济收益，商家纷纷将该技术作为营销手段，导致风力发电技术趋于商业化，推动技术在我国的可持续发展。

总而言之，随着低碳环保理念的深入贯彻，人们对新能源开发越来越重视，对风力发电技术有了新的理解。风力发电技术是低碳经济能源开发的重要内容，也是未来电力企业的发展方向。本书针对我国当前风力发电技术的发展现状与关键问题展开研究，并提出相关解决对策，以提升技术水平，完善产业结构，平衡风力资源分布，实现风力发电技术的可持续发展。

4. 风力发电机的分类

风力发电机的分类方式有很多种：按照叶片数量可分为单叶片、双叶片、三叶片和多叶片型风力发电机；按照风力发电机接收风的方向分类，则有上风向型(叶轮正面迎着风向)和下风向型(叶轮背顺着风向)两种；按照风力发电机的输出容量可分为小型、中型、大型和兆瓦级系列；按照风力发电机发出的电能是否接入电网可以分为并网型和离网型两种；最普遍的一种分类方式是按照风力发电机主轴的方向分类，可分为水平轴风力发电机和垂直轴风力发电机。下面将从水平轴与垂直轴两类风力发电机简述风力发电技术的发展。

1) 水平轴风力发电机

水平轴风力发电机的风轮围绕一根水平轴旋转，工作时，风轮的旋转平面与风向垂直。风轮上的叶片是径向安置的，垂直于旋转轴，与风轮的旋转平面成一定角度(安装角)。风轮叶片数目的多少视风力发电机的用途而定，用于风力发电的大型风力发电机叶片数一般取1～4片(大多为2片或3片)，而用于风力提水的小型、微型风力发电机叶片数一般取12～24片。这是与风轮的高速特性数λ曲线有关的[18]。

叶片数多的风力发电机通常称为低速风力发电机，它在低速运行时，有较高的风能利用系数和较大的转矩。它的起动力矩大，起动风速低，因而适用于提水作业[19]。

叶片数少的风力发电机通常称为高速风力发电机，它在高速运行时有较高的风能利用系数，但起动风速较高。由于其叶片数很少，在输出同样功率的条件下比低速风轮要轻得多，因此适用于发电。水平轴式风力发电机随风轮与塔架相对位置的不同有逆风向式与顺风向式两种。风轮在塔架的前面迎风旋转，叫作逆风向风力发电机；风轮安装在塔架的下风位置则称为顺风向风力发电机。逆风向风力发电机必须有某种调向装置来保持风轮总是迎风向，而顺风向风力发电机则能够自动对准风向，不需要调向装置。顺风向风力发电机的缺点是其部分空气先通过塔架，后吹向风轮，塔架会干扰流向叶片的空气流，造成塔影效应[20]，使风力发电机性能降低。

水平轴式风力发电机的塔架主要分为管柱型和桁架型两类。管柱型塔架可用木杆、大型钢管和混凝土管柱。小型风力发电机塔架为了增加抗风压弯矩的能力，可以用缆线来加强；中、大型风力发电机塔架为了运输方便，可以将钢管分成几段。一般圆柱形塔架对风的阻力较小，特别是对于顺风向风力发电机，产生紊流的影响要比桁架式塔架小。桁架式塔架常用于中、小型风力发电机上，其优点是造价不高，运输也方便，但这种塔架会对顺风向风力发电机的桨叶片产生很大的紊流，影响经济性。

2) 垂直轴风力发电机

垂直轴风力发电机的应用可以追溯到几千年前，当时人们利用垂直轴风力发电机进行提水。但直到20世纪20年代后才开始研究利用垂直轴风力发电机进行发电。随着人们对垂直轴风力发电机性能的逐步认识和开发，垂直轴风力发电机有了更广阔的应用空间。

垂直轴风力发电机的旋转轴垂直于地面或来流方向，所以，垂直轴风力发电机工作时不受流体方向改变的影响，无须设置偏航结构，且其齿轮箱和发电机安装在地面，相对于安装在离地面几十米高的水平轴风力发电机来说，具有更好的结构稳定性和可维护性。但是，垂直轴式风轮在工作过程中，周围扰动流体呈现强烈的周期性非稳态变化特征，具有叶片载荷变化剧烈、流动干扰复杂等问题。因此，垂直轴叶轮结构、气动性能设计中诸多问题逐渐呈现，认识和解决这些问题对于提升现代垂直轴风力发电机风能利用率、延长其疲劳寿命、降低制造成本具有重要意义。

从分类来说，垂直轴风力发电机主要分为阻力型和升力型两大类。阻力型垂直轴风力发电机(见图1-5)主要是利用空气流过叶片产生的阻力作为驱动力，而升力型垂直轴风力发电机(见图1-6)则是利用空气流过叶片产生的升力作为驱动力。由于叶片在旋转过程中随着转速的增加阻力急剧减小，而升力反而会增大，所以升力型垂直轴风力发电机的效率要比阻力型的高很多。

图1-5　阻力型垂直轴风力发电机

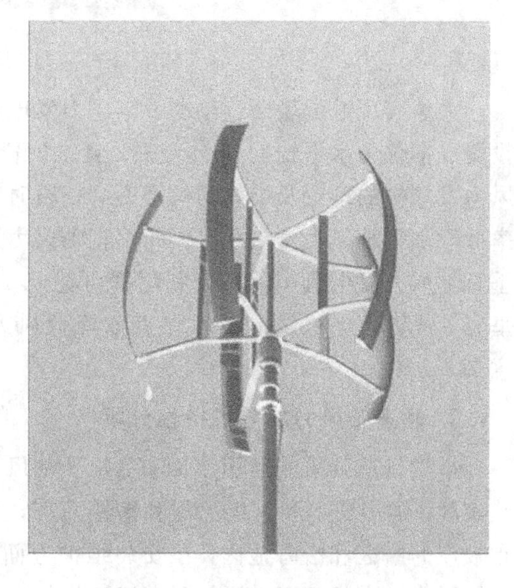

图1-6　升力型垂直轴风力发电机

1.1.3　垂直轴风力发电机的组成与特性

1. 垂直轴风力发电机的组成

垂直轴风力发电机一般由叶片、支撑杆、轴套、塔架、基座、机房、传动轴、发电机、刹车装置、电器柜等部件组成。H型垂直轴风力发电机(见图1-7)是垂直轴风力发电机的典型代表，其叶片截面一般采用NA-CA 00XX系列对称翼型，叶片通过水平支撑杆与转子中心支柱连接。转子中心支柱一般为薄壁圆筒钢管，少数也采用桁架结构。刹车装置、变速箱与发电机可安装在地面，结构稳定性好，便于维修。

图 1-7　H 型垂直轴风力发电机

大量实用数据表明，与水平轴风力发电机相比，垂直轴风力发电机单位千瓦发电量的投资成本仅为水平轴的 50%左右，且维护费用低、检修简单、寿命更长[21]。由于对垂直轴风力发电机的理论及结构研究不足，一段时间内人们普遍认为垂直轴风力发电机风能利用率低于水平轴风力发电机，因此垂直轴风力发电机不被重视。后经大量的试验和计算表明垂直轴风力发电机实际风能利用率可达 0.4 以上，与水平轴风力发电机相当。因此，发展垂直轴风力发电机发电技术可有效降低风力发电成本，对风力发电行业的发展具有重大意义。

2. 垂直轴风力发电机特性分析

虽然目前就风能利用率而言，水平轴风力发电机略高于垂直轴风力发电机，但是就安装难度、维护成本和人机工程和谐性而言，大型水平轴风力发电机一般安装在风能资源分布较广的山区和沿海地区，在安装维护方面需要投入极大的人力、物力和财力。而对于垂直轴风力发电机而言，其主要有以下优势：

(1) 垂直轴风力发电机由于其结构的特殊性，能接受任意风向的风能，即使在波动范围较大的环境中也可以正常工作，不需要如同水平轴风力发电机那样通过偏航电机控制变桨机构使风力发电机尽可能多地接受风能，加工制造容易且成本较低。

(2) 为了提高风力发电机捕获风能的能力与避开地面乱流对风力发电机的影响，水平轴风力发电机一般通过增加发电机塔架的方式进行建造或者直接将风力发电机安装在山顶，这极大地增加了风力发电机的安装难度，而垂直轴风力发电机由于其体积较小，塔架高度安装要求低，易于安装和维护。

(3) 垂直风力发电机可以吸收四周的风能，水平轴风力发电机需偏航装置才能使风轮时刻保持与风向同步，因此水平轴风力发电机在承受风载荷时只有单向载荷，整机结构承受倾覆力矩较大。

(4) 水平轴风力发电机利用叶片产生的升力做功，转速相对较快，对环境产生的噪声较大，而垂直轴风力发电机叶尖速比一般在1.5左右，转速相对较慢，几乎不产生气动噪声，对环境的影响较小[22]。

基于以上优点，垂直轴风力发电机受到科研人员的广泛关注，但是由于垂直轴风力发电机在风能利用率方面存在的缺陷，导致目前垂直轴风力发电机发展相对滞后。因此，开展研究高风能利用率的垂直轴风力发电机对于其进一步应用显得尤为重要。

1.2　垂直轴风力发电的关键技术问题

垂直轴风力发电机优势明显，但由于基础理论研究相对滞后，相关技术问题仍未得到较好的全面解决。为了进一步改善垂直轴风力发电机的发电效率，研究团队针对垂直轴流体计算力学理论、模型误差、能量收集理论与能量收集装置、结构开发与优化、控制系统及全生命周期等问题进行了全面系统的研究。

本节将阐述垂直轴风力发电系统有关研究的主要重点与难点问题，介绍本书阐述的主要学术内容以及结构框架。

1.2.1　理论模型误差

垂直轴风力发电机不同于水平轴，其叶片旋转中心轴垂直于地面，且与风速垂直，风力发电机旋转过程中叶片在圆周上的任意位置受力均不相同，这导致了风力发电机受力分析复杂、计算难度大；另外，由于垂直轴风力发电机旋转盘面与风速平行，当来流风经过迎风半圆面与叶片发生相互作用后，会在叶片周围形成轴流空气和尾流，不经过叶片的风、被叶片扰动的风、轴流空气和旋转尾流在叶片旋转盘面内形成复杂的流场干涉，使得内部流场分布情况变得复杂，这导致风力发电机流场分布研究难度大，引用的水平轴理论模型因不适应而造成计算误差。

复杂的受力与流场分布导致垂直轴风力发电机不能形成统一的理论计算模型，阻碍了垂直轴风力发电机标准的建立，也限制了垂直轴风力发电机的发展。随着社会对垂直轴风力发电机需求的不断增加，对垂直轴风力发电机旋转尾流与轴流空气在风力发电机运行时的迁移效应与风力发电机流场环境效应机理的研究以及对计算双向多流管模型的修正的研究显得尤为必要。

目前，国内外关于垂直轴风力发电机气动性能的分析研究主要采用涡流模型、双向多流管模型等数学模型仿真及有限元数值分析等方法[23]。但将水平轴风力发电机计算模型引用至垂直轴是不合理的，主要是由于水平轴风力发电机与垂直轴风力发电机的结构差异导致两种风轮在旋转运行中的情形不尽相同。水平轴风力发电机旋转过程中总能削弱来风从而捕获风能，但垂直轴风力发电机在旋转一周的过程中则会出现消耗能量的情况，在叶片旋转到与风速同向时，叶片不但不会捕获风能，反而会消耗能量，当风轮转速越快时，该效果会越明显。另外，垂直轴风力发电机叶片处于不同位置时，叶片对来风产生的阻滞作用也不同，在迎风和背风处叶片对来风的阻滞效果最明显。因此，对垂直轴风力发电机理论计算模型的研究成为当下的热点研究方向。

廖康平等人[24]针对动态失速效应和第二效应的影响，引入动态失速模型及附加阻力系数 C_{d0}，对双盘面多流管模型(DDMT)进行修正，使模型预报精度显著提高；查顾兵[25]通过理论分析得出 Leishman-Beddoes 模型对垂直轴风力发电机动态失速模型具有很好的修正效果，特别是在高风速区，结果将有显著改善。姜劲[26]针对风力发电机实度较大造成的动量方程发散的问题提出了一种经验性的修正方法，在高实度的情况下调整叶片弦长直径比 C/D，并将 C/D 值重新代入双向多流管模型计算。其本质是在不改变实度的情况下通过改变雷诺数使动量方程发散的现象得到改善。

Zhang Q A 等人[27]提出：叶素理论计算垂直轴风力发电机的风能利用率所得出的结论是错误的，垂直轴风力发电机的风能利用率可以达到 69%。这个具有颠覆性的观点进一步激发了研究者们对垂直轴风力发电机理论研究的大胆创新。其中，推力系数作为风力发电机气动性能的关键参数得到人们的重视。顾煜炯[23]等人提出了一种经验公式，修正了诱导因子(a)在 0.4～1 时的推力系数，解决了叶尖速比稍大的求解发散问题。但大部分已有研究中，修正方法都设定了一系列的假设前提，仿真结果存在精度问题。

1.2.2 高效风力发电机结构开发与优化

关于垂直轴风力发电机开发与优化研究，目前主要集中于风力发电机气动性能和垂直轴风力发电机结构优化方面。为了提升垂直轴风力发电机的气动性能，Hawwa Kadum、Sasha Friedman 等人利用大涡模拟对垂直轴风力发电机进行仿真，探究垂直轴风力发电机下游尾流的发展情况，并采用立体粒子图像测速法来量化尾流的 3D 特性，研究表明：叶尖速度比对风力发电机尾流的影响大，尾流边界处的剪切是产生湍流的主要原因，尾流在转子后面的扇区最强，交叉风流量对尾流中动量的再分布有显著影响，转速较低的情况下的涡流较大，动态失速现象较强[28-31]。

K. M. Almohammadi[32]基于翼型 NACA0015 改变翼型的后缘，将后缘转变为尖头圆形 S 形钝头、尖头和圆头。改变的 S 形钝头表明翼型尾部在高尖端速度比下是圆形的，这可以有效地改善垂直轴风力发电机的性能，但是在低尖端速度比下翼型的厚度对垂直轴风力发电机的性能会产生显著影响。Chen J[33]等基于翼型 NACA0015，在翼型的某一边缘纵向切削，并保留较大部分的翼型，结果表明这可以有效地提高翼型的静扭矩，从而改善垂直轴风力发电机的自起动性能。M. A. Singh[34]等研究了装有翼型 S-1210 的 H 型垂直轴风力发电机，发现这类风力发电机可以提高风能的利用率。

曾俊、金鑫等人在两台运行方向相反的 H 型风力发电机气流上游安装一块挡流板，使两台风力发电机只有外侧部分受流场作用，研究挡流板结构参数对风力发电机风能利用率的影响，结果表明：导流板宽度对风能利用率影响明显，挡流板到风力发电机的距离与挡流板高度对风力发电机的起动性能具有明显影响。在挡流板的作用下风力发电机最大利用系数达 0.45，较无挡流板的情况下风能利用率提升了 36%[35-37]。

相关研究表明增加风轮转子的直径可以使风力发电机捕获更多的风能，但是转子直径增加会造成风力发电机起动性能恶化。为了改善风力发电机的起动性能，曲建俊、王景元等人设计出一种升阻复合的转子结构，计算得到阻力叶片半径和位置的最佳组合，使升-阻复合转子的风力发电机的起动性能有了明显的提高，但此种风力发电机的运行效率较低[38-40]。

李岩、吴志成提出一种偏心转子结构的风轮并分析了偏心对气动性能的影响，发现合适的偏心度可以在一定程度上减小一些角度下的负起始转矩系数，从而产生平滑的转矩系数曲线，有效提高了升力型垂直轴风力发电机的起动性能[41-42]。

A. A. Tarabsheh 用柔性光伏发电材料代替传统风力发电机叶片覆膜并安装在 H 型垂直轴风力发电机的叶片上，利用风光互补的方式发电，实现能源利用最大化，使风力发电机不仅可以利用风能，还能够利用太阳能。但是在风力发电机叶片上安装光伏材料使风力发电机的成本增加，叶片旋转，叶片上的光伏发电材料同一时间不能都接受太阳直射，会造成光伏发电系统的受光率下降，因此与静止式太阳能电池板对比发电率会降低。此外，风力发电机叶片工作时，速度通常时刻变化，对光伏发电系统的稳定性有较高要求，在叶片上安装光伏材料导致整个系统的寿命、稳定性及安全系数降低[43]。

廉正光采用双曲柄调距机构控制风力发电机在旋转过程中的桨距角，使风力发电机的风能利用率较定桨距风力发电机而言提升 32.4%，最大风能利用率达到 0.495。虽然通过四杆机构使风力发电机风能利用率提升，但四杆机构增大了风力发电机整体尺寸，且各个叶片由不同的四杆机构单独控制，造成杆件交叉，容易使风力发电机卡死，对整个发电系统造成不可逆损坏[44]。

蔡新、潘盼、顾荣蓉等人将升力型风力发电机叶片内部掏空，使叶片同时具有升力型和阻力型风力发电机的气动特征，两种类型叶片优势互补，达到了较高的风能利用率(36.1%)。但空心壳体叶片的强度、刚度不足，这种结构对材料和叶片整体机构设计提出了较高的要求[45-46]。

传统的风力发电机一般采用机械轴承，导致风力发电机起动力矩较大，Jan Kumbernuss、Chen Jian 将磁悬浮技术应用于风力发电机之中，用磁悬浮轴承代替传统的机械轴承，大大降低了风力发电机与转轴之间的摩擦，起动风速大幅降低，延长了风力发电机的使用寿命且提高了风能利用率[47-50]。

通过上述研究不难看出，垂直轴风力发电机的机械结构对风力发电机的工作效率影响显著，因此，对风力发电机结构进行优化研究，开发出一系列的高效风力发电机结构对风力发电机的发展具有重要意义。本书主要结合作者近几年对垂直轴风力发电机机械结构的研究成果，从垂直轴风力发电机基本结构参数出发，给出垂直轴风力发电机结构研究的技术方案，进而从叶片、一体化风力发电机、机械控制结构、其他机械结构和部件以及垂直轴风力发电系统安全性与稳定性研究等方面对垂直轴风力发电机结构研究进行系统阐述。

1.2.3　低功耗、高可靠性的控制系统开发

控制系统作为垂直轴风力发电机的重要组成部分，一直是重要的研究方向之一。

控制系统的适应性、稳定性及可靠性是评价一套控制系统优劣的三个重要指标。在风力发电转换控制系统和储能系统上，研究者们进行了大量的研究，使得风力发电机控制系统的稳定性和可靠性有了很大的提升[51-53]，但其输出功率仍不稳定，对复杂多物理场的适应性不足。垂直轴风力发电机是一个涉及流、固、电、磁、热等多物理场的复杂系统，在风力发电机运行时，这些场之间会相互干涉，这就要求控制系统在运行时具有高可靠性。

曾世等人[54]针对小型垂直轴风力发电机设计了一种新的变步长 MPPT 算法，该算法与传统爬山搜索法相比，能够更有效地搜索最大功率点，且能够保持在最大功率点附近稳定地运行，有利于整个系统的稳定；田佳[55]就变桨调速控制系统存在的一些问题进行研究，提高了风能的最大利用率并实现直驱式风力发电机组无人工操作的自动控制；李知远[56]针对微风磁悬浮风力发电机专利技术，开展配套发电控制系统研发，重点进行逆变器的控制策略研究。

控制系统是按照风力发电机运行要求及功能要求对应开发的，在对风力发电机结构及零部件进行优化改进后，需要获得与整机工况要求相适应的控制系统，完善控制策略与控制算法；另一方面，对垂直轴风力发电机的控制要综合考虑“流-固-电”耦合作用结果，通过容错等控制技术，提高垂直轴风力发电机控制系统稳定性及可靠性，设计具有系统匹配性及稳定性好、能量转化率及可靠性高的控制系统。

1.2.4 基于全生命周期的绿色设计及其评价

随着全球环境资源问题的日益突显，在《国家中长期科学和技术发展规划纲要(2006—2020)》中，明确指出了我国必须要把节约资源作为基本国策，使人、环境资源和经济的发展相协调，实现可持续发展的最终目的。近些年我国风力发电产品在工业和民用中的大部分领域均有涉及，风力发电机作为机电产品之一，绿色设计理论和产品的全生命周期评价方法在有关风力发电系统的研究开发对风力发电新能源发电行业的可持续发展方面有着重要的现实意义。

绿色设计(Green Design)是 20 世纪 80 年代末在国际工业设计领域出现的一股潮流。绿色设计又称生态设计(Ecological Design)、面向环境的设计(Designfor Environment)等，是一种借助产品生命周期中与产品相关的各类信息(技术信息、环境协调性信息、经济信息)，利用并行设计等各种先进设计理论，使设计出的产品具有先进的技术性、良好的环境协调性以及合理的经济性的系统设计方法，是人们对环境及生态的重视和设计者道德与社会责任心的回归。绿色设计中重点考虑产品的环境属性，即可拆卸性、可回收性、可维护性、可重复利用性等，并将这些环境属性作为设计目标，在满足环境目标要求的同时，保证产品应有的功能、使用寿命、质量等要求，从而实现人与自然的生态平衡关系要求。对工业设计而言，绿色设计的原则核心是“3R1D”，即 Reduce(轻量化)、Recycle(可循环)、Reuse(可重复使用)、Degradable(可降解)，不仅要在物质和能源方面节能，还要对有害物质减少排放，而且需要考虑产品及零部件的方便分类回收并再循环或重利用，以寻找和采用尽可能合理、优化的结构与方案，使得资源消耗和环境负影响降到最低。绿色设计要求设计者将重点放在真正意义上的创新层面，以更为负责的方法去创造产品的形态，用更简洁、长久的造型使产品尽可能地延长其使用寿命。

系统绿色设计的好坏，需要以一定的评价指标来衡量，因此我们选择体现产品整个生产、选材、加工、运输、回收等全部环节的产品全生命周期设计方法作为评价方法。产品生命周期评价是对产品系统生命周期各个阶段所可能涉及的环境方面的评价，也称为生命周期分析、生命周期方法等，是一种着重环境影响可持续发展的工具和技术，是对产品、工艺或服务等在其生命周期内的各个阶段的所有投入与产出对环境可能造成的潜在影响进行科学和系统的定量分析及评价的方法。产品全生命周期设计对产品的生命周期的各类指标（质量、成本等）有着很大的影响，占比可达 2/3 以上。所以我们需要对风力发电产品进行基于产品全生命周期设计评价的绿色设计方法，从设计的源头对风力发电产品生命周期过程中的环节进行控制，减小对环境及资源的影响，能够对生命周期进行评估的生命周期评价技术也是不可或缺的。因此，本书第 7 章将从产品生命周期设计的定义与原则、生命周期评价技术进行整理说明，研究生命周期评价在垂直轴风力发电机中的应用，并且自主开发了一款适用于小型风力发电机的 LCA（Life Cycle Assessment）评价系统。

本章小结

随着化石能源使用带来的环境污染日益加剧，世界各国都开始重视环境保护问题，因而，清洁能源的开发与应用成为世界各国的热点研究方向。风能作为一种可再生的清洁能源，在世界范围内分布广、储量大，利用相关技术把自然界中的风能转化成人们生产生活所需要的能量不仅可以改善当下紧张的能源环境，也能较好地改善环境污染问题。而风力发电机便是将风能转化为电能的高效风能利用技术。

随着气动力学、控制技术以及永磁发电机技术的成熟，风力发电机变得更加高效、可靠、经济、环保。随着智慧城市的不断深入，城市风力发电缺口巨大，再加上偏远山区用电需要，为小型离网垂直轴风力发电机的发展提供了重要契机。因此，解决小型垂直轴风力发电机理论研究深入度不足、风能利用率低、控制系统不够完善以及设计理念及全生命周期设计还不够深入等问题是进一步推动小型垂直轴风力发电机发展的关键因素。

在解决以上问题的基础上，结合具体使用场景及要求，开发出具有结构特色的高效、高可靠性垂直轴风力发电机依然成为现阶段科学研究的热点问题之一。为了使本书更具有系统性和实用性，其余各章节将围绕本章分析结果中的突出问题分别进行详细论述。

参考文献

[1] 祝传海. 逐梦新型能源材料：访兰州理工大学材料科学与工程学院教授孔令斌[J]. 科学中国人，2014(3)：121.

[2] 佚名. 高空设置风力发电机[J]. 技术与市场，2010(5)：103.

[3] 清欢. 顺风而为：海上风力发电场的发展之路[J]. 百科探秘（海底世界），2016(11)：4－9.

[4] 丁运超. 我国风能资源的地区分布及开发意义[J]. 中学地理教学参考，2006(Z1)：27－28.
[5] 佚名. 风能资源和风力发电[J]. 电源技术应用，2006(8)：67.
[6] 钟莉. 风速时程的分形特征研究[D]. 上海：同济大学，2008.
[7] 付喆. 风力发电项目环境影响评价技术方法研究[D]. 大连：大连理工大学，2009
[8] 申建红，李春祥，李锦华. 基于小波变换和EMD提取非平稳风速中的时变均值[J]. 振动与冲击，2008，27(12)：126－130.
[9] 任国瑞. 风力发电随机波动的方差预报研究[D]. 哈尔滨：哈尔滨工业大学，2015.
[10] 曾书儿. 风速风向的矢量平均方法[J]. 气象，1983，9(6)：21－22.
[11] 郭华杰. 风能利用古今谈[J]. 科学之友，1995(8)：4－5.
[12] 王正业. 风力发电重唱大戏[J]. 科学大众：中学生，1998(12)：13.
[13] Global Wind Energy Council. Global wind statistics[EB/OL](2017)http：//gwec. net/cost-competitiveness-puts-wind-in-front/.
[14] 国家能源局. 可再生能源发展"十三五"规划[R]. 北京：国家能源局，2016.
[15] 庞渊. 风力发电机组典型事故及预防措施分析[J]. 中国高新技术企业，2015(29)：123－125.
[16] 李凯. 风力发电技术发展现状及趋势[J]. 低碳世界，2016(28)：50－51.
[17] 林志远. 风力发电商业化问题[J]. 广东电力，1999，12(5)：1－4.
[18] 李春辉. 变工况下大型风力发电机风轮的气动性能预估[D]. 兰州：兰州理工大学，2008.
[19] 朱秀刚. 高速风力发电机组的多叶式风轮增速装置. CN102748221A[P]，2012.
[20] 张玉良，李仁年，巫发明. 下风向风力发电机的塔影效应研究[J]. 山东建筑大学学报，2008，23(3)：243－246.
[21] 蒋超奇，严强. 水平轴与垂直轴风力发电机的比较研究[J]. 上海电力，2007(2)：163－165.
[22] 张广路. 垂直轴磁悬浮风力发电机转子系统控制研究[D]. 秦皇岛：燕山大学，2010.
[23] 顾煜炯，王兵兵，李佳佳，等. 一种修正的多双向多流管模型在垂直轴风力发电机气动性能分析中的应用[J]. 太阳能学报，2015，36(1)：20－25.
[24] 廖康平，盛其虎，张亮. 立轴风力发电机空气动力学性能双向多流管模型研究[J]. 太阳能学报，2009，30(9)：1292－1296.
[25] 查顾兵. 风力发电机动态失速模型的研究及其在性能预测中的应用[D]. 上海：上海交通大学，2009.
[26] 姜劲. 竖轴叶轮的流体动力分析与性能优化方法的改进与应用[D]. 哈尔滨：哈尔滨工程大学，2012.
[27] ZHANG Q A，CHEN H F，WANG S L，et al. A NEW VERTICAL AXIS WIND-DRIVENGENERATOR AND ITS CALCULATION OF WIND ENERGY UTILIZATION EFFICIENCY AND REVOLVING CONTROL[M]//Proceedings of

the 2010 International Conference on Mechanical，Industrial，and Manufacturing Technologies(MIMT 2010). ASME Press，2010.

[28] REZAEIHA A，MONTAZERI H，BLOCKEN B. Characterization of aerodynamic performance of vertical axis wind turbines：Impact of operational parameters[J]. Energy Conversion & Management，2018，169：45-77.

[29] TARABSHEH A A，AKMAL M，HAREB M. Analysis of Photovoltaic modules attached with a vertical-axis wind turbine[C]//2017 6th International Conference on Clean Electrical Power(ICCEP). IEEE，2017.

[30] KADUM H，FRIEDMAN S，CAMP E H，et al. Development and scaling of a vertical axis wind turbinewake[J]. Journal of Wind Engineering and Industrial Aerodynamics，2018，174：303-311.

[31] ROLIN F C ，FERNANDO. P A. Experimental investigation of vertical-axis wind-turbine wakes inboundary layer flow[J]. Renewable Energy，2017，118：1-13.

[32] ALMOHAMMADI K M，INGHAM D B，LIN M，et al. 2-D-CFD Analysis of the Effect of Trailing Edge Shape on the Performance of a Straight-Blade Vertical Axis Wind Turbine[J]. IEEE Transactions on Sustainable Energy，2014，6(1)：228-235.

[33] CHEN J，YANG H，YANG M，et al. The effect of the opening ratio and location on the performance of anovel vertical axis Darrieus turbine[J]. Energy，2015，89：819-834.

[34] SINGH M A，BISWAS A，MISRA R D. Investigation of self-starting and high rotor solidity on the performance of a three S1210 blade H-type Darrieus rotor[J]. Renewable Energy，2015，76：381-387.

[35] 曾俊. 挡流板对垂直轴风力发电机性能影响规律研究[J]. 能源研究与管理，2018(1)：53-58，62.

[36] 金鑫，甘洋，杨显刚，巨文斌. 带有挡流板的垂直轴风力发电机性能优化研究[J]. 太阳能学报，2018，39(7)：1995-2002.

[37] 金鑫，王亚明，李浪，等. 基于LQG的独立变桨控制技术对风力发电机组气动载荷影响研究[J]. 中国电机工程学报，2016，36(22)：6164-6170.

[38] 曲建俊，刘瑞姣，曲平，等. 叶片数与弦长配比对垂直轴风力发电机性能的影响[J]. 可再生能源，2017，35(5)：734-739.

[39] 曲建俊，王景元，赵越，等. 阻力叶片对升阻复合型垂直轴风力发电机气动性能的影响[J]. 排灌机械工程学报，2018，36(3)：223-229.

[40] 曲建俊，王景元，许明伟，等. 自适应风速垂直轴风力发电机的阻升转换特性[J]. 排灌机械工程学报，2018，36(2)：154-158，165.

[41] 李岩，郑玉芳，唐静，等. 叶片后加小翼垂直轴风力发电机气动特性数值模拟[J]. 东北农业大学学报，2016，47(7)：76-81.

[42] LI Y，WU Z C，KOTARO T，et al. Numerical simulation on aerodynamic

characteristics of vertical axis wind turbine with eccentric rotor structure[J]. Journal of Drainage and Irrigation Machinery Engineering, 2018.
[43] TARABSHEH A A, AKMAL M, HAREB M. Analysis of Photovoltaic modules attached with a vertical-axis wind turbine[C]// 2017 6th International Conference on Clean Electrical Power (ICCEP). IEEE, 2017.
[44] 廉正光. 采用双曲柄调距机构的垂直轴风力发电机机理研究与样机设计[J]. 机械设计, 2016, 33(8): 100-104.
[45] 朱杰, 蔡新, 潘盼, 顾荣蓉. 风力发电机叶片结构参数敏感性分析及优化设计[J]. 河海大学学报(自然科学版), 2015, 43(2): 156-162.
[46] 顾荣蓉, 蔡新, 潘盼, 等. 升阻互补型垂直轴风力发电机气动性能分析[J]. 兰州理工大学学报, 2016, 42(4): 55-59.
[47] 王寻, 朱熀秋, 钱一, 等. 磁悬浮风力发电机研究及发展现状[J]. 微电机, 2016, 49(10): 84-88.
[48] 周亦圆. 磁悬浮风力发电机发展及其控制策略研究[J]. 求知导刊, 2016(5): 56.
[49] KUMBERNUSS J, JIAN C, WANG J, et al. A novel magnetic levitated bearing system for Vertical Axis Wind Turbines (VAWT)[J]. Applied Energy, 2012, 90(1): 148-153.
[50] JAYARAMAN K, KOK M V, GOKALP I. Thermogravimetric and mass spectrometric (TG-MS) analysisand kinetics of coal-biomass blends[J]. Renewable Energy, 2017, 101: 293-300.
[51] KUSCHKE M, STRUNZ K. Energy-efficient dynamic drive control for wind power conversion with PMSG: modeling and application of transfer function analysis[J]. IEEE Journal of Emerging and Selected Topics in Power Electronics, 2014, 2(1): 35-46.
[52] 王颖, 张凯锋, 等. 抑制风力发电爬坡率的风储联合优化控制方法[J]. 电力系统自动化, 2013, 37(13): 17-24.
[53] ZHU Z, QU R G WANG J. Conceptual design of the cryostat for a direct-drive superconducting wind generator. IEEE Transactions on Applied Superconductivity, 2014, 24(3): 520-523.
[54] 曾世, 刘景林, 吴少石. 基于 BOOST 电路的风力发电系统的 MPPT 控制研究[J]. 微电机, 2016, 49(5): 45-48.
[55] 田佳. 直驱式风力发电机组变桨调速控制系统研究[D]. 石河子: 石河子大学, 2017.
[56] 李知远. 离网型磁悬浮微风发电机组逆变及控制系统研究[D]. 东北电力大学, 2017.
[57] 郭从彭. 绿色产品·绿色标准·绿色壁垒[J]. 标准化报道, 1997(5): 44-45.
[58] 冯爱文. 两种绿色产品评价方法在机电产品中的应用和研究[D]. 西安: 西安电子科技大学, 2011.
[59] 谢会栊. 基于群体 AHP 法的机电产品绿色设计评价研究与实现[D]. 西安: 西安电子科技大学, 2011.

第2章　垂直轴风力发电的理论研究及流场特性分析

风能作为一种可再生、具有优化能源结构、改善生态环境、较好的协调生态与经济发展优势的清洁能源，具有以下特点：资源储量大，来源丰富；分布广泛，能量巨大；风能资源的年分布具有统计规律。短时间来看，风速忽大忽小、时有时无，方向也忽左忽右，具有较大的随机性和不可控制性。但从宏观、长时间来看，风能具有一定的统计规律，在一定程度上是可以预测的，因而风能是完全可以利用的。随着风力发电在能源结构中的比重不断扩大，势必成为满足电力需求的一个重要能量来源。

在风力发电行业中，同样有着不同的风能利用方式，结合以下四方面考虑，近年来我们围绕小型垂直轴风力发电机基础理论、关键技术问题和结构开发进行了系统性的相关研究。

(1) 与大型风力发电机相比，小型风力发电机存在一些缺点，例如转子扫掠面积小，难以在低风速下起动以及容易受到风速和风向的影响。对于水平轴风力发电机，转子应始终面向风向，因此必须配备偏航系统。然而，垂直轴风力发电机可以从任何方向接收风，所以不需要偏航系统。

(2) 小型垂直轴风力发电机的出现对于较少人口聚集的偏远地区的供电提供了支撑。

(3) 小型垂直轴风力发电机可以结合其他发电方式用于市政设施方面的供电，一方面充分利用了资源，还给人们的生活带来了相当大的便利。

(4) 小型垂直轴风力发电机应用场合的特殊性和必要性，以及其在风力发电市场的贡献比重正逐年增加。

本书将结合国内外的研究现状和本课题组的成果对小型垂直轴风力发电机的整个系统进行相关阐述，而本章将主要阐述垂直轴风力发电机的基础理论研究。

2.1　基础理论研究现状

垂直轴风力发电技术结合了空气动力学、流体力学、电磁学等多学科交叉融合的基础理论及应用技术，不同技术在基础理论研究中的不同工况种类与不同计算分析方法时又分别体现出不同的工作特性[1]。目前对于垂直轴风力发电系统的基础理论研究主要集中于气动模型、数值模拟、控制系统理论以及能量收集技术等方面。因此，本章将针对以上提到的基础理论进行系统分析，为后续章节的拓展与应用做铺垫。

2.1.1　空气动力学基础

虽然垂直轴风力发电机相对水平轴风力发电机而言结构相对简单，但由于其旋转工作时风轮内部及风轮附近边缘区域形成一个复杂流场空间，风轮内部气流的流动情况更为复杂，对其进行特性分析与计算相对较难。因此，在进行风力发电系统特性研究时采用的数学模型和模型实现方法是否合理、准确，是正确分析和解决问题的前提。

研究垂直轴风力发电系统气动性能的目的主要在于获得诱导速度，从而确定叶片载荷与输出功率。垂直轴风力发电机的气动模型主要是以叶素动量复合理论为基础开发的流管模型，包括单流管模型、多流管模型以及双向多流管模型。单流管模型计算简单，但也存在诱导速度恒定的缺陷；多流管模型克服了诱导速度恒定的不足，但其计算准确度不足；双向多流管模型是在前两种模型的基础上优化而来的，其计算结果最接近实验数据。

计算流体力学(Computational Fluid Dynamics，CFD)数值模拟计算是垂直轴风力发电机进行数值模拟的主要方法，其关键是求解流体流动产生的湍流。目前工程上采用的湍流数值模拟主要分为三大类：直接数值模拟(Direct Numerical Simulation，DNS)、基于雷诺平均方程组的模型(Reynolds-Averaged Navier-Stokes，RANS)和大涡模拟(Large Eddy Simulation，LES)模型[2-3]。直接数值模拟能够求解湍流流动中非常小尺寸的涡，因此，使用直接数值模拟进行湍流模拟时会占用巨大的硬件资源，目前尚无法应用到真正的工程实际计算中；基于雷诺平均方程组模型的基本思想是基于雷诺假设，在湍流流动过程中，任何物理量都可以描述为一个平均量和一个脉冲量的叠加，以此得到时间均值的纳维-斯托克斯(N-S)方程。基于雷诺平均方程组的模型对控制方程组进行了统计学平均，因此无须计算各个尺度下的湍流摆动，只需求解平均运动，从而降低了对空间和时间离散上的分辨率，减少了计算量。垂直轴风力发电机风轮在运转的过程中伴随有复杂的剪切流动，因此在进行数值模拟时一般选用的是基于雷诺平均方程组的两方程模型 Realizablek $k-\varepsilon$ 模型。而大涡模拟是在前两者的基础上发展而来的，已经越来越广泛地应用到比较复杂的工程实际中，因为其对计算机硬件配置的要求虽远远低于直接数值模拟，但仍然要求较高，因此也很少在垂直轴风力发电机数值模拟中使用。

1. 叶素动量复合理论

叶素动量复合理论[4]是将叶素理论与动量理论结合起来，通过叶素附近流动来分析垂直轴风力发电机叶片的气动特性。与水平轴风力发电机叶片叶素理论一样，可将叶片垂直沿展向分成若干个微段，每个微段称为一个叶素，如图 2-1 所示。假设每个叶素之间的受力作用相互独立，作用于每个叶素上的力只由叶素的翼型升阻特性决定。水平轴风力发电机的叶素沿展向是不断变化的，而垂直轴风力发电机沿展向无变化，因此，叶素可以看成一个二维翼型。通过对作用在每个微段上的载荷分析并对其进行沿叶片展向求和，即可得到作用于风轮上的推力和转矩。

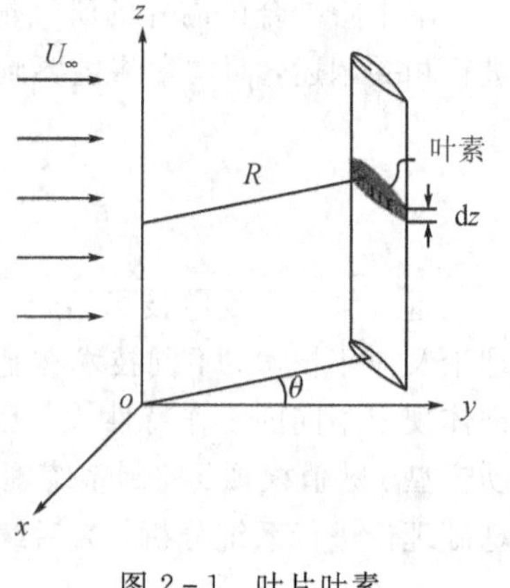

图 2-1 叶片叶素

定义风轮叶片是在半径 R 处的一个基本单元，其长度为 dz，分析其上的受力情况，如图 2-2 所示。图 2-1 和图 2-2 中各参数的定义如表 2-1 所示。

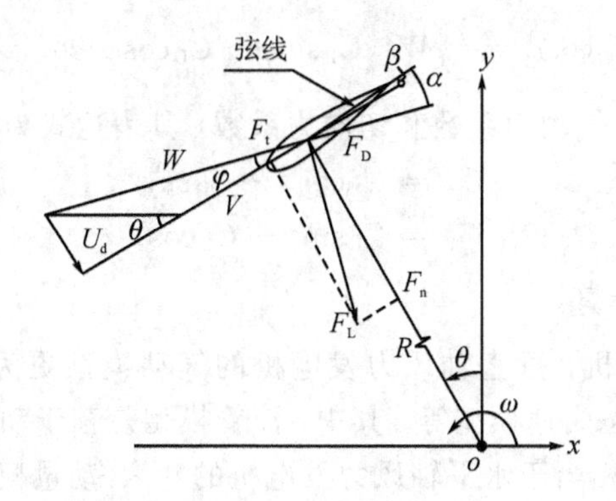

图 2-2　叶片受力情况

表 2-1　参　数　表

符号	参数名称	符号	参数名称
U_d	流体速度	θ	方位角
V	风轮转速	F_L	气动升力
W	合速度	F_D	气动阻力
α	叶片攻角	F_N	叶素法向力
β	桨距角	F_T	叶素切向力
φ	入流角		

根据图 2-2 可以得出叶素的法向速度 W_N 和切向速度 W_T 分别为

$$W_T = V + U_d\cos\theta \tag{2-1}$$

$$W_N = U_d\sin\theta \tag{2-2}$$

叶素的合速度 W 为

$$W^2 = (V + U_d\cos\theta)^2 + U_d^2\sin^2\theta \tag{2-3}$$

叶片的入流角 φ 满足

$$\varphi = \arctan\left(\frac{W_N}{W_T}\right) = \arctan\left(\frac{\sin\theta}{\dfrac{R\omega}{U_d} + \cos\theta}\right) \tag{2-4}$$

根据二维翼型的气动特性，叶素上的气动升力 dF_L 和气动阻力 dF_D 可分别表示为

$$dF_L = \frac{1}{2}\rho W^2 C_L c dz \tag{2-5}$$

$$dF_D = \frac{1}{2}\rho W^2 C_D c dz \tag{2-6}$$

根据图 2-1 所示的几何关系，可将叶素上的气动升力 dF_L 和气动阻力 dF_D 分别沿轴心方向(法向)和叶素旋转方向(切向)进行分解，然后分别求解作用在叶素上的法向力 dF_N 和切向力 dF_T。

$$dF_N = \delta F_L\cos\varphi + \delta F_D\sin\varphi = \frac{1}{2}\rho W^2(C_L\cos\varphi + C_D\sin\varphi)c dz = \frac{1}{2}\rho W^2 C_N c dz \tag{2-7}$$

$$dF_T = \delta F_L \sin\varphi - \delta F_D \cos\varphi = \frac{1}{2}\rho W^2 (C_L \sin\varphi - C_D \cos\varphi) c dz = \frac{1}{2}\rho W^2 C_T c dz \tag{2-8}$$

式中，C_N、C_T 分别为法向气动力系数和切向力系数，其表达式为

$$C_N = C_L \cos\gamma + C_D \sin\gamma \tag{2-9}$$

$$C_T = C_L \sin\gamma - C_D \cos\gamma \tag{2-10}$$

2. 流管理论及数值计算

相比水平轴风力发电机，垂直轴风力发电机的气动模型更为复杂，主要有流管模型、涡流模型、湍流模型、动态失速模型等。其中，流管模型是基于动量理论的最为常用的垂直轴风力发电机气动模型，相当于水平轴风力发电机的叶素-动量模型。流管模型又可分为单流管模型、多流管模型和双向多流管模型。其中，双向多流管模型已发展成最成熟的流管模型。本节主要利用单流管模型、多流管模型、双向多流管模型分别对垂直轴风力发电机进行性能计算与风力发电机效率影响分析[5]。

1）单流管模型

单流管模型是最简单的模型，用于预测垂直轴风力发电机气动性能的模型，是由加拿大国家航空实验室 R. J. Templint 提出的[6]。该模型假设穿过风轮致动盘的诱导速度保持不变，且与风力发电机阻力直接相关。因此，可假设风力发电机迎风与顺风面的诱导速度相等。

根据 Glauert 原理[7]，通过风力发电机致动盘的速度 V_D 是来流速度 V_∞ 和尾迹速度的算术平均值。风力发电机阻力为

$$D = 2\rho S V_D (V_\infty - V_D) \tag{2-11}$$

式中：ρ 为流体密度；S 为致动盘面积；V_D 为风力发电机致动盘的速度；V_∞ 为来流速度。

如图 2-3 所示，对于给定几何尺寸和转速 ω 的风力发电机，其气动特性、功率和转子阻力可运用叶素理论计算。如忽略重力，通常垂直轴风力发电机转子如同跳绳形状并沿垂直轴旋转。对单位高径比(转子高度与直径比)，其形状近似于抛物线。叶片型线可表示为

$$\frac{r}{R} = 1 - \left(\frac{z}{H}\right)^2 \tag{2-12}$$

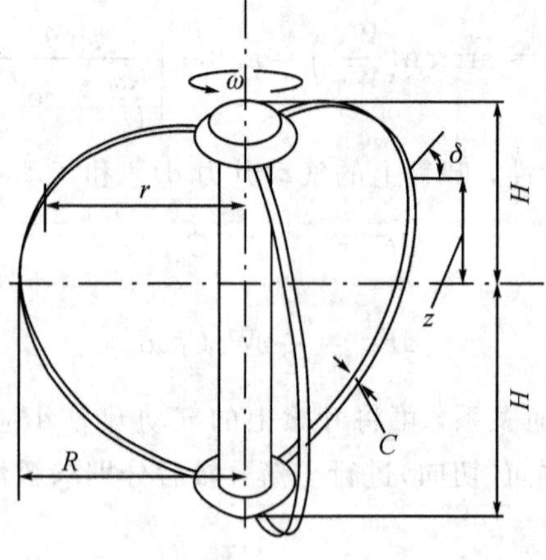

图 2-3　三叶片垂直轴风力发电机弯曲叶片

上式的无因次形式为 $\eta=1-\xi^2$，其中 $\eta=r/R$，$\xi=z/H$，r 为局部转子半径，R 为风力发电机赤道半径，H 为转子高度，z 为距离转子赤道平面的高度。

对式(2-13)微分，得到局部叶片倾斜角为

$$\delta=\arctan\left(\frac{1}{2\xi}\right) \tag{2-13}$$

这里直接给出转轴功率及风能利用系数的计算式，推导过程省略。转轴功率 P 由式(2-14)计算：

$$P=\omega T_{\mathrm{B}}=\frac{N_{\mathrm{c}}\omega}{2\pi}\int_{z=-H}^{H}\int_{\theta=0}^{2\pi}\frac{qC_{\mathrm{T}}r}{\cos\delta}\mathrm{d}\theta\mathrm{d}z \tag{2-14}$$

式中：N 为叶片数；c 为叶片弦长；q 为相对风速；C_{T} 为切向力系数，$C_{\mathrm{T}}=C_{\mathrm{L}}\cos\alpha-C_{\mathrm{D}}\sin\alpha$，其中 C_{L} 为叶素升力系数，C_{D} 为叶素阻力系数，α 为攻角。

风能利用系数由式(2-15)计算：

$$C_{\mathrm{P}}=\frac{P}{P_{\max}}=\frac{81}{128}\times\frac{1}{2\pi}\times\frac{N_{\mathrm{c}}\omega}{\frac{1}{2}\rho V_{\infty}RH}\int_{z=-H}^{H}\int_{\theta=0}^{2\pi}\frac{qrC_{\mathrm{T}}}{\cos\delta}\mathrm{d}\theta\mathrm{d}z \tag{2-15}$$

2）多流管模型

(1) 气动性能计算。为了克服单流管模型扫风面上诱导速度恒定的缺陷，J. H. Strickland 在 1975 年首次提出了多流管模型[8]。相比单流管模型，该模型可以更准确地计算流过达里厄转子的风速变化。模型假设一系列相同的流管通过转子，每一个流管作用在叶片翼型上的流向力相等。

图 2-4 给出了 z 高度上的一般流管模型示意图。其高度为 Δh，宽度为 $r\Delta\theta\sin\theta$，局部转子半径为 r，转子相位角为 θ，则自由来流速度 V_{∞} 通过流管时受到干扰，通过流管后的速度用 V 表示。根据 Glauert 叶素理论和动量方程，流过流管时作用在叶素上的平均力 $\bar{F}_x$ 为

$$\bar{F}_x=2\rho A_{\mathrm{s}}V(V_{\infty}-V) \tag{2-16}$$

式中：ρ 为流体密度；A_{s} 为流管截面面积，$A_{\mathrm{s}}=\Delta hr\Delta\theta\sin\theta$。

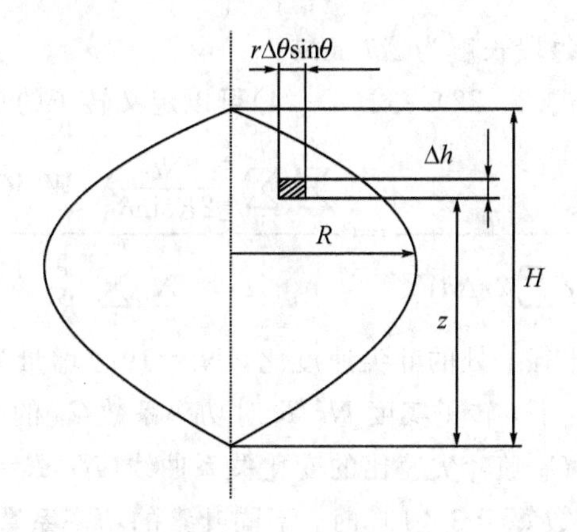

图 2-4　一般流管模型示意图

设转子叶片数为 N，每个叶素流过流管的时间为 $\Delta\theta/\pi$，由于作用于各单位叶素上的流向力为$\bar{F}_x$，则平均力$\bar{F}_x$ 又可表示为

$$\bar{F}_x = NF_x \frac{\Delta\theta}{\pi} \tag{2-17}$$

由式(2-16)、式(2-17)可得叶素沿来流方向的作用力 F_x 与速度比 V/V_∞之间的关系式为

$$\frac{NF_x}{2\pi\rho r\Delta h \sin\theta V_\infty^2} = \frac{V}{V_\infty}\left(1-\frac{V}{V_\infty}\right) \tag{2-18}$$

将作用力 F_x 分解为翼型弦长方向和弦线法方向，得到切向作用力 F_T 和法向力 F_N，则来流方向的合力为

$$F_x = -(F_N\sin\theta\sin\delta + F_T\cos\theta) \tag{2-19}$$

式中，倾斜角 δ 表示叶片与水平面间的夹角(倾斜度)，法向力和切向力可以用相对速度 W 和翼型弦长 c 来表示

$$F_N = -\frac{1}{2}C_N\rho\frac{\Delta hc}{\sin\delta}W^2 \tag{2-20}$$

$$F_T = \frac{1}{2}C_T\rho\frac{\Delta hc}{\sin\delta}W^2 \tag{2-21}$$

根据动量理论可得叶素中心扭矩 T_s 为

$$T_s = \frac{1}{2}\rho rC_T\frac{c\Delta h}{\sin\delta}W^2 \tag{2-22}$$

作用在整个叶片上的扭矩为

$$T_B = \sum_1^{N_s} T_s \tag{2-23}$$

在相位角 θ 值为 N_t 处计算叶素扭矩 T_s，相位角 θ 增量为 π/N_t，则具有 N 个叶片的转子平均扭矩为

$$\bar{T} = \frac{N}{N_t}\sum_1^{N_t}\sum_1^{N_s} T_s \tag{2-24}$$

式中，N_s 为叶片分段数，每段长度为 $\Delta h/\sin\delta$。

根据平均据矩并应用式(2-22)～式(2-24)可以定义转子的功率系数为

$$C_P = \frac{\bar{T}\omega}{\frac{1}{2}\rho\sum_1^{N_s}2r\Delta hV_\infty^3} = \frac{\sum_1^{N_s}\sum_1^{N_t}\left[\frac{Nc}{2R\sin\delta}X(W/V_\infty)^2C_T\right]}{N_t\sum_1^{N_s}\frac{r}{R}} \tag{2-25}$$

式中，$X=R\omega/V_\infty$为局部半径 r 处的叶尖速度比，$N_t=19$(θ 增量为 19°)。

(2) 不同叶尖速比 X_{EQ}下，转子实度 Nc/R 对功率系数 C_P 的影响。图 2-5 为雷诺数等于 3×10^6 时，不同实度的 C_P 随叶尖速比的变化关系曲线(Nc/R=0.1，0.2，0.3，0.4)。图 2-6 为 $Nc/R=0.3$、雷诺数等于 3×10^6 时，不同叶素的功率系数随叶尖速比的关系曲线。计算表明，当叶尖速比为 7 时，转子中心部分 60%的区域能产生 84%的输出功率。而该区域对转子产生的阻力仅为总阻力的 40%。

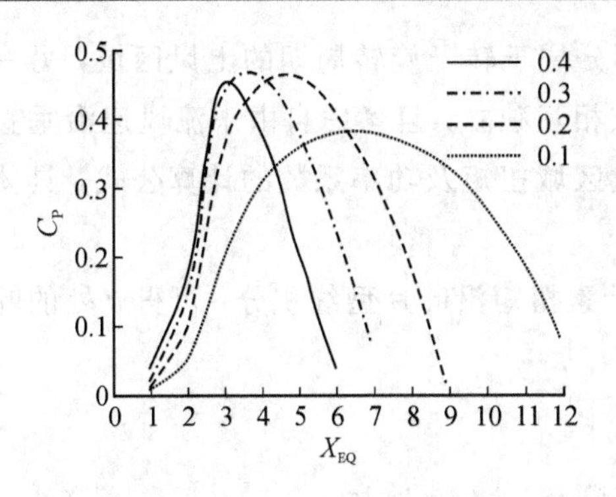

图 2-5　转子实度对 C_P 的影响

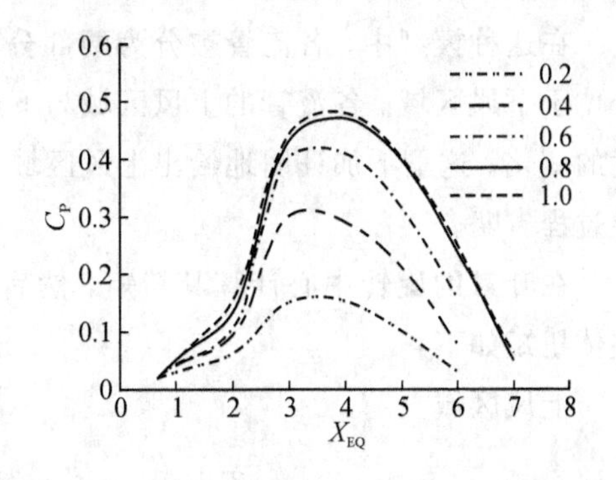

图 2-6　赤道面附近转子区域带对 C_P 的影响

(3) 风切变的影响。图 2-7 为 $Nc/R=0.3$、雷诺数等于 3×10^6 时，有、无风切变效应时的 C_P 随叶尖速比的变化关系。当叶尖速比大于 2 时，考虑风切变效应后，计算得到的 C_P 值有少量降低。

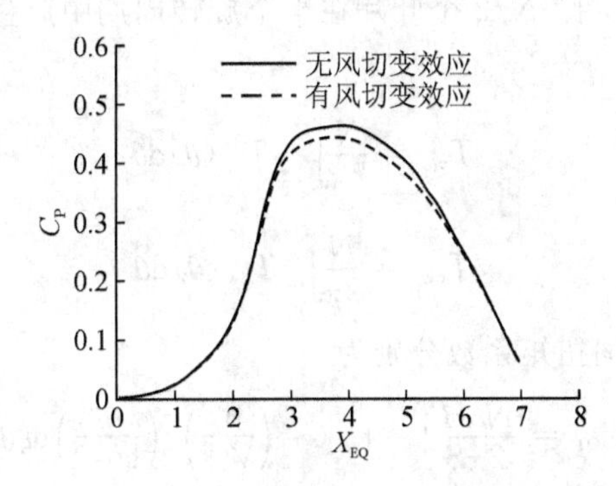

图 2-7　风切变对转子性能的影响

3) 双向多流管模型

(1) 气动性能计算。1981 年，Paraschivoiu 提出双向多流管模型[9]，对垂直轴风力发电机气动性能进行分析与预测，如图 2-8 所示。

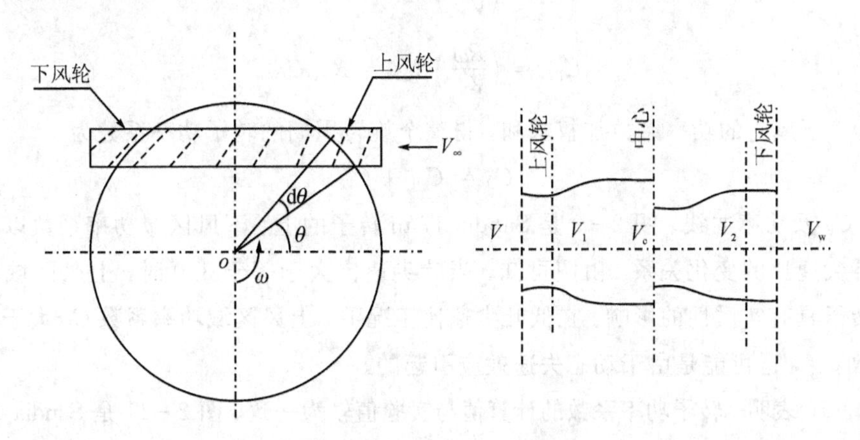

图 2-8　双向多流管模型图

在这种模型中，各流管被分为两部分：一部分位于转子旋转周期的上风区域，另一部分位于下风区域。各流管的上风区域与下风区域相互独立，且考虑自由来流风速沿垂直高度的变化。这里不加证明地给出上风区域与下风区域扭矩及功率系数的计算公式，具体推导过程省略。

在叶素的旋转中心计算其扭矩，然后将各叶素扭矩沿叶片型线积分，可得 θ 处的叶片整体扭矩如下：

上风区域

$$T_{\mathrm{up}}(\theta) = \frac{1}{2}\rho_{\infty} cRH\int_{-1}^{1} C_{\mathrm{T}} W^{2} C_{\eta}(\cos\delta)\mathrm{d}\xi \tag{2-26}$$

下风区域

$$T_{\mathrm{dw}}(\theta) = \frac{1}{2}\rho_{\infty} cRH\int_{-1}^{1} C'_{\mathrm{T}} W'^{2}\left(\frac{\eta}{\cos\delta}\right)\mathrm{d}\xi \tag{2-27}$$

设转子叶片数目为 N，则 $N/2$ 个叶片在半个旋转周期中产生的转子上、下风区域上的扭矩分别为

$$\bar{T}_{\mathrm{up}} = \frac{N}{2\pi}\int_{-\frac{\pi}{2}}^{\frac{\pi}{2}} T_{\mathrm{up}}(\theta)\mathrm{d}\theta \tag{2-28}$$

$$\bar{T}_{\mathrm{dw}} = \frac{N}{2\pi}\int_{\frac{\pi}{2}}^{\frac{3\pi}{2}} T_{\mathrm{dw}}(\theta)\mathrm{d}\theta \tag{2-29}$$

上、下风区域上的平均扭矩系数分别为

$$\bar{C}_{\mathrm{Q1}} = \frac{NcH}{2\pi S}\int_{-\frac{\pi}{2}}^{\frac{\pi}{2}}\int_{-1}^{1} C_{\mathrm{T}}\left(\frac{W}{V_{\infty}}\right)^{2}\left(\frac{\eta}{\cos\delta}\right)\mathrm{d}\xi\mathrm{d}\theta \tag{2-30}$$

$$\bar{C}_{\mathrm{Q2}} = \frac{NcH}{2\pi S}\int_{\frac{\pi}{2}}^{\frac{3\pi}{2}}\int_{-1}^{1} C'_{\mathrm{T}}\left(\frac{W'}{V_{\infty}}\right)^{2}\left(\frac{\eta}{\cos\delta}\right)\mathrm{d}\xi\mathrm{d}\theta \tag{2-31}$$

转子在上、下风区域上的功率系数分别为

$$C_{\mathrm{P1}} = \left(\frac{R\omega}{V_{\infty}}\right)\bar{C}_{\mathrm{Q1}} = X_{\mathrm{EQ}}\bar{C}_{\mathrm{Q1}} \tag{2-32}$$

$$C_{\mathrm{P2}} = \left(\frac{R\omega}{V_{\infty}}\right)\bar{C}_{\mathrm{Q2}} = X_{\mathrm{EQ}}\bar{C}_{\mathrm{Q2}} \tag{2-33}$$

将上、下风向的功率系数加权求和，得整个旋转周期的转子功率系数为

$$C_{\mathrm{P}} = C_{\mathrm{P1}} + C_{\mathrm{P2}} \tag{2-34}$$

(2) C_{P} 及功率曲线。图 2-9 是 Sandia 17 m 转子的上、下风区域功率系数以及总功率系数随叶尖速比的变化关系。由图可知，当叶尖速比大于等于 3.0 时，上风区域转子对下风区域转子具有实质性的影响。在低叶尖速比工况下，上风区域功率系数 C_{P1} 大于下风区域功率系数 C_{P2}，这可能是由于动态失速效应引起的。

图 2-10 表明，转子功率系数的计算值与实验值较为一致。图 2-11 是 Sandia 17 m 风力发电机在 42.2 r/min 转速下的功率曲线计算值和实验值。由图可知，在风速小于等于 11 m/s 时，计算值与实验值吻合良好，可见在高风速时的吻合程度也是可以接受的。

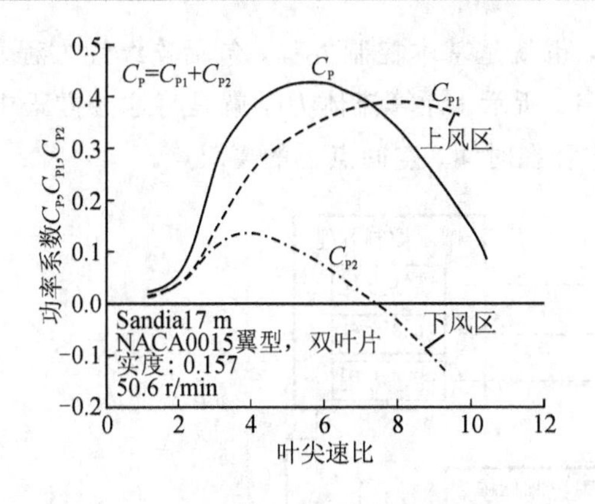

图 2-9　转子上风、下风区域和总功率系数随叶尖速比的变化关系

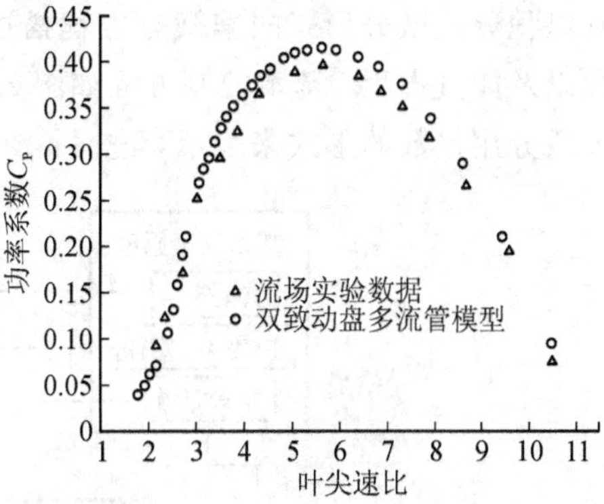

图 2-10　功率系数随叶尖速比的变化关系

(3) 与多流管模型的比较。图 2-12 是两种多流管模型的功率系数计算结果与实验数据的比较，而实验转子的参数变为 NACA0015 翼型、双叶片、Sandia 5 m。由图可知，在叶尖速比小于 7 时，双向多流管模型比多流管模型更接近实验数据。而多流管模型的最大功率系数与实验数据存在较大差异。

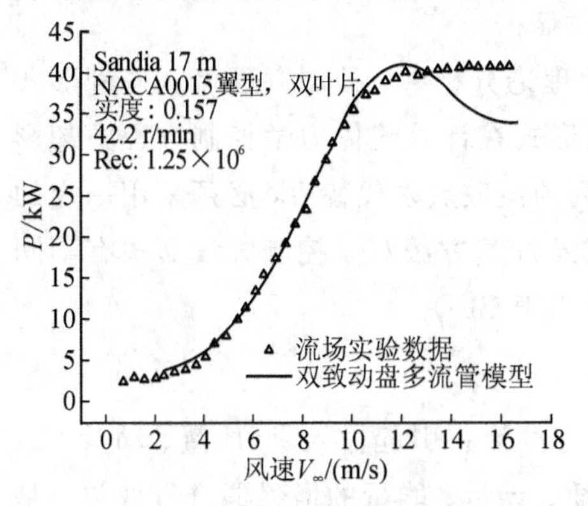

图 2-11　达里厄转子随风速的变化关系

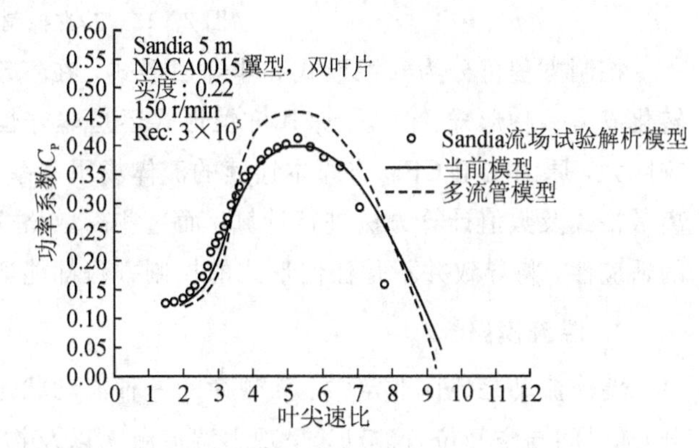

图 2-12　功率系数随赤道叶尖速比的变化关系

2.1.2　计算流体力学基础

自 20 世纪中叶以来，随着计算机技术的不断向前发展，计算流体力学 CFD(一个介于数学、流体力学和计算机之间的交叉学科)产生了，其主要的研究内容是通过计算机和数值方法来求解流体力学的基本控制方程(连续性方程、动量方程和能量方程)，以达到对具有复杂边界条件的流体问题的数值模拟，进而得到基本未知量(速度、涡量等)在流场各个位置处以及在不同时间点的分布情况。而对于风力发电机实际的工况风场来说，平流风流经障碍物形成湍流，且风流进入风力发电机内部时由于风轮叶片的作用导致风力发电机工作时的流场中存在不同程度的湍流现象，所以对湍流的研究是关键。

1. 基本控制方程

任何流动都服从三大定律，即质量守恒定律、牛顿第二定律和能量守恒定律，在数学上通常以积分或微分形式的偏微分方程描述，也就是基本控制方程，包括连续性方程、动量方程以及能量方程，基本控制方程如图 2-13 所示。计算流体力学就是将这些方程中的积分或微分用代数的形式来表示，进而得到方程在时间、空间点上的离散点。

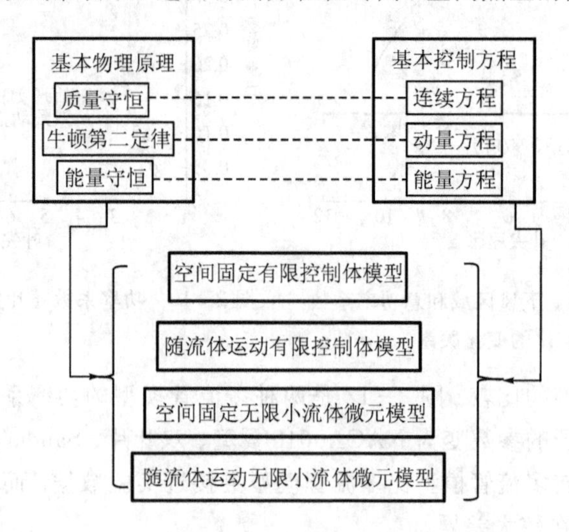

图 2-13 基本控制方程

控制方程可分为守恒形式和非守恒形式，在气动理论分析中，控制方程可从一种形式转化成另一种形式。但是，采用守恒形式还是非守恒形式在计算流体力学控制方程中却影响巨大，原因在于 CFD 将原本连续的流体场用一系列的离散点来代替后，必须采用一定的离散格式及数值计算方法进行计算，而这些离散格式及计算方法对于控制方程形式有不同的适应性，将导致并不是任何形式的控制方程都能适用于 CFD。

2. 湍流模型

湍流流动是流体非定常、无规律的一种流动状态。湍流将引起输入量(质量、动量、组分)随时间与空间位置波动，呈现出湍流漩涡以及物质、动量、能量的增强混合等效果，是一种非常复杂的流动现象。各种不同的湍流模型先后被提出用以具体描述湍流流动的特点，学者们从湍流运动规律出发探求相应的附加条件和关系式以获得封闭方程，促进了各种湍流模型的发展和完善。

对于 CFD 而言，一旦湍流出现，如何计算是在进行数值模拟时所要关注的重要问题。截至目前，仍然没有一个统一的模型能够解决各种层流、过渡区域及湍流的计算。在实际应用中，不同的特定情况下能够精确描述其流动状态的流体计算模型仍需完善。

目前在进行数值模拟计算时，常用方法主要有以下三种：

1) 直接数值模拟

直接数值模拟(DNS)方法即直接利用非定常的 N-S 方程对湍流进行数值计算，无须对湍流流动作任何简化或近似。这种方法能对流体流动中最小尺度涡进行求解，要对高度复杂的湍流运动进行直接的数值计算则难度很大，因为在为保证计算结果的精确度时，复杂的湍流运动就必须采用很小的时间与空间步长，才能分辨出湍流中详细的空间结构以及变化剧烈的时间特性，造成在数值模拟时需要占用巨大的硬件资源，所以目前尚无法应用于真正意义上的工程计算。

2) 雷诺平均数值模拟

雷诺平均数值模拟(Reynolds-averaged Novier-Stokes，RANS)方法的基本思想基于雷诺假设，即在湍流流动中任何物理量均可描述为一个平均量和一个脉冲量的叠加。

例如，瞬时速度分量 $u(x, y, z, t)$ 可分解为平均速度 $\bar{u}(x, y, z, t)$ 与脉动速度 $u'(x, y, z, t)$，即

$$u(x, y, z, t) = \bar{u}(x, y, z, t) + u'(x, y, z, t) \tag{2-35}$$

式(2-35)中物理量的分解方式称为雷诺分解。将雷诺分解式代入 N-S 方程，也就是将非定常的 N-S 方程作时间平均处理，并求解此平均化的 N-S 方程，从而获得流动参数的时均解，即湍流平均流场。计算模式主要有零方程模式、一方程模式、两方程模式和雷诺应力模式。

(1) 零方程模式。该模式又称为代数涡黏性模式或混合长度模式，用于模拟动量方程中的雷诺剪切应力，无须额外求解偏微分方程，运算速度较快。但由于涡黏性假设以及混合长度假设具有一定的局限性，因此导致零方程模式在对几何形状复杂的流动和存在分离与压力梯度的流动进行模拟时效果较差。该计算模式常用的模型有 Cebeci-Smith(C-S) 和 Baldwin-Lomax(B-L)。

(2) 一方程模式。该模式在雷诺时均 N-S 方程基础上增加一个湍流动能方程，从而使方程组封闭，故也被称为能量方程模型。与零方程模式一样，该模式也假设了涡黏性系数的各向同性，其特征长度亦由经验参数确定。目前，该计算模式应用较为成功的湍流模型为 Spalart-Allmaras(S-A)。

(3) 两方程模式。目前两方程模式在工程上应用最为广泛，其本质上属于完全的湍流模型，通过求解两个完全独立的偏微分方程，然后再计算出湍流黏性系数。该模式的模型假设同样是基于涡黏性各向同性假应力，但同时考虑了上游流动累计效应及湍流耗散效应。该模式常用的湍流模型为 Standard $k-\varepsilon$、RNG $k-\varepsilon$、realizable $k-\varepsilon$、Standard $k-\omega$ 以及 SST $k-\omega$。

(4) 雷诺应力模式。雷诺应力模式的英文名称为 RSM(Reynolds Stress Model)，与基于 Boussinesq 涡黏性假设的一方程模式下的湍流模型和两方程模式下的湍流模型(SST)不同，RSM 直接对时均 N-S 方程中的二阶脉动项建立相应的偏微分方程组。由于该方式下要额外增加多个方程，导致计算量与两方程模型相比明显大得多。

3) 大涡模拟

由于以上几种模拟方法在进行数值模拟仅适用于在进行较小尺度涡的湍流流动时才较为精确，对湍流问题的处理上仍存在较大的局限性，因此进一步发展出了大涡模拟(LES)方法。虽然 LES 对计算机的要求仍较高，但相对于 DNS 方法远远低于对计算机计算能力的要求，大大降低了成本，近年来被广泛使用。

LES 的基本思想是湍流脉动与混合主要由具备随流动情形而异的高度各向异性大尺度

涡产生，大尺度涡间相互作用把能量传递给小尺度涡，经小尺度涡完成能量耗散作用。因此，LES对N-S方程在物理空间进行过滤，大尺度涡采用非定常的N-S方程直接模拟，但不计算小尺度涡；小涡对大涡的影响以近似模拟来实现，即以亚网格尺度SGS(Subgrid Scale，SGS)湍流模型(或称亚格子湍流模型)来实现。SGS湍流模型主要包括Smagorinsky-Lilly、Dynamic Smagorinsky-Lilly、Wall-adapting Local Eddy-viscosity和Dynamic Kinetic Energy Transport四种。

对于高雷诺数壁面边界流动的计算，LES在求解近壁面区域时比较耗时。因此，采用另一种策略，即在近壁面区域使用RANS降低对网格的要求，该方法被称为分离涡模拟(Detached Eddy Simulation，DES)。显然，DES是LES与RANS的混合模型，对于高雷诺数的外部空气动力流动的数值模型，DES是LES的有效替代。

在采用适当的数值模拟方法后，还需有正确的数值模拟过程。进行数值模拟一般分为三大步：前处理、数值分析和后处理。前处理的工作一般是：简化实体模型并将建立好的模型导入专业的软件(ICEM、GAMBIT、GridPro等)中进行网格划分，同时设定边界条件、相关参数等求解设置。数值分析的工作主要是：根据前处理中的相关设置得到相应的处理数据。后处理的工作主要是：对数值分析中得到的相关数据进行整理分析，得到相关的流场云图及相关图表，为后面的理论探究进行佐证。与进行数值模拟一般步骤相对应，用CFD软件对垂直轴风力发电机进行数值模拟的过程主要分为方案制订、网格划分、求解设置、数值分析以及后处理等步骤。

近年来，得益于计算机技术的飞速进步，计算流体力学(CFD)发展快速，计算速度和精度大大提高，使数值模拟成为风力发电机性能研究和设计的主要手段之一[4]。

2.1.3 能量转化理论基础

振动、摩擦等物理现象在风力发电机运行过程中不可避免，而这些物理现象蕴含着丰富的能量。微机电系统(Micro Electro Mechanical System，MEMS)及可穿戴设备的发展需求带动了振动等能量收集的相关研究。这些能量收集方式能够高效地收集能量且具有很好的应用发展前景。根据转换机理的不同，振动能量收集器可以分为压电式、电磁式、静电式和压电-电磁耦合式四类[10]。

1. 压电式能量收集器

压电式能量收集器具有结构简单、易于制作、能量密度高、产生热量小、无电磁干扰以及可以实现小型化和集成化等诸多优点。压电能量收集器是最简单也是最早开始研究的能量收集装置，其理论基础是压电方程。压电方程是关于压电振子的应变、应力、电位移、电场等物理量之间关系的方程组。在电学边界条件为短路，机械边界条件为自由状态时的压电方程为

$$\begin{cases} S = \boldsymbol{S}^{\mathrm{E}} T + \boldsymbol{d}_{\mathrm{t}} E \\ D = \boldsymbol{d} T + \boldsymbol{\varepsilon}^{\mathrm{T}} E \end{cases} \tag{2-36}$$

式中：S为应变；$\boldsymbol{S}^{\mathrm{E}}$为恒定电场下的柔度系数矩阵($\mathrm{m^2/N}$)；$d_{\mathrm{t}}$为压电应变常数矩阵的转置

(C/N)；E 为电场强度(V/m)；T 为应力(Pa)；D 为电位移(C/m^2)；$\boldsymbol{d}$ 为压电应变常数矩阵(C/N)；$\boldsymbol{\varepsilon}^{\mathrm{T}}$ 为在恒定应力下的介电常数矩阵(F/m)。

由压电方程可以得出，在压电材料发生应变时会产生电荷移动，形成电势差。将垂直轴风力发电机变形结构与压电材料建立连接，当结构变形时，压电材料因受力变形将机械能转化为电能，再通过控制系统将微弱电流调控成可以被储存在蓄电池中的电能。

Sodano 等人[11]设计了一种双晶压电悬臂梁式振动能量收集器，即在悬臂梁的固定端集成压电材料，在活动端施加波动载荷，通过悬臂振动产生电荷，并且该装置还能够通过调整悬臂梁结构尺寸控制系统主频。刘建芳等人[12]提出了一种旋转体挤压发电结构，通过三片固定压电板构成三角形封闭区域，内部小球在旋转时挤压压电材料板，产生电荷。

压电式能量收集装置的结构较为简单，因此其适用范围也相应较大，但其主要形式是以悬臂梁为主。由于在机械结构中悬臂梁都是主要的承载结构，其振动幅值与频率都被严格限制，设计时应兼顾结构安全与发电效率。另外，在将压电材料与悬臂梁结合时，悬臂梁结构强度、刚度等力学特性的变化也应是重点考虑的因素之一。

2. 电磁式能量收集器

电磁式振动能量收集系统工作的基本原理是基于法拉第电磁感应定律，当通过闭环电路的磁通量改变时，会在电路中产生感应电动势。电磁式能量收集器的内阻较低，输出电流较大，对于中型系统而言，电磁式相比于压电式振动能量收集系统具有更高的功率。Dallago 等人[13]提出了一种垂直管式电磁振动能量收集器，在振动发生时，运用异性磁极相互排斥的原理，磁铁在管内上下运动，改变管外缠绕线圈的磁通量，产生感应电动势；I. T. Seo等人[14]又对这种结构做了改进，即在原有管式结构中增加了弹簧，能够有效地提高磁铁振荡次数。

与压电式能量收集器相比，更高效的电磁式振动能量收集装置主要是依靠浮动的铁芯在线圈中的往返运动产生感应电动势，其基础模型与阻尼器类似。通过调整弹簧或永磁体对铁芯的作用力，可以利用能量收集装置中的铁芯运动达到阻尼器的效果，实现阻尼器与能量收集装置的结合。但在实际机械中，移动铁芯和固定线圈两部分往往都会相互接触并且发生剧烈磨损，因此，这类能量收集装置在机械上的应用应充分考虑绝缘问题和材料的耐磨性，保证能量收集装置的基体零部件寿命。

3. 静电式能量收集器

静电式振动能量收集技术的工作原理是静电效应，其一般需要被引导，即它在开始产生电能之前，需要一个外部电源在可变电容之间产生原始电压差，当可变电容的电容值由于振动而发生改变时，机械振动能被转化为电能。静电式振动能量收集系统最大的优点是能够利用环境中的低频率振动产生更大的输出功率。

静电式振动能量收集装置直接使用于风力发电机还有待进一步研究，但基于摩擦电与静电效应耦合的摩擦电式振动能量收集装置可以为具有能量收集功能的风力发电机结构开发提供思路。摩擦电式振动能量收集装置的基本工作原理是两个具有相反摩擦电特性的表面周期性接触和分离，从而使得感应电荷流过外部负载。杨亚等人[15]提出了一种摩擦纳米发电机，通过聚四氟乙烯与铜片的接触摩擦和分离产生电荷移动。刘玉强[16]提出了一种硅太阳能电池与摩擦电纳米发生器集成以从日光和雨滴中收集能量的结构，通过雨滴在面板上的流动产生摩擦电荷移动。

静电式能量收集装置对于材料及环境要求较高，因为其必须保证电荷产生后与外界特别是地面的绝缘，避免产生电荷的转移和流失。而一般机械的主体结构多为铁基或合金材料，接触部位也通常会使用润滑剂，这些材料都具有导电性。因此，静电式能量收集装置在机械上的应用还有待进一步研究。

4. 压电-电磁耦合式能量收集器

压电-电磁耦合式振动能量收集装置主要是在原有压电式悬臂梁结构中引入非线性磁力作用，进一步提高能量收集器的发电性能，尤其是低频环境下的能量转换率。Zou Hong xiang 等人[17]提出了一种用于宽带振动能量收集的磁耦合能量收集装置，这种能量收集装置利用悬臂梁自由端磁体质量块与固定在竖直方向上的多个磁体相互耦合，通过合理布置磁极，可以增加能量收集。

压电-电磁耦合式能量收集装置的结构基础是悬臂梁结构，因此，压电-电磁耦合式能量收集装置仅能够一定程度上提高悬臂梁的振幅、频率及带宽，结构及性能没有明显提升，因此，其在机械系统中的运用无法克服悬臂梁结构的固有缺陷。不仅如此，永磁体对环境要求也较高，机械所处的大部分环境都有可能造成永磁体失磁，造成压电-电磁的耦合失效。

已有的对能量收集装置的大部分研究都是基于 MEMS 和可穿戴设备的需要。垂直轴风力发电机由于其叶片安装结构导致叶片总是从迎风逐渐过渡到背风再到迎风，叶片会受到交变载荷，而且垂直轴风力发电机内部流场的复杂性也进一步加剧了风力发电机的振动，这都为能量收集系统在垂直轴风力发电系统上的应用提供了良好的基础。将垂直轴风力发电机与能量收集装置相结合，可以有效提高垂直轴风能利用率。

2.1.4 电气控制理论基础

在变风速的情况下，风力发电机容易出现过载等现象，导致风力发电机受损甚至报废，需要相应的控制方法保障风力发电机正常运行。常见的控制方法有气动功率控制、最大功率控制、机侧 PWM 控制以及蓄电池充放电控制等。

1. 气动功率控制

气动功率控制(又称气动功率调节)[18]方式主要分为两种，即失速调节和桨距调节。传统的桨距调节中，风力发电机叶片经由轴承固定在轮毂上，可以绕着叶片的展向进行轴向转动以调整桨距角。当处于高风速的情况时，桨距角向迎风面积减小的方向转动一个角度，相当于增大桨距角，减小攻角，随着风速的增大不断地调整，偏离失速，升力保持在较小的状态以限制功率。然而变桨距调节法也存在着一定的缺陷，这种方法对于风速的变化敏感度太高，功率容易在湍流情况下产生波动，这就要求变桨距机构应具备足够的响应能力，能够快速响应，从而相关机构以及整个控制系统会相对复杂。对比传统的桨距调节方式，被动失速和主动失速两种控制方式的控制系统更加简便，容错率更高，后续将详细研究这两种失速控制方式的优缺点以及失速控制中切出风速对风力发电机年发电量的影响。

2. 最大功率控制

空气的流动具有较大的随机性，风能有着能量时间分布不匀的爆发性特征。基于这些特征，在风力发电装置进行发电的过程中，其功率曲线会随着风速变换而变换。为了尽可能地利用风能，需要进行最大功率控制，也就是使风力发电系统功率点保持或接近极值。

对于变速风力发电系统目前一般采用最大功率点跟踪(Maximum Power Point Tracking，MPPT)的控制策略，主要的方法有：功率信号反馈法(Power Signal Feedback，PSF)、最优叶尖速比法(Optimum Tip-Speed Ratio，OTSR)、最优转矩的最大功率点跟踪控制(Optimum Torque Control，OTC)三种控制方法[19]。

3. 机侧 PWM 控制

PWM 即脉冲宽度调制，是一种利用微处理器的数字输出控制模拟电路的有效技术，在测量、通信功率控制及变换等领域中应用广泛[20]。PWM 是现有的应用最广泛的控制方式之一，是学者们研究的热点，有着控制相对灵活简单、动态响应好等一系列优点。当前关于永磁直驱风力发电系统机侧 PWM 控制的相关研究相对较少，主要是采用不控整流结合升压斩波结构。由于类似的不控整流桥有着非线性特性，输入侧电流会产生很大的畸变，因此发电机效率会受很大影响。本书在第 4 章给出了一种机侧 PWM 变换器模型框图，并通过仿真和 PWM 控制平台验证了控制系统的正确性。

4. 蓄电池充放电控制

蓄电池作为常用的储电设备，在实际的使用过程中，由于使用不合理等各种因素，很容易受到损坏，特别是电池的充放电过程。因此，需要对蓄电池的充放电进行合理有效的控制，从而达到保护和延长其寿命的效果。本书采用的蓄电池充放电控制策略，主要是将离网型风力发电系统中的风力发电机发出的交流电通过布控整流环节和降压环节进行处理，采用单片机控制，从而实现对储能装置蓄电池的充电环节控制；在风能不足或者无风的情况下，利用单片机的控制，使储能装置蓄电池放电；通过充放电控制器，保障蓄电池的寿命[21]。

2.2　风轮结构参数对风力发电机效能的影响

垂直轴风力发电机的结构参数和工作工况的改变都能够造成风轮内部及周围流场的变化，进而引起垂直轴风力发电机风能利用率的变化。本节主要采用 Fluent 软件对垂直轴风力发电机的流场进行模拟，分别从风轮的叶片安装角、叶片翼型、风轮半径和叶片弦长对风力发电机气动性能的影响进行研究，为后续的风力发电机的设计开发提供基础。为了确定某一结构参数对风力发电机气动性能的有效影响情况，本节主要阐述的是在其他结构参数不变的条件下，通过改变其中一个结构参数研究对气动性能的影响规律，最后结合文献[22]介绍用正交试验法研究整机结构参数对垂直轴风力发电机效能的影响，为以后快速进行风力发电机的整机设计开发提供参考。

2.2.1　风轮参数对气动特性的影响

由于H型垂直轴风力发电机叶片翼型的特殊性，因此致使除了叶片每个截面的气动性能研究均具有一致性，一般在不需要考虑叶片端面的流动效应时只需建立二维模型便可保证计算的准确性[23]。又考虑到简化计算，本节以H型垂直轴风力发电机为对象建立具体不同结构参数的二维风力发电机模型，分析并比较这些结构参数对气动性能的影响以使读者更好地了解风能参数对气动性能的影响关系。这些变化的结构参数有叶片的安装角、叶片的安装翼型、叶片的安装弦长、叶片的安装半径、叶片实度及叶片的安装数量。通过Fluent软件进行数值计算，根据不同的计算结果，对这些影响因素逐一进行分析。

1. 不同叶片安装角的影响

对于同一垂直轴风力发电机，当改变叶片安装角度时，风力发电机的气动性能有较大的变化。垂直轴风力发电机各几何参数如图2-14所示。其中：l为叶片弦长，表示叶片头部到叶片尾部的直线距离；θ为叶片安装角，表示叶片安装半径的切线与叶片的弦所在直线之间的夹角。当叶片的头部处于切线的左侧时，安装角为正；当叶片头部处于切线的右侧时，安装角为负。

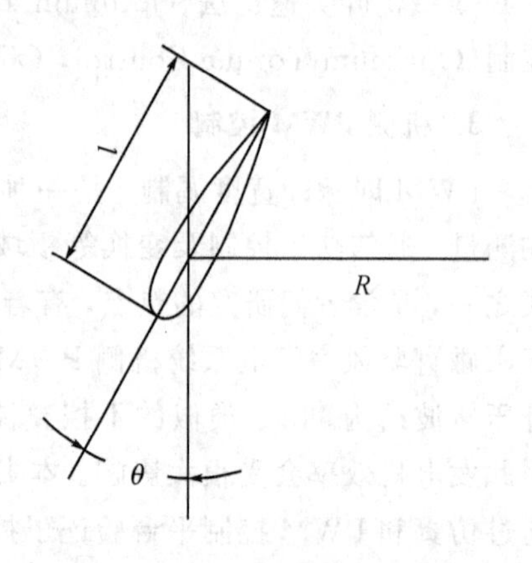

图2-14　叶片安装角示意图

为了便于分析问题，首先设定二维模型的基本参数，如表2-2所示。

表2-2　风力发电机基本参数

风力发电机类型	叶片安装角/(°)	叶片弦长/m	叶片数	风轮半径/m
H型垂直轴风力发电机	−4°、−2°、0°、4°、5°、6°、7°	1	3	6.5

研究过程中拟定来流速度为12 m/s，安装角分别为−4°、−2°、0°、4°、5°、6°、7°。研究风力发电机在不同叶尖速比下的风力发电机效能，其中叶尖速比就是风轮叶片最外沿的线速度与来流风速之间的比值。

图2-15～图2-17所示为风力发电机在不同叶尖速比下，对应不同数值的风能利用率、输出扭矩和输出功率曲线。由图可知，风力发电机在不同安装角下风能利用率、输出扭矩和输出功率的变化趋势基本一致。当风力发电机在低速运行时，风力发电机的风能利用率、输出扭矩和输出功率均随着叶尖速比的增大而增大，基本符合线性关系。当增大到一定限度时，各个数值都会先后达到极值，说明风力发电机在此叶尖速比下处于最佳运行状态。在通过曲线的极值点之后，随着叶尖速比的进一步增大，风力发电机的气动性能随之降低，而且变化很剧烈。在实际生产中，为使风力发电机具备最优的气动性能，一般情况下都在临界速度下运行。

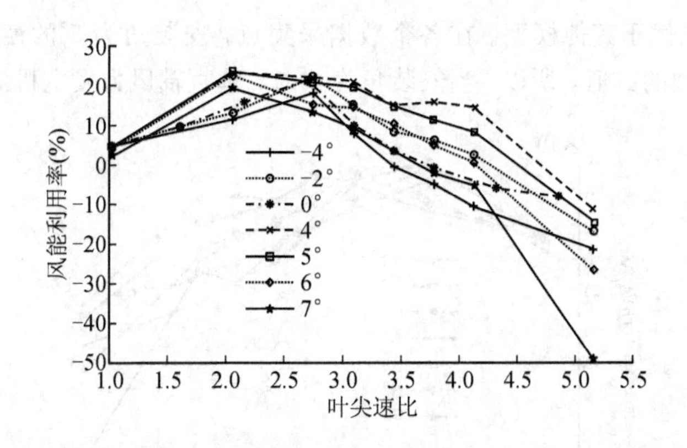

图 2-15　不同安装角下风轮叶尖速比—风能利用率曲线

从图 2-15 可知，叶尖速比严重影响风能利用率，而且变化范围很大，各个模型的风能利用率的数值变化趋势基本一致，而且在每个数据采集点上的数值十分接近。在叶尖速比为 2.75 时，对于－4°、－2°和 0°这三个模型到达极值点，要迟于其他模型到达极值点，由此可见，安装角为正值的模型的极值点位置提前于安装角为非正值的模型。叶片的安装角为 4°或 5°的二维风力发电机模型在各个数据采集点通过计算得到的风能利用率数值明显大于其他安装角风轮模型的数值。而 7°模型数值变化范围最大，每个采集点都低于其他模型的数值，甚至在高转速下出现严重的负值，气动性能最差。当叶尖速比为 2.15 时，4°和 5°风力发电机模型几乎同时达到极值点，风能利用率为 0.235。

从图 2-16 可知，风力发电机的输出扭矩变化曲线的变化趋势与风能利用率变化曲线趋势基本一致，但是曲线形状变化很大。4°和 5°两组模型在转速为 30 r/min 时到达极值点，输出扭矩为 317.9 N·m，要早于其他模型到达极值点。所有模型在高转速下运行时均出现了负扭矩情况，说明风力发电机不适合在高转速下运转。

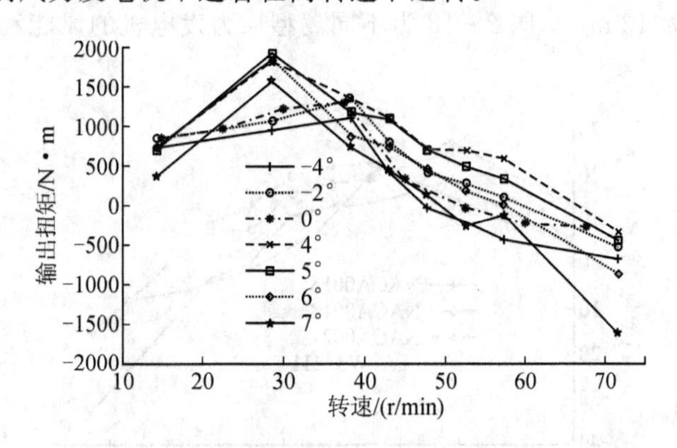

图 2-16　不同安装角下风轮转速—输出扭矩曲线

由图 2-17 可知，风力发电机的输出功率变化曲线与风能利用率变化基本一致，形状也十分接近。其中，安装角为 4°和 5°的模型输出功率的极值明显高于其他模型，当转速达到 30 r/min 时，输出功率达到极值点 55 kW。安装角为 7°时，模型气动性能最差，当转速超过 50 r/min 时，输出功率即为负值，到达下一个极值点之后输出功率急剧减小。

通过对不同安装角下的风能利用率、扭矩及功率变化曲线进行分析，可知安装角为 4°和

5°的模型的气动性能优于其他模型。在各个数据采集点，安装角为5°的模型的各项数值略高于安装角为4°的模型的数值，所以，当安装角为5°时，垂直轴风力发电机的气动性能最优。

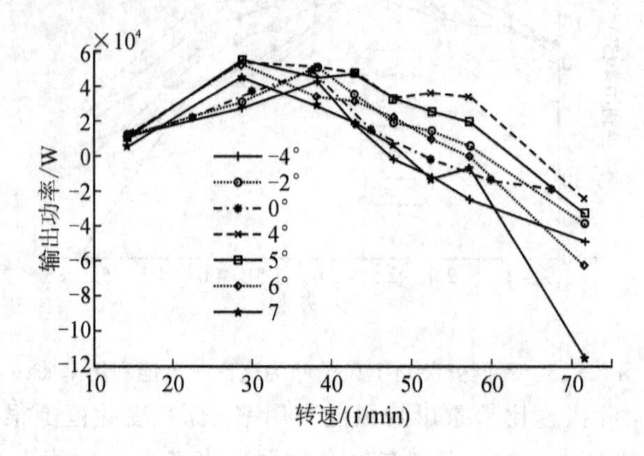

图2-17　不同安装角下风轮转速—输出功率曲线

2. 不同翼型的影响

通过上文得到的结论，叶片安装角为5°时气动性能最佳，在此基础上研究叶片翼型对风力发电机气动性能的影响。下面选用NACA0015、NACA0018、NACA0021和FFA-W3-211这四种翼型结构进行研究。风力发电机的基本参数如表2-3所示

表2-3　风力发电机基本参数

翼　型	弦长/m	叶片数	半径/m
NACA0015、NACA0018、NACA0021、FFA-W3-211	1	3	6.5

选定来流风速为12 m/s，图2-18为不同翼型风力发电机的风能利用率与叶尖速比之间的曲线关系。

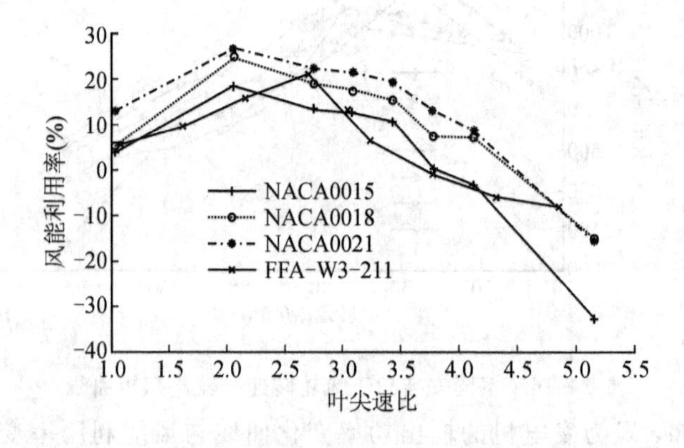

图2-18　不同翼型下风轮叶尖速比—风能利用率曲线

由图2-18可知，当风力发电机在低速运行时，风力发电机的风能利用率均随着转速的增大而不断增大，近似于线性关系变化。当叶尖速比为2.1时，NACA0015、NACA0018、NACA0021模型的风能利用率基本同时达到极值，其中NACA0021模型的极值要大于其他

模型，极值大约为 0.268。由于 NACA0015、NACA0018、NACA0021 属于同一系列的翼型，FFA - W3 - 211 与它们之间存在着明显的差异，所以 FFA - W3 - 211 模型晚于它们达到极值点位置。大约在叶尖速比为 2.75 时，FFA - W3 - 211 模型到达极值 0.2，但明显小于 NACA0021 模型的极值。当它们通过极值点之后，风能利用率的数值均为减小的状态，而且减小的幅度尤为显著。当叶尖速比到达 4 以上时，NACA0015、FFA - W3 - 211 模型的风能利用率数值变为负值。随着叶尖速比进一步增大，当叶尖速比大于 5 时，NACA0018、NACA0021 模型的风能利用率也变为负值。

根据图 2 - 19 所示为不同翼型下风轮转速与输出扭矩的关系曲线。从图中可见风力发电机输出扭矩的变化曲线趋势与风能利用率曲线的趋势基本一致，但是曲线形状有所差别，在低速情况下风力发电机的初始值更是存在很大的差异。在低速运转时，输出的扭矩大小与转速成近似正比关系上升。当转速为 30 r/min 时，NACA0015、NACA0018、NACA0021 模型输出扭矩同时达到极值，其中 NACA0021 模型的极值最大，极值大约为 2200 N · m。FFA - W3 - 211 模型与其他三种翼型相比晚于达到极值位置，极值位置大约在转速为 40 r/min 时，其扭矩值为 1500 N · m。当数值到达了极值点之后，这四组模型的输出扭矩值均出现了不同情况的减小趋势，而且幅度很大，甚至出现了负值。

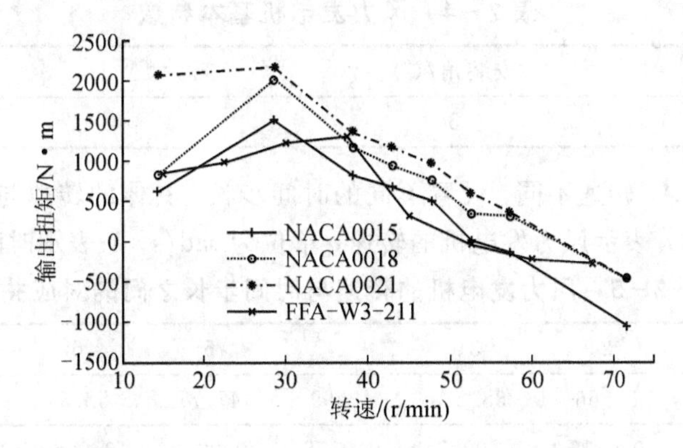

图 2 - 19　不同翼型下风轮转速—输出扭矩曲线

图 2 - 20 所示为不同翼型下风轮转速与输出功率的关系曲线。从图中可见，输出功率变化曲线的变化趋势和形状与风能利用率的变化曲线完全一致。在低速运行状况下，曲线

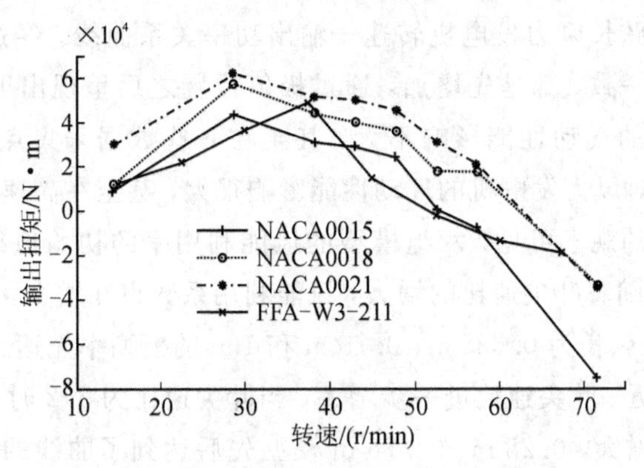

图 2 - 20　不同翼型下风轮转速—输出功率曲线

呈线性递增的趋势，在转速为 30 r/min 时，NACA0015、NACA0018、NACA0021 模型输出功率同时达到极值，其中 NACA0021 模型数值最大为 62 kW。在通过极值点之后，四个模型对应的输出功率曲线均呈现减小的趋势，而且减小幅度很大。当转速大于 60 r/min 时，所有模型的输出功率均为负值，在实际生产中无任何意义，这一结论在实际中有较大的参考价值。

由于在每个数据采集点 NACA0021 模型的数值明显高于其他模型，综上所述 NACA0021 模型的气动性能最优，而对于其他三组翼型而言，气动性能方面没有太大的区别。

3. 不同翼型弦长的影响

在垂直轴风力发电机的设计过程中，由于没有一套完备而又系统的计算理论体系，在此情况下，依然按照之前采用的方法，分析研究安装叶片的弦长对风力发电机气动性能的影响。在建立二维风力发电机模型之前，确定了六组备选叶片弦长的组合，它们依次为 0.25 m(X1)、0.375 m(X2)、0.5 m(X3)、0.625 m(X4)、0.75 m(X5)和 1 m(X6)。

为了更加系统地分析问题，使之具备确定性和可靠性，我们要根据实际需要，确立二维模型的基本参数。具体二维模型的基本参数如表 2-4 所示。

表 2-4　风力发电机基本参数

翼型	安装角/(°)	叶片数	半径/m
NACA0015	5	3	6.5

在计算的过程中，转速不同，设置不同的时间步长。具体的转速与时间步长的关系如表 2-5 所示。表中 n 表示风力发电机的转速，单位为 rad/s；T 表示时间步长，单位为 s。

表 2-5　风力发电机的转速与时间步长之间的对应关系

参数	1	2	3	4	5	6	7	8
n	14.33	28.66	38.22	42.99	47.77	52.54	57.32	71.66
T	0.0233	0.0116	0.0087	0.0078	0.0069	0.0063	0.0058	0.0047

选定的来流速度仍然为 12 m/s，图 2-21～图 2-23 依次为不同安装弦长风力发电机的叶尖速比—风能利用率关系曲线、不同叶片安装弦长风力发电机的转速—输出扭矩关系曲线及不同叶片安装弦长风力发电机转速—输出功率关系曲线。经过观察，可以发现，三组曲线变化趋势基本一致，都是先增加，通过极值位置之后呈现出下降的趋势。安装弦长的变化对风力发电机的气动性能影响不大，甚至在一些数据采集点会出现数值重合的情况。但是转速的变化对风力发电机的气动性能影响很大，甚至在高速时出现了负值的情况。

通过对图 2-21 的观察可见，六组模型的风能利用率的初始值很相近，一般在 3%～5%。在低速状态下，随着叶尖速比的增大，风能利用系数也在增大，基本呈线性关系变化。叶尖速比为 2.15 时，弦长为 0.625 m、0.75 m 和 1 m 的模型率先达到风能利用率曲线极值点，而且极值十分接近。叶尖速比进一步增大，当叶尖速比为 3.2 时，0.625 m 模型达到极值。随着叶尖速比再增大，0.25 m、0.375 m 模型先后达到了曲线的极值点。由此推断出，安装弦长越长，风能利用率极值位置对应的转速越低。其中 0.5 m 模型极值最大为 0.295。

通过极值点后，风轮模型随着叶尖速比增大，风能利用率曲线出现了下降的状况，其中 1 m 模型对应曲线下降趋势最为明显，甚至当叶尖速比大于 3.5 时出现了负值，说明此风力发电机模型的气动性能最差。

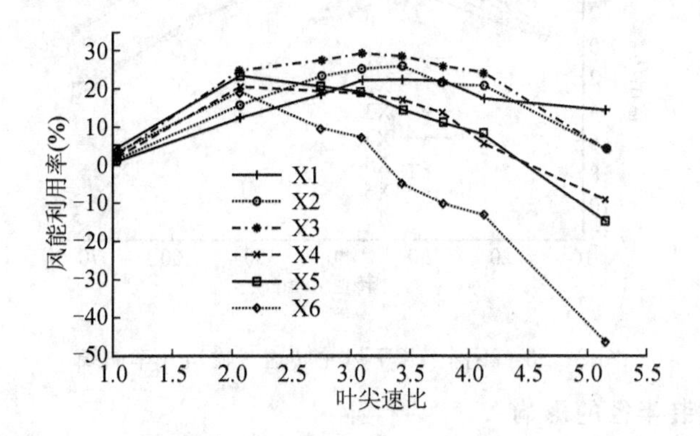

图 2-21　不同弦长下风轮叶尖速比—风能利用率曲线

由图 2-22 可见，所有风力发电机模型的输出扭矩初始值有所差异，但不是很大。在低速状态下，所有模型的输出扭矩曲线均随着转速增大而上升。0.5 m、0.625 m、0.75 m 和 1 m模型对应的曲线率先达到了极值位置，此时转速大约为 30 r/min，其中 0.5 m 模型对应的极值最大为 2100 N·m。随着转速增大，0.25 m 和 0.375 m 模型也先后达到了极值，说明输出扭矩的极值位置与叶片的安装弦长也有一定的对应关系。通过极值点之后，各个模型的输出扭矩曲线均呈现下降趋势，0.25 m 和 0.375 m 模型对应的曲线变化十分缓慢，始终保持着正值，1 m 模型对应的曲线下降趋势最为明显，甚至在转速大于 45 r/min 时就达到了负值。

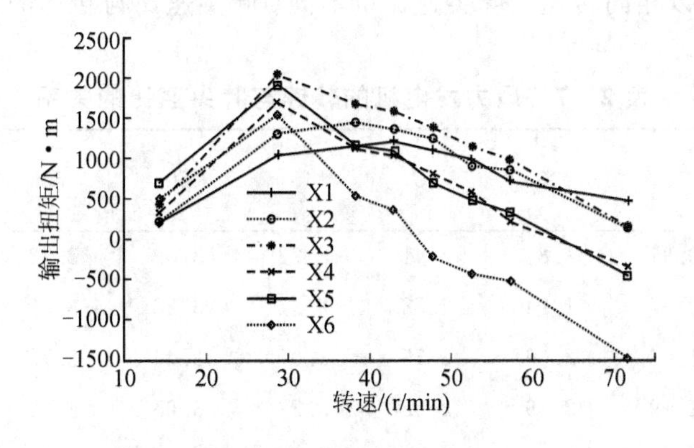

图 2-22　不同弦长下风轮转速—输出扭矩曲线

由图 2-23 可见，风力发电机模型对应的输出功率曲线，无论是变化趋势还是曲线形状，与风能利用率变化曲线基本一致。且当转速为 45 r/min 时，0.5 m 模型达到极值位置，而且极值高于其他模型的极值，大约为 68 kW。在通过极值点之后，所有模型对应的输出功率曲线出现下降趋势。1 m 模型的曲线下降最明显，0.25 m 和 0.375 m 模型的对应曲线下降相对较缓。

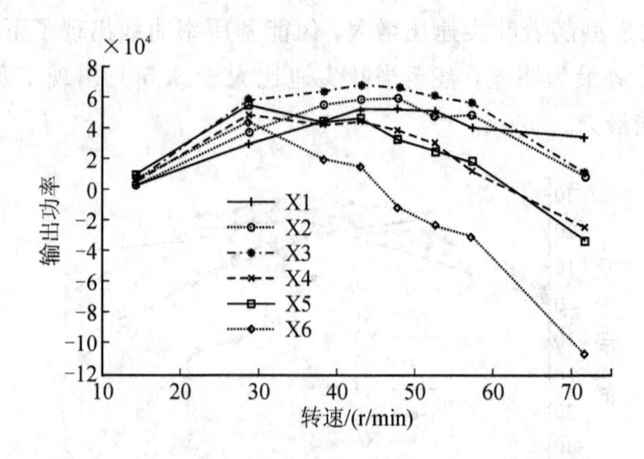

图 2-23 不同弦长下风轮转速—输出功率曲线

4. 不同叶片安装半径的影响

为了研究安装半径变化对风力发电机性能的影响，在设定基本参数模型的基础上，不断变化叶片安装半径的值，以达到研究问题的目的。二维模型参数如表 2-6 所示。

表 2-6 风力发电机基本参数

翼型	安装角/(°)	叶片数	弦长/m
NACA0015	5	3	0.75

这里确定了七组方案，风力发电机叶片安装的半径依次为 5.5 m(R1)、6 m(R2)、6.5 m(R3)、7 m(R4)、7.5 m(R5)、8 m(R6)和 8.5 m(R7)，各半径对应的叶尖速比为 λ_1、λ_2、λ_3、λ_4、λ_5、λ_6 和 λ_7。由于每个风力发电机模型的安装半径不同，会直接影响所对应的叶尖速比大小，所以相同转速的叶尖速比也不同。叶尖速比与转速的对应关系如表 2-7 所示。

表 2-7 风力发电机的转速与叶尖速比的关系

风力发电机转速/(r/min)		15	30	40	45	50	55	60	75
叶尖速比	λ_1	0.91	1.81	2.41	2.72	3.02	3.32	3.63	4.53
	λ_2	0.97	1.94	2.58	2.91	3.23	3.55	3.86	4.84
	λ_3	1.03	2.06	2.75	3.09	3.44	3.78	4.13	5.16
	λ_4	1.09	2.19	2.92	3.28	3.65	4.01	4.38	5.47
	λ_5	1.16	2.31	3.08	3.47	3.85	4.26	4.63	5.78
	λ_6	1.22	2.44	3.25	3.66	4.06	4.47	4.88	6.09
	λ_7	1.28	2.56	3.42	3.84	4.27	4.71	5.13	6.41

选定的来流速度仍然为 12 m/s，图 2-24、图 2-25 分别为不同半径下风轮转速—风能利用率曲线关系、不同半径下风轮转速—输出扭矩曲线。各条曲线几乎同时达到极值点，在极值点前，风力发电机低速运转，随转速增加，各条曲线对应的数值呈线性关系增加。通

过极值点后，各条曲线都呈现出减小趋势，并十分明显。

从图2-24中可以看出，在各个数据采集点位置，各个模型对应的风能利用率十分接近。各条曲线的初始值也非常接近，一般数值在3%～5%。随着转速增大，曲线处于上升状态。当转速为30 r/min时，各个风力发电机模型几乎同时达到了极值位置，其中半径为8 m时，模型的风能利用率最大为0.265。通过极值点之后，各条曲线均呈现下降的趋势，开始阶段下降缓慢。风力发电机处于高速运转状态时，曲线下降趋势十分明显。当转速大于60 r/min时，各个模型的风能利用率均出现了负值，这种情况在实际生产中没有利用价值，这是要尽量避免发生的情况。

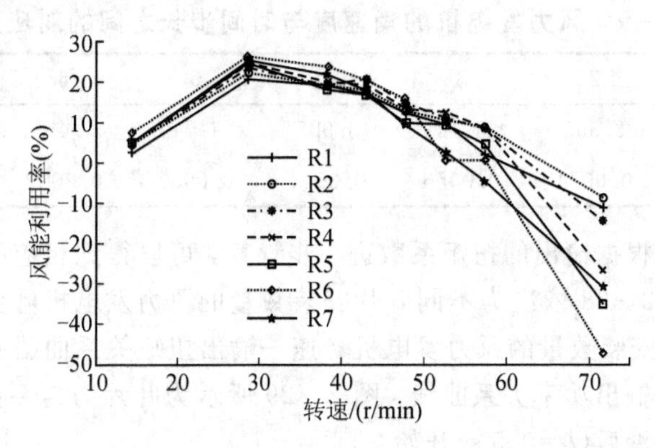

图2-24　不同半径下风轮转速—风能利用率曲线

由图2-25可见，风力发电机模型输出扭矩的大小与叶片安装半径的大小有着密切的联系。风力发电机在低速状况下运行，R7模型的安装半径最大，它对应的输出扭矩初始值也是最大的。随着转速增大，输出值呈线性关系增大，R7模型的增长幅度也最为显著。当转速为30 r/min时，几个风力发电机模型几乎同时达到了极值位置，其中R7模型对应的极值也是最大的，其值为2450 N·m。随着转速的进一步增大，各组输出值均大幅度减小，但是数值大小的差别一直不大。在高速运转情况下，各条曲线对应的数值均为负值。

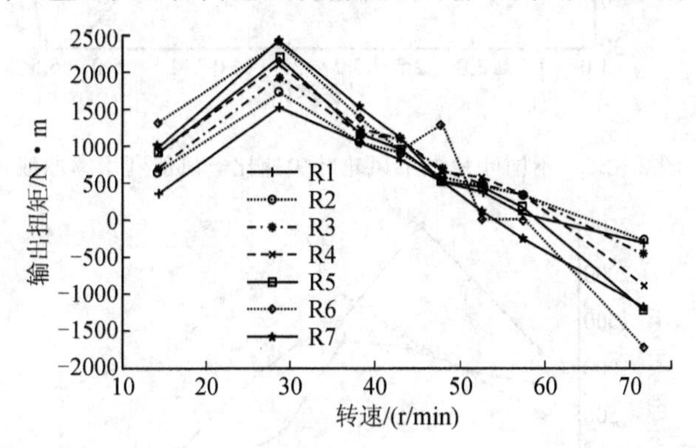

图2-25　不同半径下风轮转速—输出扭矩曲线

5. 不同叶片数的影响

本节主要是研究叶片的数量与风力发电机性能之间的关系，选择三叶片风力发电机(S1)、四叶片风力发电机(S2)和五叶片风力发电机(S3)。在建立二维风力发电机模型之前，依然是设置模型的基本参数，具体参数设置如表 2－8 所示。

表 2－8　风力发电机基本参数

翼型	安装角/(°)	半径/m	弦长/m
NACA0015	5	3	0.75

在计算的过程中，为了获得更高精度的计算结果，我们设置每一个步长时间内风力发电机旋转的度数为 1°，转速不同，设置不同的时间步长。具体的转速与时间步长的关系如表 2－9 所示。表中 ω 表示风力发电机的角速度，单位为 rad/s；T 表示时间步长，单位为 s。

表 2－9　风力发电机的角速度与时间步长之间的对应关系

参数	1	2	3	4	5	6	7	8
ω	1.57	2.355	3.14	3.925	4.71	5.495	6.28	7.065
T	0.0111	0.0074	0.0056	0.0044	0.0037	0.0032	0.00278	0.0025

通过软件计算并根据输出的扭矩系数进一步计算，可以得到相应的输出功率和风能利用率。图 2－26～图 2－28 依次为不同叶片安装数量的风力发电机叶尖速比—风能利用率关系曲线、不同叶片安装数量的风力发电机转速—输出扭矩关系曲线及不同叶片安装数量的风力发电机转速—输出功率关系曲线。图 2－29 所示为叶片力矩系数的监测曲线，所有计算均在流场充分发展后(t＝0.5 s)开始。

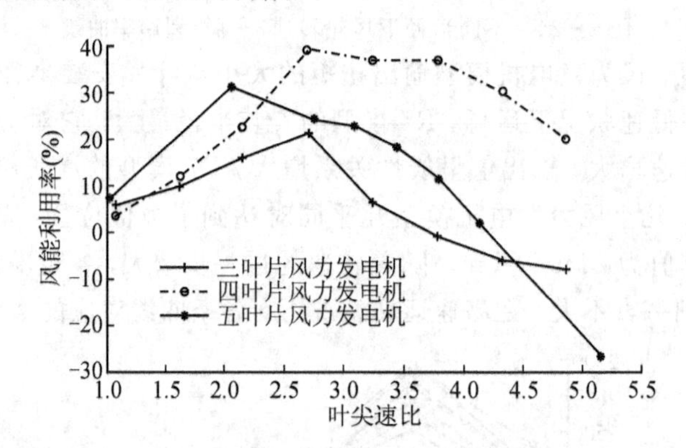

图 2－26　不同叶片数下风轮叶尖速比—风能利用率曲线

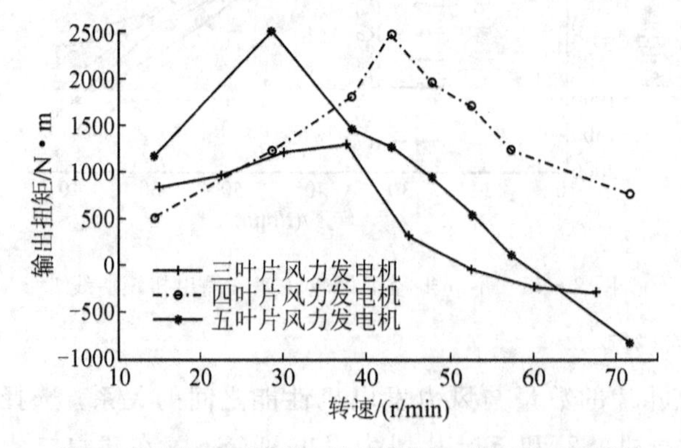

图 2－27　不同叶片数下风轮转速—输出扭矩曲线

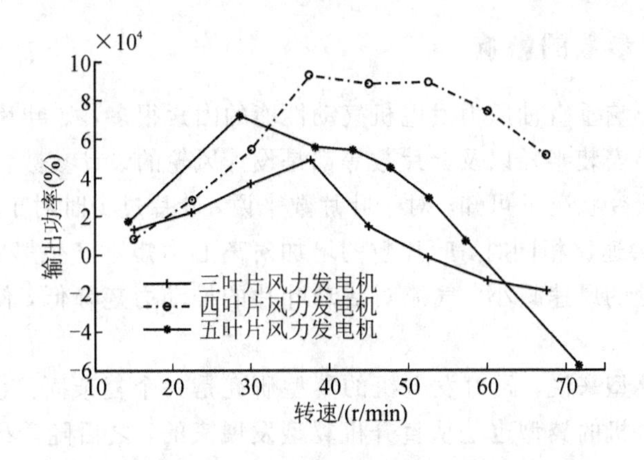

图 2-28　不同叶片数下风轮转速—输出功率曲线

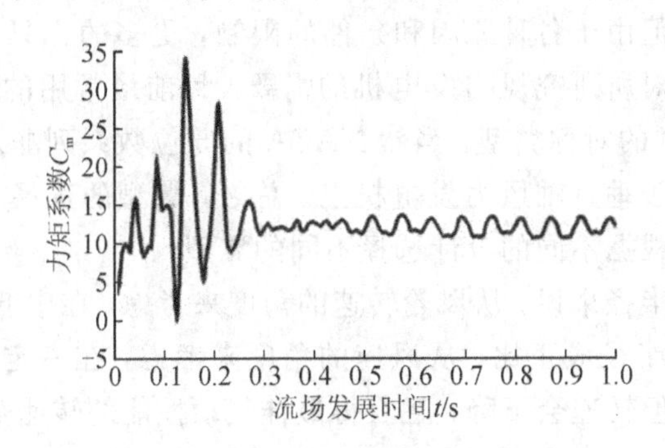

图 2-29　叶片力矩系数的监测曲线

由图 2-26 可见，风力发电机模型的风能利用率曲线呈抛物线状，极值点的位置随着叶片数量的增加而不断提前。对于五叶片风力发电机模型，极值位置叶尖速比大约为 2，四叶片风力发电机模型的极值位置叶尖速比大约为 2.5，而三叶片风力发电机模型的极值位置叶尖速比大约为 2.6。三条曲线对应的极值中，四叶片风力发电机对应的极值最大，其值为 39%。三叶片风力发电机对应的极值最小，为 19.5%。在极值点之间，三条曲线均为近似于线性关系上升，通过极值点之后，三叶片和五叶片风力发电机模型对应的曲线下降趋势较为明显。四叶片模型对应曲线下降相对较缓，风能利用率始终保持正值。

由图 2-27 可见，在各个数据采集点，四叶片和五叶片风力发电机模型扭矩输出明显高于三叶片风力发电机输出的扭矩值。五叶片风力发电机先于四叶片风力发电机达到极值，但是两者的极值基本相等。四叶片风力发电机对应曲线下降趋势相对较缓，始终保持正值。

由图 2-28 可见，风力发电机输出功率关系曲线的变化趋势和曲线形状与风能利用率曲线基本一样。三条曲线的初始值差距很小，但是四叶片风力发电机对应的曲线上升速度明显高于其他两条曲线，它的极值也是最大的，其值为 93 kW。在通过极值点之后，五叶片风力发电机模型对应的曲线下降趋势最明显，甚至在转速大于 60 r/min 时，出现了负值的状况。四叶片风力发电机对应曲线下降趋势相对较缓，始终保持正值。

由于四叶片风力发电机模型的风能利用率、输出扭矩和输出功率的极值均大于其他曲线的极值，而且无论在低速还是高速状态下运行，四叶片风力发电机对应的曲线值始终是正值，因此，风力发电机在安装四叶片状况下气动性能最优。

2.2.2　整机结构参数的影响

如前文所述，影响垂直轴风力发电机气动性能的因素很多，如叶片安装角、叶片翼型、相同翼型下的弦长、安装半径以及叶片数等都是设计风轮的设计参数。

(1) 在现有的研究状况下可知，对于叶片数来说，叶片过少时对于风能的捕获不利，但当风力发电机的叶尖速比相同时，叶片数的增加对离心力矩不产生影响，但使叶片之间的干扰增强，使叶片处的风速减小，气流对活动叶片的推动力矩降低，使得风力发电机的性能下降。

(2) 对于叶片翼型来说，风力发电机的翼型研究是一个复杂而又漫长的过程，在一开始，水平轴风力发电机的翼型也是从直升机翼型发展来的，之后随着研究的深入人们对风力发电机的性能提出了较高的要求，直升机的翼型不能满足要求。对于垂直轴风力发电机的翼型来说更是如此，但由于各种原因和条件的限制，更多的也只是在原有的基础翼型上做相关的过渡，以达到对所研究风力发电机的需要。目前最常用的，也被证明最为有效的是 NACA 的 4 位数系列的对称翼型，当然 NACA 的 5 位数系列非对称翼型、S809 翼型以及 FX 系列翼型也被用于垂直轴风力发电机上。总之，翼型的选择基本要根据所研究的风力发电机对象来考虑，根据不同的设计选择不同的翼型。

(3) 对于叶片安装半径来说，从风轮转速的角度来考虑，在中低转速下，风力发电机各方面的气动性能与安装半径成正比；从风速的角度来考虑，在一定风速下，风能利用率与叶片安装半径成正比，但转速会下降，且获得最佳气动性能的转速范围会变小。

(4) 对于不同的安装角度来说，根据现有的研究状况可知，风力发电机的气动性能与叶片安装角度的关系呈现先正相关后负相关的趋势，且最优的气动性能所出现的叶片安装角度范围为 $4°\sim6°$。

由于风轮是影响风力发电机整机效能的最主要的部件，因此本节以直叶片垂直轴风力发电机为研究对象、以风轮功率为性能指标进行整机结构参考的影响数值模拟分析。其他部分将在其他章节展开，在这里不做相关阐述。

整机结构参考数值模拟分析以叶片安装半径、叶片高度、叶片数和叶片弦长四个参数作为参数的自变量，采用正交试验优化设计方法[24-25]对风轮参数进行优化，对正交试验结果进行极差分析，进而得出垂直轴风力发电机整机效能较优的结构参数组合，为今后快速进行垂直轴风力发电机的整机设计提供指导。

这里以三叶片、翼型为 NACA0018、风轮半径为 0.9 m、叶片弦长为 0.1 m、叶片高度为 1 m 的直叶片垂直轴风力发电机为例进行二维 CFD 数值模拟分析，数值模拟时采用标准 $K-\varepsilon$ 湍流模型，选用二阶迎风差分格式离散，各项残差均控制在 1.0×10^{-4}，每个时间步长内迭代 20 次，时间步长取为 0.002 s，计算时间长度取至少 5 个转动周期。在计算过程中对残差和叶片受到的力矩系数进行监测，得到转矩监测曲线，如图 2－29 所示。流场经过 0.5 s 后，叶片所受的力矩呈周期性变化，可知经过 0.5 s 后流场得到充分发展，数值计算是在流场发展充分的前提下进行的。

在流场发展充分后，选取一周期内力矩系数的平均值作为平均力矩系数，则可由下列公式求得风轮的功率：

$$C_m = \frac{M}{0.5\rho V_\infty^2 c^2} \tag{2-37}$$

$$P = HM\omega \tag{2-38}$$

接着进行风轮的正交试验设计，试验过程中来流风速设定为 9 m/s，叶尖速比为 35，翼型选用 NACA0018。风轮功率正交试验因素水平如表 2-10 所示。

表 2-10 正交试验因素水平

因素水平	叶片安装半径 R/m	叶片数 N/个	叶片弦长 C/m	叶片高度 H/m
1	0.90	2	0.08	0.8
2	0.95	3	0.10	1.0
3	1.00	4	0.12	1.2
4	1.05	5	0.14	1.4

采用 Fluent 软件对上述试验组合进行数值模拟计算得到风轮的功率，各因素水平的趋势图如图 2-30 所示。

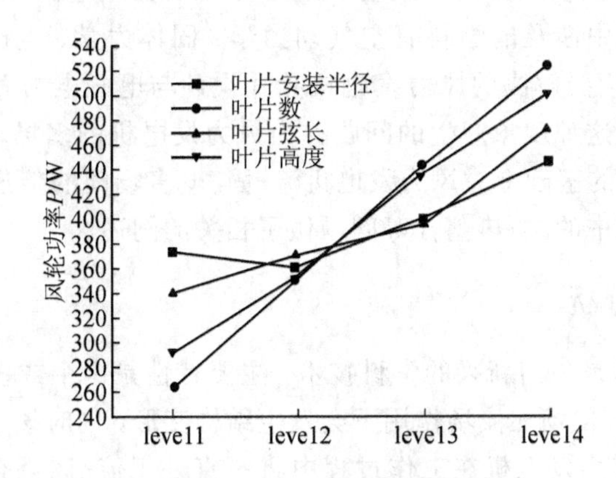

图 2-30　因素水平趋势图

表 2-11　极差分析

试验号	因素水平				结果
	R	N	C	H	
$\bar{K}_1$	372.748	262.923	339.940	290.983	
$\bar{K}_2$	358.483	348.150	369.322	350.232	
$\bar{K}_3$	396.845	440.072	393.158	433.232	
$\bar{K}_4$	443.410	520.340	469.065	497.038	$\bar{K}_1=520.340$
极差 R	84.927	257.417	129.125	206.055	
因素主次	$N \to H \to C \to R$				
最优组合	$R=1.05$ m，$N=5$，$C=0.14$ m，$H=1.4$ m				

由极差分析表可以得出，N、H、C、R 的因素主次依次降低，可见风轮的叶片数对风轮功率影响最为明显，且对整机的效能影响最大。又因为目标结果是功率越高越好，则应选取的风力发电机的结构参数为 $R=1.05$ m，$N=5$，$C=0.14$ m，$H=1.4$ m。

2.3 多尺度多因素的协同作用机理

工程实际中存在诸多物理场，比如流体场、温度场、湿度场、应力场及电场等，但在实际应用时，这些物理场往往都不是独立存在的，在风力发电机的实际工况中常见的耦合问题有流-固耦合、机-电耦合、声-结构耦合以及流-固-电耦合等。计算机技术的快速发展为我们提供了更加灵巧、更加简洁而快速的算法，强大的硬件配置，使得用数值模拟技术解决以上复杂的耦合问题成为可能。

实际工程应用中，各种物理场现象都可以用(偏)微分方程来描述，用数值模拟解决物理场的耦合问题。其实质是首先将多物理场现象用(偏)微分方程组来描述，然后计算机将(偏)微分方程组离散成代数方程组进行求解，常见的方法有有限差分法、有限元法和有限体积法。其中有限元法在实用性、适用性及扩展性等方面具有较大的优势，因此在未来的多场耦合效应分析当中将占据主导地位。

目前比较盛行的垂直轴风力发电机是 H 型垂直轴风力发电机，风轮和电气部分是其最为核心的组成部分，其中涉及的学科有空气动力学、固体力学、电磁学等，物理场包括流场、固体场、电场等，而要解决的风力发电机叶片设计与电磁电力系统问题都是源于这些场之间的耦合作用，由这种现象产生的问题称为风力发电机的多场耦合问题。本节在研究流-固、机-电两场耦合的基础上对风力发电机流-固-电多场间的传递关系进行建模并进行多场耦合分析，也对其中的磁-热耦合等问题做了相关的阐述。

2.3.1 流-固耦合分析

多场耦合分析技术是一门新兴的学科技术，主要特性是两个或多个物理场之间的互相作用。流-固耦合是指结构场在流场作用下会发生结构变形，同时该变形导致流场的方向及作用力发生改变[26]。风力发电机在工作过程中将一直处于流-固耦合状态，而风轮翼型是机组的重要部分，风轮翼型的空气动力学特性对风力发电机的风能转换率起着关键性作用。对于 H 型风力发电机组，高升力、低阻力、高升阻比的设计能有效提高风轮翼型的风能转换率，但国内大多风力发电设备研究单一地依靠航空翼型理论，与海外已发明的专用翼型相比相对落后。因此，研究具有自主知识产权的风力发电机专用翼型，对叶片翼型的结构设计和改进提供新的理论依据和方法，成为我国风力发电事业发展的必然。

1. ALE 描述理论介绍

在两相介质力学中有拉格朗日(Lagrange)描述与欧拉(Euler)描述两种经典的描述方法。两种方法描述方式的不同主要在于：拉格朗日描述是将网格节点固定于质点上，在设定物体运动边界时比较便利，然而大变形运动会导致网格交错，使得精确度降低，甚至会在计算过程中坐标变换的 Jacobian 矩阵值变为 0 或小于 0，导致计算错误；欧拉描述是将网格节点固定于空间点，不会产生网格交错，但是由于位置始终不变导致网格不可随着目标移动而变化，设置运动边界精确度大大降低。

为了解决上述两种方法的缺陷，Noh[27] 和 Hirt[28] 提出了利用 ALE 描述方法求解流体动力学问题，后来 Hughes[29]、Liu[30] 和 Belytschko[31] 等人又将该方法结合有限元实现非线性偏微分方程求解。其主要思路为：使用可移动网格方法，坐标系不固定，在空间也不依附于物体节点，网格可以做任意的运动，在克服拉格朗日网格畸变的同时保留了欧拉描述。总而言之，ALE 方法目前是能够有效解决流-固耦合问题的重要方法。

2. Lagrange、Euler 和 ALE 坐标系之间的关系

Lagrange 坐标系、Euler 坐标系和 ALE 坐标系之间的关系图如图 2-31 所示，其中 x 为 Euler 描述方法中的空间坐标，X 为 Lagrange 描述方法中的材料坐标，χ 为 ALE 坐标系。

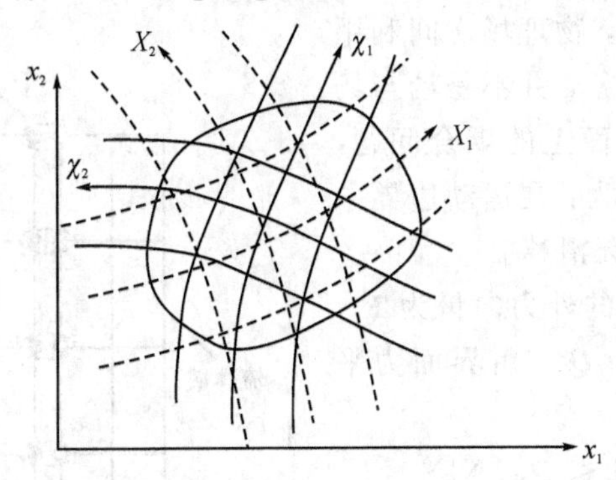

图 2-31　Lagrange 坐标系、Euler 坐标系及 ALE 坐标系概念图

区别于 Euler 描述和 Lagrange 描述，ALE 描述方法转换空间域 Ω(欧拉)和材料域 Ω_0(拉格朗日)，形成 ALE 参考域 $\hat{\Omega}$，它是 ALE 坐标下的计算域，在运算过程中与网格保持重合状态。用以下方程来表达域 Ω_0 到域 Ω 的变换：

$$x = \phi(X, t) \tag{2-39}$$

式中：材料域中的坐标 X 在时间 t 时对应空间坐标 x。

式(2-38)表达为材料运动。同样也可实现域 $\hat{\Omega}$ 到域 Ω 的变换：

$$x = \hat{\phi}(\chi,\ t) \tag{2-40}$$

式中：参考域中的坐标 χ 在时间 t 时对应空间坐标 x。

利用式(2-40)可描述移动网格的变化，因为域 $\hat{\Omega}$ 坐标始终与网格保持重合，并且独立于材料运动。因为式(2-39)和式(2-40)中的映射关系，材料域 Ω_0 到参考域 $\hat{\Omega}$ 的映射必定不是独立的映射，对式(2-40)进行逆变换得到：

$$\chi = \hat{\phi}^{-1}(x,\ t) \tag{2-41}$$

将式(2-39)代入式(2-41)即可得出材料域 Ω_0 对参考域 $\hat{\Omega}$ 的映射关系：

$$\chi = \hat{\phi}^{-1}(\phi(X,\ t),\ t) = \Psi(X,\ t) \tag{2-42}$$

Lagrange、Euler 和 ALE 域之间的映射关系如图 2-32 所示。

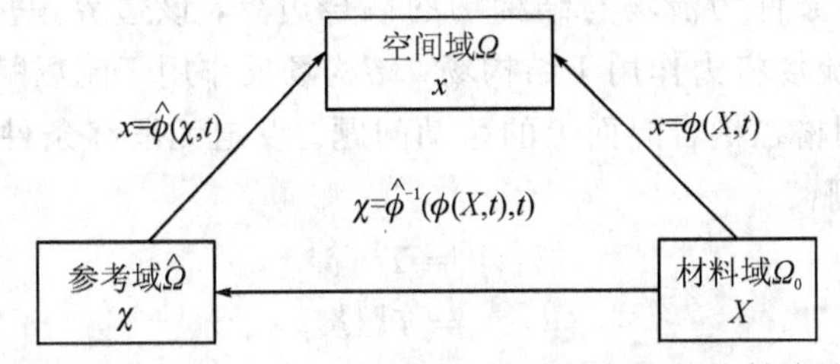

图 2-32　Lagrange、Euler 和 ALE 域之间的映射关系

3. 流-固耦合过程

利用拉格朗日描述结构域已非常成熟，可求解线性或非线性问题。叶片材料属于弹性材料，其结构力学控制方程为

$$\boldsymbol{M}_{\mathrm{s}}\{\ddot{\boldsymbol{\delta}}\}+\boldsymbol{C}\{\dot{\boldsymbol{\delta}}\}+\boldsymbol{K}_{\mathrm{s}}\{\boldsymbol{\delta}\}=\{\boldsymbol{Q}\} \tag{2-43}$$

式中：$\{\ddot{\boldsymbol{\delta}}\}$为加速度向量；$\{\dot{\boldsymbol{\delta}}\}$为速度向量；$\{\boldsymbol{\delta}\}$为位移向量；$\boldsymbol{M}_{\mathrm{s}}$ 为结构质量矩阵；$\boldsymbol{K}_{\mathrm{s}}$ 为结构刚度矩阵；$\{\boldsymbol{Q}\}$为外力矢量；$\boldsymbol{C}$ 为阻尼矩阵，$\boldsymbol{C}=\alpha_1\boldsymbol{M}_{\mathrm{x}}+\alpha_2\boldsymbol{K}_{\mathrm{s}}$。

风力发电机在工作时，物理场之间利用边界相互作用形成耦合现象，并不是场与场全域融合。为解决这种界面上的耦合问题，很多文献提供的解决方法为：在运动边界条件上设定力守恒，且表面无滑移。

设耦合界面流体节点的外力向量为 $\boldsymbol{F}_{\mathrm{r}}$，而固体节点的外力向量为 $\boldsymbol{Q}_{\mathrm{r}}$，由界面力平衡得

$$\boldsymbol{T}_i\boldsymbol{F}_{\mathrm{r}i}+\boldsymbol{Q}_{\mathrm{r}i}=0 \qquad 1\leqslant i\leqslant \mathrm{NIN} \tag{2-44}$$

式中：NIN 为耦合界面节点数，$\boldsymbol{T}_i$ 为拉格朗日坐标到 ALE 坐标的转换矩阵。因为固体域采用拉格朗日描述，而流体域采用 ALE 描述(如图 2-33 所示)，所以要将 ALE 坐标下的流体外力向量转变到拉格朗日坐标下方能建立力的守恒关系，还需要利用转换矩阵 $\boldsymbol{T}_i$，由式(2-44)可得

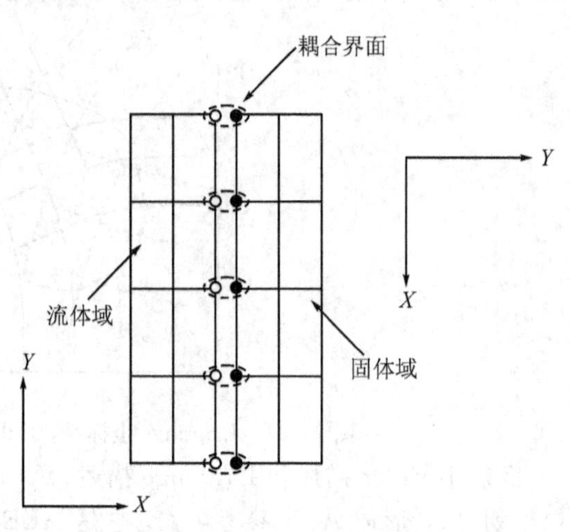

图 2-33 耦合界面关系图

$$\{\boldsymbol{Q}_{\mathrm{r}}\}=-\boldsymbol{T}\{\boldsymbol{F}_{\mathrm{r}}^{\mathrm{ext}}\} \tag{2-45}$$

其中整体转换矩阵 $\boldsymbol{T}$ 为

$$\boldsymbol{T}=\begin{bmatrix} T_1 & & \\ & \ddots & \\ & & T_{\mathrm{NIN}} \end{bmatrix} \tag{2-46}$$

即固体域将耦合界面作为力边界条件，外力由流体提供。根据设定无滑移条件得

$$\boldsymbol{T}_i v_{\mathrm{r}i}-\dot{\boldsymbol{\delta}}_i=0 \qquad 1\leqslant i\leqslant \mathrm{NIN} \tag{2-47}$$

所以

$$\{v_{\mathrm{r}}\}=\boldsymbol{T}^{-1}\{\dot{\boldsymbol{\delta}}\}=\boldsymbol{T}^{\mathrm{T}}\{\dot{\boldsymbol{\delta}}_{\mathrm{r}}\} \tag{2-48}$$

式中：v_{r} 为耦合界面上的流体节点速度，$\dot{\boldsymbol{\delta}}_{\mathrm{r}}$ 为固体节点速度。

因此，流场的边界条件为流场与结构场的耦合边界，该边界速度可由结构速度得出，流-固耦合可描述为：流场将力作用于结构场，结构场反作用于流场赋予流场速度。

此外，还要解决网格在耦合界面上的移动问题。设定无滑移条件使得网格的移动能在耦合边界上更好地控制：

$$\{\hat{v}_{\mathrm{r}}\}=\boldsymbol{T}^{\mathrm{T}}\{\dot{\boldsymbol{\delta}}\} \tag{2-49}$$

$$\{\hat{v}_{\mathrm{r}}\}=\boldsymbol{T}^{\mathrm{T}}\{\dot{\boldsymbol{\delta}}_{\mathrm{r}}\} \tag{2-50}$$

为了解决结构大变形运动下网格的形状交错问题，设置网格可切向运动(其中 $\boldsymbol{n}$ 为网

格法向量）：

$$(T\hat{v}_{ri} - \dot{\boldsymbol{\delta}}_{ri}) \cdot \boldsymbol{n} = 0 \quad 1 \leqslant i \leqslant \mathrm{NIN} \tag{2-51}$$

ALE 方法[32] 在软件中以移动网格的方法实现，使用移动网格方法对欧拉描述方程与拉格朗日描述方程进行转换，即空间坐标和材料坐标之间的转换，将流场对结构场的作用力转换成材料框架上的作用力，然后才能使用结构力学方程对结构进行力学分析。流场产生的作用力包括静应力与流动应力。另外，流场的变化速度是对结构场位移求偏导得到的。

描述结构变形以及求解应力的控制方程为

$$\rho \frac{\partial^2 \boldsymbol{U}_{\text{solid}}}{\partial t^2} - \nabla \cdot \sigma = \boldsymbol{F} v \tag{2-52}$$

式中：ρ 为结构的密度；$\boldsymbol{U}_{\text{solid}}$ 为结构位移场；$\sigma = J^{-1} \boldsymbol{FSF}^{\mathrm{T}}$，$J$ 为方阵 $\boldsymbol{F}$ 的行列式，$\boldsymbol{F} = (\boldsymbol{I} + \nabla \cdot \boldsymbol{U}_{\text{solid}})$，$J = \det(\boldsymbol{F})$。

利用 ALE 描述方法转换空间坐标和材料坐标：

$$\begin{cases} x = x(X, Y, t) \\ y = y(X, Y, t) \end{cases} \tag{2-53}$$

结构边界负载流体产生的作用力由式(2-54)所控制：

$$\boldsymbol{F}_{\mathrm{T}} = -\boldsymbol{n} \cdot (-\boldsymbol{pI} + \mu(\nabla \boldsymbol{U}_{\text{fluid}} + (\nabla \boldsymbol{U}_{\text{fluid}})^{\mathrm{T}})) \tag{2-54}$$

式中：$\boldsymbol{F}_{\mathrm{T}}$ 代表压力和黏滞力之和；$-\boldsymbol{pI}$ 表示流体对结构产生的静压力；$\mu(\nabla \boldsymbol{U}_{\text{fluid}} + (\nabla \boldsymbol{U}_{\text{fluid}})^{\mathrm{T}})$ 表示流体的流动应力；$\boldsymbol{n}$ 是边界法向量。

将流体区域变化方程与结构力学方程联立为方程组，如式(2-55)所示，并结合式(2-52)、式(2-53)、式(2-54)完成流-固耦合计算：

$$\begin{cases} \sigma_{\text{solid}} \cdot \boldsymbol{n} = \boldsymbol{F}_{\mathrm{T}} \cdot \boldsymbol{n} \\ \boldsymbol{U}_{\text{fluid}} = \boldsymbol{U}_{\mathrm{w}}, \ \boldsymbol{U}_{\mathrm{w}} = \dfrac{\partial \boldsymbol{U}_{\text{solid}}}{\partial t} \end{cases} \tag{2-55}$$

计算的一般流程如图 2-34 所示。

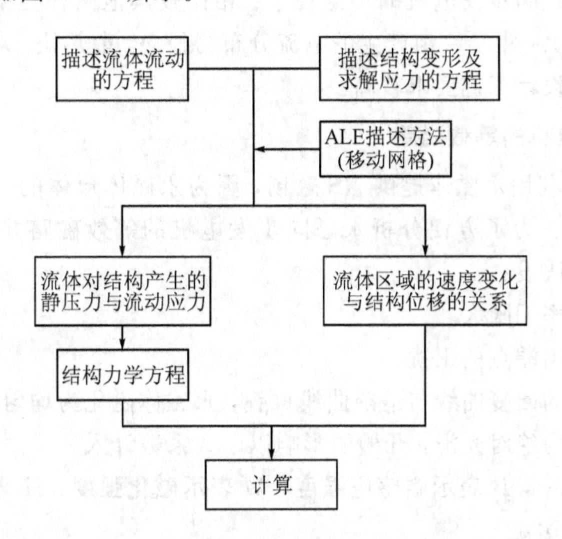

图 2-34　流-固耦合计算流程图

2.3.2 机-电耦合分析

机-电耦合的主要研究对象是机电设备中电磁因素与固体因素的互相作用、互相制约的联系。它包括两个方面：第一，固体位移变化场与磁场的场耦合联系；第二，固体运动引起的电磁性能变化原理。风力发电原理是当叶片结构吸收风的驱动力发生扭转，将风能转变为传动轴的机械能，电机在风轮轴的机械拖动下扭转产生电能。电机结构对输出电磁电压特性的影响以及输出的交流电与用电设备整流桥的输出连接时的适配性问题，是离网风力发电系统机电耦合的一个很重要的问题。利用实际试验或者工程师经验来设计合理的电机有很多弊端，如研发周期过长，耗费人力物力过多，使得设计出的产品性价比不高。而数值仿真技术能够有效解决这些问题，并且随着计算机的先进发展，准确率也能得到保证，所以利用计算机仿真技术结合机电-耦合理论对电机电磁电力进行分析能有效解决电机应用设计问题。

1. 永磁同步发电机种类

发电机主要由定子铁芯、转子铁芯、绕组、主轴、机壳等部件组成。同步发电机的特性为装有导体的电枢产生的磁场转动方向与主轴的转动方向一致，且转速值大小相等。同步电机根据转子绕组的方式不同可分为多种类型：转子附有集中式励磁绕组；转子采用永磁体材料产生磁场，没有绕组；转子没有绕组，也不是永磁体材料，结构为齿槽式，定子附有分布式绕组。小型垂直轴风力发电机组常用的发电机类型为永磁同步发电机，可根据转子转动方向分为三种类型：径向式、切向式与轴向式。

径向式永磁同步发电机的特点在于：转子永磁体与气隙距离较小，漏磁现象不严重，它的结构比较简单，且易于制造，性价比高。切向式永磁同步发电机的特点在于：转子永磁体与气隙距离较大，漏磁现象较严重，该结构中两个永磁体提供了一级磁通，适用于级数多的情况。轴向式永磁同步发电机的特点在于：相比较其他两种类型，它的绕组分布有所不同，被放置于端面上，定子绕组产生的电流分布为径向，散热快，对于大容量电压电流承受能力强，但其结构设计工艺要求较高。

2. 永磁同步发电机的等效磁路

永磁同步发电机利用永磁体提供 NS 磁场，因为永磁体形体的不同且位置的变化，使得磁场变得非常复杂。为了方便分析永磁同步发电机的等效磁路并能确保足够的计算精度，一般要做出如下假设：

(1) 铁芯的磁导率无限大。

(2) 忽略定子绕组端点的干扰。

(3) 设定永磁体的回复曲线与退磁曲线重叠，永磁体磁化为均匀作用。

(4) 铁芯表面视为绝对光滑，开槽的影响以卡式系数计入。

在均匀磁性材料中，B 表示磁感应强度，M 表示磁化强度，H 表示磁场强度，三者之间的关系可由下式表达：

$$B = \mu_0 M + \mu_0 H \tag{2-56}$$

内禀磁感应强度为

$$B_i = \mu_0 M = B - \mu_0 H \tag{2-57}$$

永磁材料的磁化强度为

$$M = M_r + \chi H \tag{2-58}$$

式中：M_r 为剩余磁感应强度；χ 为永磁材料的磁化系数。

$\mu_r = 1 + \chi$ 表示相对回复磁导率与磁化系数的关系。由于回复线位于第二象限，H 为负值，结合以上三式并且取 H 的绝对值，可以得出：

$$B = \mu_0 M_r - \mu_0 \mu_r H = B_i - \mu_0 \mu_r H \tag{2-59}$$

通常使用磁通 Φ 和磁动势 F 来计算磁路，即 $\Phi = f(F)$。当永磁体供磁面上的磁通密度平均分布时，将 $B = f(H)$ 的纵坐标乘以每极磁通的截面积，横坐标乘以每对极永磁体磁化方向长度，就可将 $B = f(H)$ 曲线转化为 $\Phi = f(F)$ 曲线。

$$\Phi_m = \Phi_r - \Phi_0 \tag{2-60}$$

式中：Φ_m 表示每极磁通；Φ_r 表示内禀磁通；Φ_0 表示内漏磁通。

通过以上方法，可将永磁体看成恒磁通源及恒定的内磁导串联或并联的磁通源，如图 2-35 所示。

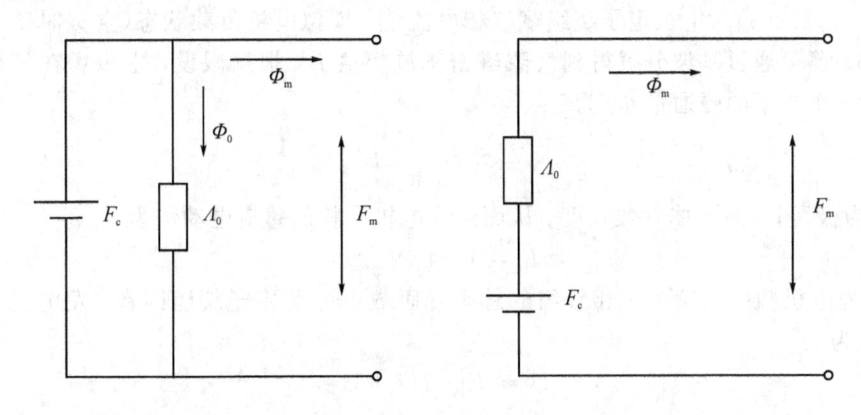

图 2-35 永磁体的等效磁通

3. 永磁同步发电机的负载运行模型

永磁同步电机负载运行过程中，定子绕组电流对电机内磁场及永磁体都产生影响。电机内部构造复杂，并且直轴磁场与交轴磁场互相叠加，对负载条件下的电机工作状态研究及磁路量化计算是电机评估的重要内容。

图 2-36 所示为永磁发电机向量图，其中 $\dot{I}$ 表示每相电流，$\dot{U}$ 表示定子绕组每相端电压，r 表示相电阻，$\dot{I}_d$ 与 $\dot{I}_q$ 分别表示定子相电流的直轴与交轴分量，X_d 与 X_q 分别表示直轴与交轴电枢反应电抗。

根据图 2-36 可得出 U 的表示方程：

$$U = \sqrt{(E_0 - LX_d \sin(\theta + \varphi))^2 + I^2 X_q^2 \cos^2(\theta + \varphi)} \tag{2-61}$$

$$\theta + \overline{\varphi} = \arctan \frac{U\sin\varphi + LX_q}{U\cos\varphi} \tag{2-62}$$

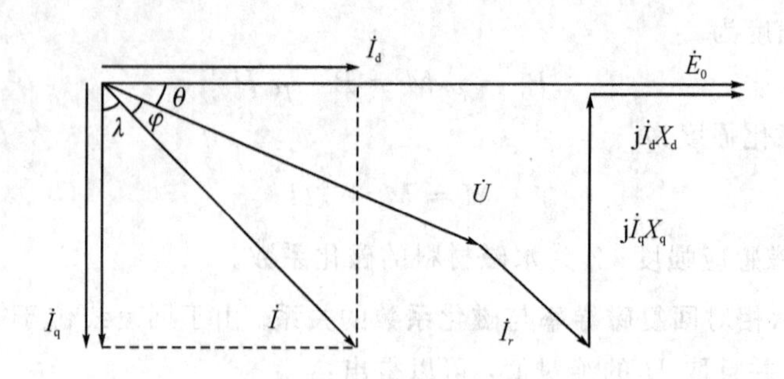

图 2-36　永磁发电机向量图

结合永磁发电机运行原理可得出三相电流为

$$\begin{cases} \dot{i}_A = I_m \sin\left(\dfrac{\pi}{2} - \lambda\right) \\ \dot{i}_B = I_m \sin\left(\dfrac{\pi}{2} - \lambda + \dfrac{2}{3}\pi\right) \\ \dot{i}_C = I_m \sin\left(\dfrac{\pi}{2} - \lambda - \dfrac{2}{3}\pi\right) \end{cases} \tag{2-63}$$

式中：I_m 为电流的幅值，λ 为电流与直轴的夹角。

根据式(2-63)对电机定子绕组赋三相电流值，模拟电机负载状态(空载时 I_m 值为零)进行内部计算，通过基波分解得到气隙磁密基波幅值 B，根据假设，主磁场在气隙内正弦分布，故一个极下的磁通量 Φ_1 为

$$\Phi_1 = \frac{2}{\pi}\tau l B \tag{2-64}$$

式中：τ 为极距；l 为导体有效长度。从而得到电机一相的感应电动势为

$$E = 4.44 f N k_{w1} \Phi_1 \tag{2-65}$$

式中：f 为电机频率；N 为一相绕组的总串联匝数；k_{w1} 为定子绕组因素。发电机负载时输出端电压为

$$U = E - I(r + \mathrm{j}x_s) \tag{2-66}$$

2.3.3　磁-热耦合分析

随着人们对风力发电机发电量的更大需求，对于常用于离网型垂直轴风力发电机的永磁同步发电机来说，也需要向更大容量发展。而发电机的磁-热耦合问题一直是制约大容量设计的关键因素。容量的增加直接导致电磁负荷增加，且温度过高会引起永磁材料的磁性能大大降低，长时间高温运行还会导致失磁而损毁电机。而这些热源均是电机内部损耗的表现形式，所以电机损耗的准确预测和计算对于永磁同步发电机来说十分重要[33]。

永磁发电机的损耗一般包括铁耗、定子铜耗和转子涡流损耗。对于大容量电机来说其中铁芯能量耗损(简称铁耗)是主要耗损之一。铁耗是因为铁芯磁场变化引起的，包含磁滞损耗和涡流损耗。对于铁耗的计算，可用等效磁路法计算[34]，用该方法计算电机铁耗的公式简单方便，计算速度快，但是在计算中大多用的是近似值，所以会出现偏差。经验系数的选取决定了磁路法计算出来的铁耗精确度，需要根据经验以及已有的电机结构推导，大大降低了精确度。目前越来越多的温度场分析对各个部分的耗损计算要求高，但运用磁路法

得出的是铁耗总量，现如今有限元方法的应用有效地解决了这些问题。

也有相关学者从不同角度做了不同的努力。朱高嘉等[35]以一台 1.655 MW 强迫风冷直驱永磁风力发电机为例，基于传热学和计算流体力学的相关理论，建立了发电机全域的三维流动与传热耦合模型，应用了有限体积法对发电机内的流动和温升分布状态进行数值模拟分析，并且针对强迫风冷结构需要外接风机时所占用的空间较大、清洁难以保证的问题，提出了一种由转子辐板支架作为离心式风扇驱动冷却风的全封闭式自循环风冷系统，通过不同冷却结构尺寸下散热性能的对比研究，给出了较适宜的发电机冷却结构方案，对提高大型永磁风力发电机的运行可靠性具有一定的参考意义。温彩凤等[36]根据电磁学及传热学理论，以一台 400 W 永磁风力发电机为例，基于热电磁双向耦合建立轴向通风的各部件二维电磁场数学模型和热传导方程，采取 ANSYS 多场求解器 MFS 单代码分析方法，二场双向迭代计算不同槽型磁通密度、磁场强度矢量及热通量分布，通过电机温升试验与计算结果对比分析，证实了电磁场与温度场耦合分析方法研究永磁风力发电机动态温升问题的可行性。

永磁同步发电机损耗的具体计算方法将结合编者的研究内容在多场耦合效应分析部分进行详细阐述。

2.3.4 流-固-电多场耦合分析

目前，关于风力发电机缺乏整机效能的评估方法和系统性研究，主要在于空气流体场、机械结构场和电磁场在系统中的联合作用，即流-固-电三场的耦合作用机理研究。在研究流-固及机-电耦合过程中分析多场系统的函数关系及参数联系，并且实现动态特性分析与结构优化，将是论证垂直轴类型机组的风能转换率完全有可能超过水平轴机组的一大理论基础。

1. 流-固耦合与机-电耦合参数关系

流-固耦合与机-电耦合参数关系从能量转换机理上研究三场之间的内在联系，探索在场与场之间变换时参数的关系，从理论上对风力发电机进行流-固-电三场整合分析。

上文的流-固耦合计算中，使用移动网格方法对欧拉描述方程与拉格朗日描述方程进行转换，即空间坐标和材料坐标之间的转换，将流场对结构场的作用力转换成材料框架上的作用力，然后才能使用结构力学方程对结构进行力学分析。另外，流体区的变化速度是对结构位移求偏导得到的，如式(2-55)所示。

机-电耦合过程中电机的输出功率由输出电压决定，列出负载(空载)激励电流为 0 时一个极下的磁通量 Φ_1(如式(2-64)所示)，进而得到电机的感应电动势 E(如式(2-65)所示)。

可从式(2-52)看出流-固耦合的主要参数变量为风速，而电机电磁场分析中主要的参数变量为频率，又因为 $n=60f/p$(n 为转速，p 为电机旋转磁场的极对数)，所以电磁场分析中的主要参数变量就与电机的转速有关，其他参数都可以通过这两个变量求出。因为离网小型垂直轴风力发电机组一般从叶轮到电机为直接驱动，即电机转速等于风轮叶片转速，所以要研究三场之间的联系，必须找出变化风速与风轮转速之间的关系。

2. 风速与转速的关系

风力发电机最大功率点跟踪原理可以确定在最大功率工作时风速与角速度的关系。根据贝茨理论，风力发电机从风中获取的功率公式如下[37]：

$$p = \frac{1}{2}\pi\rho C_P(\lambda, \beta)R^2 v^3 \tag{2-67}$$

式中：ρ 为空气密度；β 为桨距角；$C_P(\lambda, \beta)$为风力发电机风能利用率；R 为风轮的半径；v 表示风速。

风能利用率与叶尖速比的曲线图如图 2-37 所示。

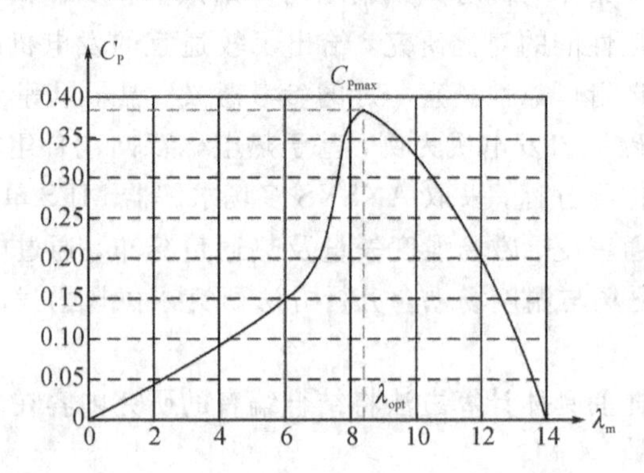

图 2-37　典型 $C_P = f(\lambda)$曲线

风力发电机的风能利用系数 C_P 受风速、桨距角、转速等变量的影响。如图 2-37 所示，可以取一 λ_{opt} 值使得风能利用系数达到最值 C_{Pmax}。其中叶尖速比 λ 为叶片叶尖圆周角速度与风速之比，即

$$\lambda = \frac{2\pi Rn}{v} = \frac{\omega R}{v} \tag{2-68}$$

式中：ω 为风力发电机的角频率，单位为 rad/s；n 为风轮的转速，单位为 r/s。

风力发电机的风轮叶片将风能转化成机械能，而永磁同步发电机再把机械能转化为电能，但是由于风的随机性和间歇性，发电机发出的是不稳定的三相交流电。所以在风速变化时，为能保护最高风能转换率，相应地调节风轮的转速将 λ 维持在 λ_{opt} 处，即运行在最大功率点上。由式(2-68)可知，转速和角速度之间成固定倍数关系。下面探讨发电机的输出功率与风轮角速度的关系。

在变化风速下，风力发电机的输出功率与风轮角速度的关系如图 2-38 所示。

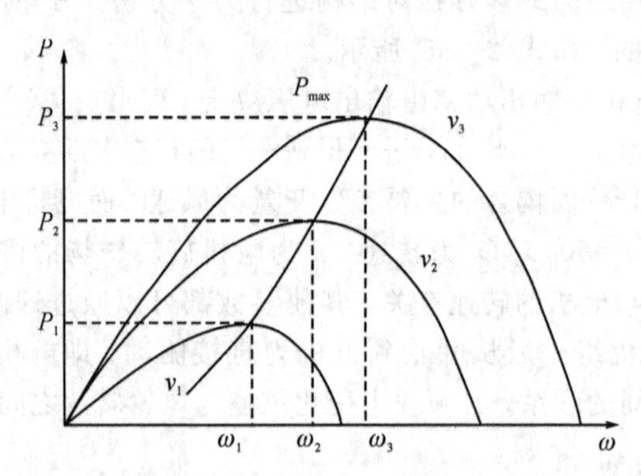

图 2-38　风力发电机输出功率与风轮角速度、风速曲线关系图

图 2-38 中，P 表示风力发电机的功率，ω 表示风轮的转速，ω_1、ω_2、ω_3 分别是风力发电机在风速为 v_1、v_2、v_3 时的风轮转速。从图中可以看出在特定风速下，功率随着风轮角速度的变化而变化，但总有一个与最大输出功率 P_{max} 相对应的叶尖速比 λ_{opt}，此时风能利用率达到最大值 C_{Pmax}。当风速变化时，输出功率最大值对应的风轮角速度也不同，将这些不同风速下的风力发电机最大功率点相连，得到一条最大功率曲线，这条曲线即表示达到最大功率时风速与风轮角速度之间的关系。

3. 多场耦合效应模拟分析时所面临的问题

(1) 随着制造业的快速发展，新的加工技术和加工工艺使得计算机的硬件配置不断提高，但在计算方法层面还不够先进，使得高性能计算机所提供的计算能力尚未得到充分发挥；同时较为落后的计算方法也使得计算结果的可靠性面临着挑战，如计算模拟结果的精度不够，且很多物理现象尚只能在定性层面上进行描述。

(2) 对于研究者个人而言，一般缺乏对其他学科较为深层次的了解，就算是自己所研究的本学科的内容也面临着数学模型的更新问题。

(3) 存在一些非确定性问题与非确定性方法。

本章小结

本章首先结合计算实例对用于垂直轴风力发电机风轮设计的较为重要的部分基础理论及计算方法(包括模型法和数值模拟法)进行了阐述说明，以使读者能够较为快速地学以致用；同时详细介绍了叶素动量复合理论和常见的流管理论(单流管模型、多流管模型和双向多流管模型)，并介绍了对应于数值模拟法的计算流体力学的相关理论基础。

接着基于具体的研究分析了风力发电机的结构参数对风力发电机效能的影响。为了确定某一结构参数对风力发电机的气动性能的有效影响，保证其他结构参数不变的条件下，通过改变其中一个结构参数研究对气动性能的影响，采用 Fluent 软件对垂直轴风力发电机的流场进行模拟，分别从风轮的叶片安装角、叶片翼型、风轮半径和叶片弦长对风力发电机气动性能的影响进行了研究，为进行风力发电机设计提供方向；然后结合文献[22]介绍了用正交试验法研究整机结构参数对垂直轴风力发电机效能的影响，为以后快速进行风力发电机的整机设计提供参考。

最后简要介绍了风力发电机的工作原理和流-固、机-电耦合以及磁热效应的基本理论，并介绍了研究过程中需要使用的计算方法，主要有：湍流模型以及流固耦合过程中的 ALE 描述方法，各坐标系下的运动方程、连续方程、流体动力学方程以及整体转换矩阵的算法；机-电耦合传统的电磁解析法，研究了磁路等效电路，分析了电机内部工作原理；分析了磁-热耦合的相关理论，并将磁-热耦合的研究归于表现形式为热源的电机的损耗计算研究；接着基于耦合方程中的变量参数关系初步探讨了流-固-电三场之间的内在联系，利用最大功率点跟踪控制确定转速与风速的关系，从而为三场耦合的传递关系奠定理论基础。

总之，本章提供垂直轴风力发电机研究领域所需要的基础理论研究进展与现状分析，具体的应用与结构研究开发等内容将在后续章节中详细展开。

参考文献

[1] 杨益飞，潘伟，朱熀秋. 垂直轴风力发电机技术综述及研究进展[J]. 中国机械工程，2013，24(5)：703-709.

[2] 舒新玲，周岱，王泳芳. 风荷载测试与模拟技术的回顾及展望[J]. 振动与冲击，2002(3)：8-12，27，91.

[3] 贺德馨. 我国风工程研究现状与展望[J]. 力学与实践，2002，24(4)：10-20.

[4] 李岩，郑玉芳，赵守阳，等. 直线翼垂直轴风力发电机气动特性研究综述[J]. 空气动力学学报，2017，35(3)：368-382+398.

[5] 廖康平. 垂直轴风力发电机叶轮空气动力学性能研究[D]. 哈尔滨：哈尔滨工程大学，2006.

[6] TEMPLINT R J. Aerodynamic performance theory for the NRC vertical-axis wind turbine[J]. NASA STI/RECON technical report n，1974，76.

[7] GLAUERT H. Aerodynamic theory[J]. The Aeronautical Journal，1930，34(233)：409-414.

[8] STRICKLAND J H. Darrieus turbine：a performance prediction model using multiple streamtubes[R]. Sandia Labs，Albuquerque，N. Mex.（USA），1975.

[9] PARASCHIVOIU I. Double-multiple streamtube model for Darrieus in turbines[C]//Second DOE/NACA Wind Turbines Dynamics Workshop，NACA CP-2186，OH，Clevland，1981：19-25.

[10] 沈威，陶孟仑，陈定方，等. 阵列式压电磁耦合能量收集器的建模与仿真分析[J]. 武汉理工大学学报，2015，37(2)：116-120.

[11] SODANO H A，INMAN D J，PARK G. A Review of Power Harvesting from Vibration using Piezoelectric Materials[J]. Shock and Vibration Digest，2004，36(3)：197-206.

[12] 刘建芳，杨继光，焦晓阳，等. 胎压报警器用压电发电装置的设计及实验研究[J]. 机械设计与制造，2013(5)：49-51.

[13] DALLAGO E，MIATTON D，VENCHI G，et al. Electronic interface for Piezoelectric Energy Scavenging System[C] // ESSCIRC 2008-34th European Solid-State Circuits Conference. IEEE，2008：402-405.

[14] PARK H Y，SEO I T，CHOI M K，et al. Microstructure and piezoelectric properties of the CuO-added（Na 0. 5 K 0. 5）(Nb 0. 97 Sb 0. 03) O 3 lead-free piezoelectric ceramics[J]. Journal of Applied Physics，2008，104(3)：034103.

[15] 杨亚，杨婉璐. 复合型电磁-摩擦纳米发电机[J]. 科学通报，2016(12)：1268-1275.

[16] 刘玉强. 丝素蛋白基底柔性有机光电子器件[D]. 苏州：苏州大学，2016.

[17] ZOU H X，ZHANG W M，WEI K X，et al. A compressive-mode wideband vibration energy harvester using a combination of bistable and flextensional mechanisms[J]. Journal of Applied Mechanics，2016，83(12)：121005.

[18] 吴春艳，金鑫，何玉林，等. 风力发电机在地震-风力作用下的载荷计算[J]. 中国机械

工程，2011，22(18)：2236－2240.
[19] 程启明，程尹曼，汪明媚，王映斐．风力发电系统中最大功率点跟踪方法的综述[J]．华东电力，2010，38(09)：1393－1399.
[20] 姚骏，廖勇，瞿兴鸿，等．直驱永磁同步风力发电机的最佳风能跟踪控制[J]．电网技术，2008，32(10)：11－15.
[21] 唐雁，方瑞明．独立式风光互补发电系统中最大功率控制策略研究[J]．Power，2010，26(8).
[22] 汤双清，徐艳飞，朱光宇．直叶片垂直轴风力发电机气动设计参数分析[J]．机械设计与制造，2012(9)：66－68.
[23] 蒋超奇，严强．水平轴与垂直轴风力发电机的比较研究[J]上海电力，2007(3)：163－165.
[24] 刘瑞江，张业旺，闻崇炜，等．正交试验设计和分析方法研究[J]．实验技术与管理，2010，27(9)：52－55.
[25] 金雪红．直叶片垂直轴风力发电机风轮气动性能预估[D]．西安：西安理工大学，2010.
[26] 邢景棠，崔尔杰．流固耦合力学概述[J]．力学进展，1997，27(1)：19－38.
[27] NOH W F. CEL：A Time-Dependent，Two-Space-Dimensional，Coupled Eulerian-Lagrange Code[J]. Configuration，1963.
[28] HIRT C W，AMSDEN A A，COOK J L. An arbitrary Lagrangian-Eulerian computing method for all flow speeds[J]. Journal of Computational Physics，1997，135(2)：203－216.
[29] HUGHES T J R，LIU W K，ZIMMERMANN T K. Lagrangian-Eulerian finite element formulation for incompressible viscous flows[J]. Computer Methods in Applied Mechanics & Engineering，1981，29(3)：329－349.
[30] HUERTA A，LIU W K. Viscous flow with large free surface motion[J]. Computer Methods in Applied Mechanics & Engineering，1988，69(3)：277－324.
[31] BELYTSCHKO T，FLANAGAN D P，KENNEDY J M. Finite element methods with user-controlled meshes for fluid-structure interaction[J]. Computer Methods in Applied Mechanics & Engineering，1982，33(s 1 - 3)：669－688.
[32] 王学．基于 ALE 方法求解流固耦合问题[D]．长沙：国防科学技术大学，2006.
[33] 丁树业，孙兆琼，苗立杰，等．永磁风力发电机流体流动及传热性能数值研究[D]．哈尔滨：哈尔滨理工大学，2012.
[34] 黄允凯，周涛．基于等效磁路法的轴向永磁电机效率优化设计[J]．电工技术学报，2015，30(2)：73－79.
[35] 朱高嘉，刘晓明，李龙女，等．永磁风力发电机风冷结构设计与分析[J]．电工技术学报，2019，34(5)：946－953.
[36] 温彩凤，汪建文，孙素丽．基于热电磁耦合的永磁风力发电机涡流损耗分析[J]．太阳能学报，2015(9)：36.
[37] 殷明慧，张小莲，邹云，周连俊．跟踪区间优化的风力发电机最大功率点跟踪控制[J]．电网技术，2014，08：2180－2185.

第3章 风能的转换与储存

在垂直轴风力发电系统中风能的转换与储存以风轮、传动机构和发电机等为核心部件，风轮捕获风能再转化为机械能，传动机构将力矩放大后的机械能传递到永磁发电机，带动其转子相对定子转动完成电能转化。

本章将对风能转换部分和风能存储部分进行研究，主要研究对象为风轮、永磁发电机和蓄电池三个部件，根据相关理论建立模型，应用仿真分析进行验证。

3.1 风能的转换

风能转换系统(Wind Energy Conversion System，WECS)是将风能转变成机械能并加以利用的一整套设备，一般包括风轮、传动装置、控制装置、储能装置和利用装置。风能利用装置就是利用风能转化的机械能工作的设备，如发电机、水泵、压气机、热泵等。

WECS可将风能转化为电能，其主要部件是风力发电机。风力发电机通过多传动比齿轮箱连接到发电机，在WECS中通常使用感应式发电机。风力发电机组的主要组成部分有机塔、转子和机舱，机舱内有传动装置和发电机，转子可能有两个或两个以上的叶片。风力发电机通过桨叶捕获风的动能，然后通过齿轮箱把能量传递到感应发电机侧。风力发电机驱动发电机轴产生电力。齿轮箱的作用是将风力发电机较慢的转速转换成感应发电机侧较高的转速。利用监测计量、控制和保护技术，将发电机输出的电压和频率维持在规定的范围内。风力发电机为水平轴结构或垂直轴结构。在20世纪90年代中期之前，WECS的商用风力发电机的平均容量为300 kW。进入21世纪，兆瓦级容量的风力发电机也开始安装应用。

3.1.1 风能捕获理论

风能捕获理论可解决风力发电机的设计问题。风能捕获理论包括流体力学基本方程，即连续方程、运动方程和能量方程。它们是基本物理定律质量守恒定律、牛顿第二定律和能量守恒定律在流体力学领域的数学描述。应用流体力学的基本方程可以建立风能捕获过程的动态数学模型，通过求解数学模型，能得到风力发电机周围的速度场和压力场的数值解，进而求得风力发电机捕获风能的多少，分析风力发电机本身的力学特性。

在风力发电机的设计实践中，学者们针对风力发电机的特点，提出了一些简化理论，如制动盘理论、旋转圆盘理论和叶素—动量定理等。应用这些理论可以建立风能捕获过程的静态模型，通过求解数学模型，能得到某些解析表达式，使风力发电机的设计变得更加直观和方便。

应用上述理论可以研究风力发电机的空气动力特性；研究变桨距、偏航过程的能量转换规律；研究湍流和阵风对能量转换的影响；研究风暴、盐雾、沙尘、覆冰条件下的能量转换特征。其目的是不断改进风力发电机的设计，最大限度地捕获风能，有效延长风力发电机组的使用寿命。

经过长期实践，风力发电机的叶片设计技术已经得到很大的发展。从前期“先形状后结构”以及“牺牲气动性能换取结构优化”的方法发展到全局寻优的设计方法，同时进行形状和结构优化，实现能量输出最大化和成本最小化。

3.1.2　风能转换系统

一般来说，几乎任何一种能在气流中产生不对称力的物理构形，都能作为风能收集装置产生旋转、平移或摆动等机械运动效果，进而发出可用机械功。各类装置的生命力主要受成本和收益两者权衡结果的限制。以旋转运动为特征的风能转换系统，根据其风能收集装置的结构形式及其空间布置，一般分为水平轴设计和垂直轴设计两大类，本书研究对象主要为垂直轴风力发电机。

垂直轴风能转换系统的旋转轴垂直于地面，和空气来流方向也接近垂直。垂直轴风力发电机可以接受各个方向的风，因此不需要复杂的偏航装置。这类系统的发电机和齿轮箱也可以置于地面上，塔架设计更加简单经济。此外，垂直轴风力发电机的维护工作可以在地面进行。当采用同步发电机时，这类风力发电机不需要变桨控制系统。垂直轴风能转换系统的主要缺点是不能自起动，一旦停止，需要额外系统施加推力来起动它。当叶轮旋转一周时，叶片不得不经过一些空气动力死区，因此导致系统效率不高。如果控制不当，叶片可能会超速危险运行导致系统损坏。而且，需要使用张紧的拉索来固定塔架结构，这在实际应用中存在困难。下面讨论一些主要的垂直轴设计形式的特点。

风轮是风力发电机的核心部件，风轮又称转子，由叶片和转子轴组成，其功能是把风能转变成机械能。风力发电机风轮的设计关系到风力发电机组的技术和经济指标的全局。风轮的一般设计流程如图 3-1 所示。

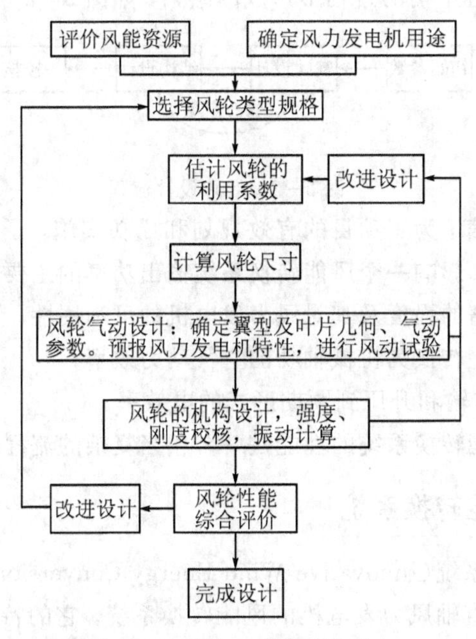

图 3-1　风轮一般设计流程

风轮设计的重点是风轮叶片的设计。风轮叶片(简称叶片)是风力发电机组的重要部件之一，其质量设计对风力发电机组整体及其零部件的性能和寿命有直接影响。随着风力发电机组容量和叶片尺寸的不断增大，叶片的外形和结构也更加复杂，且由于叶片精度、性能和刚度要求高等特点，使叶片设计技术显得尤为重要。

风轮叶片设计理论与方法是涉及多学科交叉的问题，需要应用空气动力学、机械设计理论、结构静力学与动力学、材料学等多方面的知识。风轮叶片的主要设计目标包括：

(1) 良好的空气动力外形，能够充分利用风力发电厂的风资源条件，获得尽可能多的风能；

(2) 可靠的结构强度，具备足够承受极限载荷和疲劳载荷的能力；

(3) 合理的叶片刚度、叶尖变形位移，避免叶片与塔架碰撞；

(4) 良好的结构动力学特性和气动稳定性，避免发生共振和震颤现象，振动和噪声小；

(5) 耐腐蚀、防雷击性能好，方便维护；

(6) 在满足上述目标的前提下，优化设计结构，尽可能减轻叶片重量、降低制造成本。

一般而论，叶片设计可分为空气动力学设计(简称气动设计)阶段和结构设计阶段。在气动设计阶段需要通过选择叶片几何最佳外形，实现年发电量最大的目标；结构设计阶段需要分析选择叶片材料、结构形式和其他设计参数，实现叶片强度、刚度、稳定性以及动态特性等目标。一般情况下设计需要首先从叶片的气动外形设计展开，然后再根据气动性能设计要求进行结构设计。

但实际上，这种设计流程并不是绝对的，即叶片结构设计不能也不可能完全处于从属地位。从叶片总体设计开始，往往就需要从结构设计角度对气动方案提出修改意见，甚至不得不改变某些截面的气动外形，以获得叶片气动与结构性能的合理匹配。因此，优良设计是在各种性能关系合理平衡的过程中形成的结果，如图 3-2 所示。

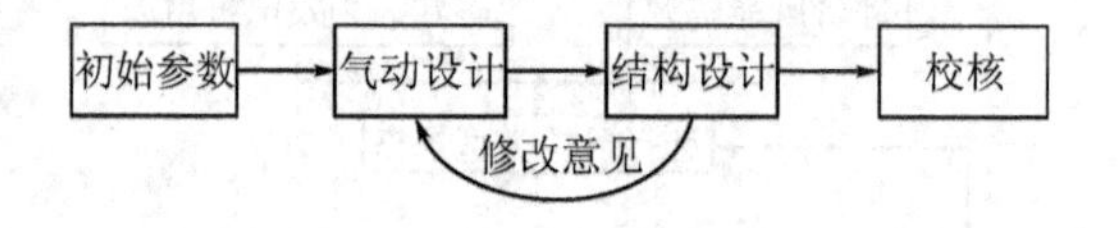

图 3-2　叶片设计流程

对任何风能项目而言，为了项目的有效规划和成功实施，了解风能转换系统在预期场址的性能是其中的关键。影响一个风能转换系统输出功率的主要因素有：

(1) 风场盛行风频谱的强度及其对风力发电机的可利用性；

(2) 叶轮将风中能量转换为机械轴功的空气动力效率；

(3) 将能量调节、传输和升压到预期形式的电效率。

因此，评估一个风能转换系统的性能是一个相当复杂的流程。

3.1.3　新概念型风能转换系统

新概念型风能转换系统(Innovative Wind Energy Conversion System)是区别于传统的水平轴风力发电机和垂直轴风力发电机的风能转换系统。它的特点是通过较小的风轮扫掠面积来收集较多的风能，以提高有效的风功率密度。目前概念型风能转换系统尚处于研究阶段，主要有可变几何型直叶片垂直轴风力发电机、环量控制型直叶片垂直轴风力发电机、扩压型风能装置、扩压—引射型风能装置、旋风型风能装置等。

1. 风力发电机的变桨距调节

变距调节方式是通过改变叶片迎风面与纵向旋转轴的夹角，从而影响叶片的受力和阻力，限制大风时风力发电机输出功率的增加，保持输出功率恒定。采用变距调节方式，风力发电机功率输出曲线平滑。在额定风速以下时，控制器将叶片攻角置于0°附近，不做变化，近似等同于定桨距调节。在额定风速以上时，变桨距控制结构发生作用，调节叶片攻角，将输出功率控制在额定值附近。变桨距风力发电机的起动速度较定桨距风力发电机低，停机时传递冲击应力相对缓和。正常工作时，主要是采用功率控制，在实际应用中，功率与风速的立方成正比。较小的风速变化会造成较大的风能变化。由于变桨距调节风力发电机受到的冲击较之其他风力发电机要小得多，可减少材料使用率，降低整体重量，且变距调节型风力发电机在低风速时可使桨叶保持良好的攻角，比失速调节型风力发电机有更好的能量输出，因此比较适合于平均风速较低的地区安装。变距调节的另外一个优点是：当风速达到一定值时，失速型风力发电机必须停机，而变距型风力发电机可以逐步变化到一个桨叶无负载的全翼展开模式位置，避免停机，增加风力发电机发电量。变桨距调节详见第 4 章 4.1 节。

2. 变速恒频风力发电机

变速恒频风力发电机常采用交流励磁双馈型发电机，它的结构类似绕线型感应电机，只是转子绕组上加有滑环和电刷，这样一来，转子的转速与励磁的频率有关，从而使得双馈型发电机的内部电磁关系既不同于异步发电机又不同于同步发电机，但它却具有异步发电机和同步发电机的某些特性。交流励磁双馈变速恒频风力发电机不仅可以通过控制交流励磁的幅值、相位、频率来实现变速，还可以实现有功、无功功率控制，对电网而言还能起无功补偿的作用。交流励磁变速恒频双馈发电机系统有如下优点：需要变频控制的功率仅是电机额定容量的一部分，使变频装置体积减小，成本降低，投资减少。调节励磁电流幅值，可调节发出的无功功率；调节励磁电流相位，可调节发出的有功功率。应用矢量控制可实现有功、无功功率的独立调节。本节后续部分将对永磁发电机展开详细研究。

3.2　永磁发电机在风力发电系统中的应用

风力发电根据发电容量的大小可分为并网型风力发电机和离网型风力发电机。离网型风力发电机由于其功率较小，一般采用直驱式永磁发电机作为风力发电机的能量转换装置，因此永磁直驱式发电机在常规离网型风力发电机中应用较多，在户用离网型风力发电机中起到重要的作用。

直驱永磁发电机虽然有许多优点，但是其缺点也是显而易见的[1]，就目前的应用情况而言，其主要存在以下问题：

(1) 电机转速低，极数多，导致电机的体积较大，特别是大型永磁风力发电机，电机外径一般比较大。此外，直驱式永磁风力发电机常采用外转子结构，这就增加了电机的加工及安装难度，电机的运输与吊装比较困难，永磁体的制造成本也很高。

(2) 在发电机的负载和周围环境温度发生变化时，永磁体的性能也会改变，从而影响电机输出电压的变化，最终影响发电质量。

(3) 永磁直驱发电机与风力发电机直接相连，发电机的电压随风速时刻变化，因此发电机的电压调整比较困难。

3.2.1 永磁发电机结构分析

电机作为离网小型垂直轴风力发电机的能量转换装置，直接影响到离网小型垂直轴风力发电机的整机性能。所以对于离网小型垂直轴风力发电机而言，风力发电机的能量转换直接依靠风压推动风轮的叶片带动发电机的转轴完成，电机的效率与性能直接关系到离网小型垂直轴风力发电机的风能利用率。因此，研究并开发适用于离网小型垂直轴风力发电机的永磁发电机对风力发电机的整机性能有着至关重要的影响。

永磁发电机根据转子磁路结构的差异可以分为永磁同步发电机和永磁异步发电机。永磁同步发电机在结构上根据磁极磁化方向与旋转方向分为切向式、径向式、轴向式和混合式转子结构。以下具体阐述不同转子结构电机的特点[2]。

1. 切向式转子结构永磁同步发电机

切向式转子结构的永磁同步发电机主要应用于转速较高的场合，永磁体磁力线与转子半径呈切向式分布，因此称之为切向式转子，其结构如图 3-3 所示。由于其转子内部永磁体分布的特殊性，其磁化方向与气隙磁通轴线呈近乎 90°的夹角，相邻磁极形成并联磁路，永磁体距气隙的距离较远，电机内部漏磁相对较大。

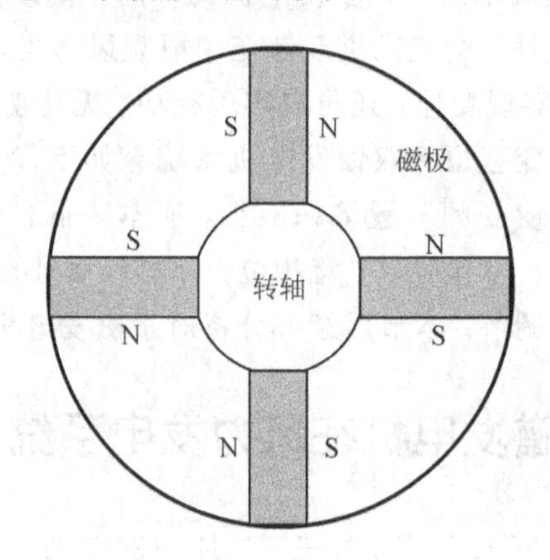

图 3-3 切向式转子电机结构示意图

切向式转子的永磁体磁极沿转子半径径向分布，使各磁极之间形成一种聚磁结构，能够充分利用稀土永磁材料矫顽力高的优势，磁场中的磁势只需一块磁极便可提供。因此，切向式转子结构的电机其气隙内由永磁体并联形成的磁场强度可能比原来单个磁极自身工作点范围内的磁场强度还高，对于此种结构的电机，在后续的优化过程中可以通过合理选择不同截面尺寸的磁极用以优化气隙的磁感应强度，使其达到设计要求。

2. 径向式转子结构永磁同步发电机

径向式转子结构的永磁电机应用范围较广，现在市场上流通的中小容量电机一般都为径向式结构。电机内部磁场分布特点为：永磁体产生的磁力线方向沿电机径向分布与气隙中产生的磁通轴线方向呈 180°，气隙的磁链由相邻且距气隙较近的磁极串联而成，这种结构的磁极连接方式使其漏磁系数与切向式转子结构的永磁电机相比较小，因此电机经过特殊的改造气隙中的磁感应强度可以近似达到磁极工作点的磁极强度。但是由于此种结构的电机的每极磁通仅由一个磁极提供，因此其气隙磁密较其他结构的电机低。

径向式转子结构的电机根据永磁体的布置方式又可分为星形结构、环形结构、瓦片形结构和矩形结构几种。由于稀土永磁材料磁化方向小、矫顽力高的特点，转子磁极主要采用稀土永磁材料。发电机的输出性能与转子上的磁极多少有关，瓦片式和矩形式永磁体因为占用空间小，具有更优性能。瓦片形结构又可分为表贴式和内置式两种，图 3-4 为两种电机的结构示意图。

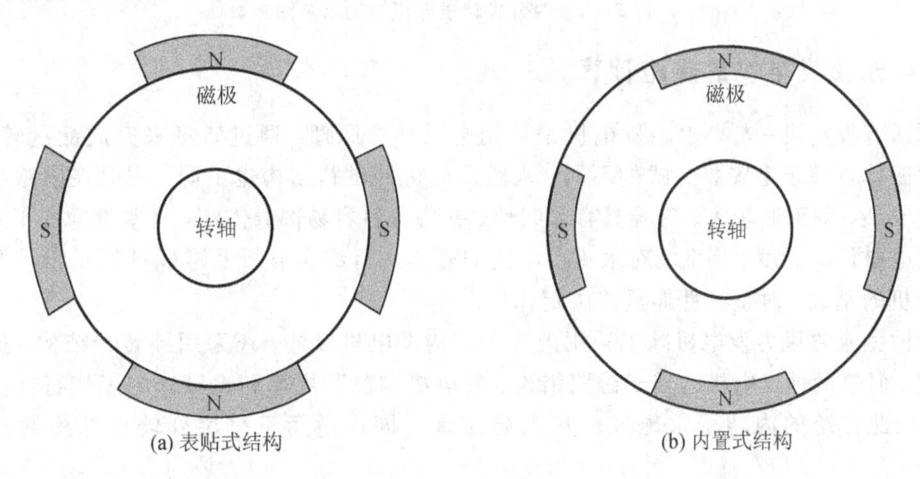

图 3-4 径向式转子电机结构示意图

3. 轴向式转子结构永磁同步发电机

轴向式转子的典型结构是爪极式，较为常见。一般情况下，爪极式转子由一个轴向充磁的永磁体和两个带爪的法兰盘组成，永磁体是圆环或圆柱形，夹在两个带爪的法兰盘中间。两个法兰盘对合，爪极互相错开，沿圆周均匀分布，两个带爪法兰盘的爪数相等，爪数等于级数的一半。其中，一个法兰盘上的爪为 N 极，另一个法兰盘上的爪为 S 极，这样就形成了极性相间顺序排列的多极转子。爪极转子有很多显著的优点，应用较为广泛。

4. 混合式转子结构永磁同步发电机

混合式转子结构的永磁电机是综合径向和切向结构电机的优缺点，通过在转子的径向和切向都放置磁极，利用磁极将磁场约束在一定的范围，使电机在转子直径一定的情况下形成更强的气隙磁密，或者在磁密相同的情况下，显著减小转子直径。在某些电机有尺寸要求的情况下，选择合适的径向和切向磁极并合理配合，可以有效缩小电机体积。混合式转子电机结构如图 3-5 所示。

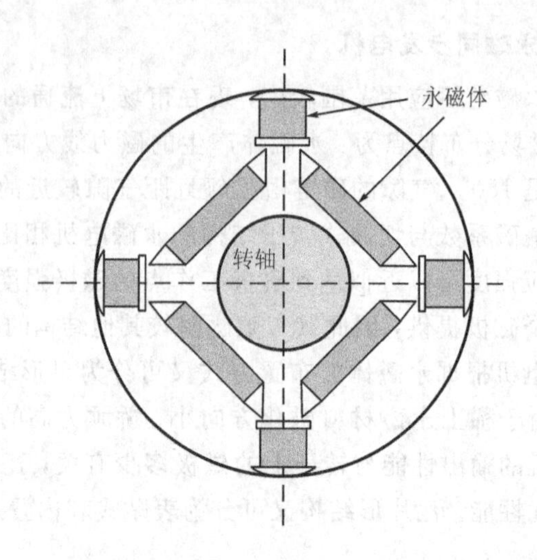

图 3-5 混合式转子电机结构示意图

3.2.2 永磁发电机的磁路计算

同所有发电机一样，永磁发电机是利用电磁感应原理，通过磁场来完成能量转换的。根据永磁体在转子上安装方式的不同，永磁发电机的磁路结构也不同，同时在磁路结构中漏磁路复杂、漏磁通较大、磁导具有非线性、铁磁材料容易部分饱和，这些都增加了永磁发电机的电磁计算难度。因此，对永磁发电机的磁路进行综合分析及准确计算是设计开发永磁发电机的基础，对整机性能具有决定作用。

离网型永磁风力发电机除了采用内转子结构发电机以外，还采用外转子结构。虽然结构不同，但这两种发电机的转子磁路结构、发电机的磁路规律和永磁体的工作特性都是相似的，因此传统的内转子永磁发电机的磁路理论同样适用于采用外转子结构的永磁发电机。

永磁发电机的永磁体产生励磁磁场，所以说永磁体在发电机中既是磁源也是磁路的重要组成部分。永磁发电机的磁路一般由永磁体、软磁材料和气隙三个部分构成。其中，永磁体是磁路中的磁势源，当产生的磁通流经软磁材料时，造成磁势下降并产生损耗即铁芯损耗。气隙是构成磁路的另一个重要部分，气隙中流过的磁通量 Φ 是决定发电机尺寸、影响发电机性能的重要参数之一。因此，可以将对永磁发电机的等效磁路分析分为永磁体的等效磁路和外磁路的等效磁路两个部分。等效磁路法[3]的核心思想就是将实际空间上非均匀分布的磁场等效成多段磁路，并且近似认为在每段磁路中磁通沿磁通截面和长度的分布是均匀的，将复杂的磁场计算转化为多段磁路的等效计算，然后对磁路中的各种系数进行相应的修正，以提高计算的准确性。各端磁路的磁位差就等于磁场中对应点的磁位差。这样不仅可以大大减少计算所需时间，而且通过等效磁路计算得到的估算方案或者初始设计的计算精度也可满足工程实际的需要。

1. 永磁体的等效磁路

图 3-6 给出了永磁材料的内禀曲线和退磁曲线。在分析永磁发电机的磁路时，永磁体对外表现的是磁通 Φ 和磁动势 F 这两个物理量。假设永磁体在垂直于充磁方向上的截面积

都相同，充磁方向长度均匀，磁化均匀。将 $B=f(H)$ 曲线的纵坐标乘以永磁体提供的每极磁通的截面积，横坐标乘以每对极磁路中永磁体磁化方向长度，使 $B=f(H)$ 曲线转化为 $\Phi=f(F)$ 曲线，则可以得到：

$$BS_m \times 10^{-4} = B_{ir} S_m \times 10^{-4} - u_r u_0 HS_m \times 10^{-4} \tag{3-1}$$

上式化简为

$$\Phi_m = \Phi_r - \Phi_0 \tag{3-2}$$

式中：S_m 为永磁体提供的每极磁通的截面积，单位为 cm^2；$\Phi_m = BS_m \times 10^{-4}$，为永磁体向外磁路提供的每极总磁通，单位为 WB；$\Phi_r = B_{ir} S_m \times 10^{-4} = B_r S_m \times 10^{-4}$，为永磁体虚拟内禀磁通，单位为 WB，对于给定的永磁体性能和尺寸，它是一个常数；$\Phi_0 = u_r u_0 HS_m \times 10^{-4}$，为永磁体的虚拟内漏磁通，单位为 WB，它的大小与永磁体磁路的工作状态及永磁体的结构、尺寸有关。

根据式(3-2)得到图 3-6 所示的 $\Phi-F$ 曲线，其中内禀曲线上任意一点代表当永磁体工作到这一点时永磁体内部所储藏的磁场能量，是永磁体向外部磁路提供磁能量的前提；而退磁曲线上任意一点代表永磁体工作在这一点时单位体积的磁体向外磁路提供的磁场能量。

在不考虑磁动势影响的情况下，永磁体作为磁动势源，提供虚拟内禀磁通 Φ_r，它将在永磁体的周围空间形成磁场 Φ_m，磁力线从 N 极向四周发散，经过一定的磁通路径，再从各个方向回到永磁体 S 极。然后，还有一部分磁通 Φ_0 是流经永磁体内部本身的，在永磁体内部，虚拟内漏磁通的磁力线方向为从 N 极到 S 极，与原磁化方向(从 S 极到 N 极)相反，如图 3-7 所示。

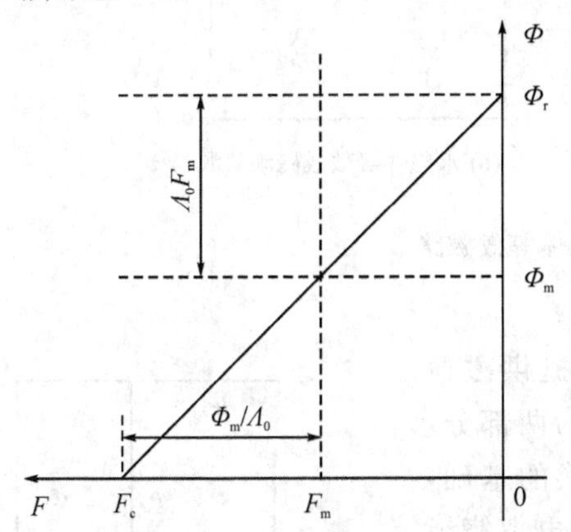

图 3-6　永磁材料的内禀曲线和退磁曲线($\Phi-F$ 曲线)

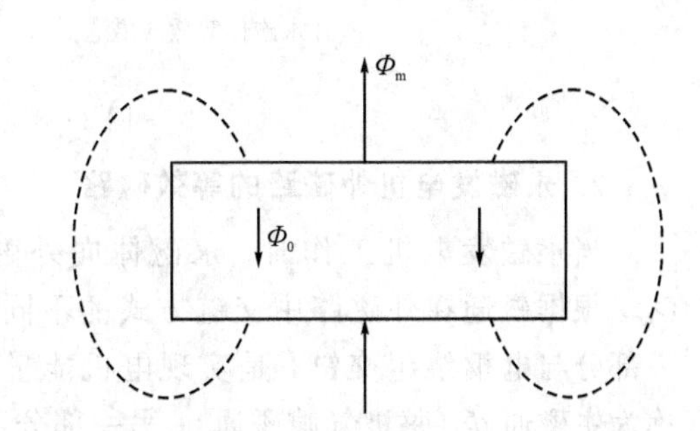

图 3-7　永磁体自退磁磁场示意图

设每对极磁路中永磁体磁化方向长度为 h_{Mp}(cm)，则永磁体的内磁导 Λ_0 如式(3-3)所示：

$$\Lambda_0 = \frac{u_r u_0 S_m}{h_{Mp}} \times 10^{-2} \tag{3-3}$$

对于给定的永磁体的尺寸与性能，它的内磁导是个常数。

每对极磁路中永磁体两端向外磁路提供的磁动势 F_m 如式(3-4)所示：

$$F_m = Hh_{Mp} \times 10^{-2} \tag{3-4}$$

每对极永磁体磁动势的计算磁势 F_c 如式(3-5)所示：

$$F_c = H_c h_{Mp} \times 10^{-2} \tag{3-5}$$

因此，式(3-2)可改写为

$$\Phi_m = \Phi_r - \Phi_0 = \frac{u_r u_0 S_m}{h_{Mp}} \times H_c h_{Mp} \times 10^{-4} - \frac{u_r u_0 S_m}{h_{Mp}} \times H h_{Mp} \times 10^{-4} = \Lambda_0 F_c - \Lambda_0 F_m \tag{3-6}$$

即

$$F_m = F_c - \frac{\Phi_m}{\Lambda_0}$$

根据以上推论，由于永磁体的虚拟内漏磁通特性，可以将永磁体等效成一个恒磁通源 Φ_r 与一个恒定的内磁导 Λ_0 相并联的磁通源，如图 3-8(a)所示。

由于磁路与电路在构成、参数和求解方面所用到的定律有诸多相似之处，利用戴维南定理，电路中电压源与电流源可以相互等效，同理，磁路中的磁通源也可以等效成磁动势源，如图 3-8(b)所示。

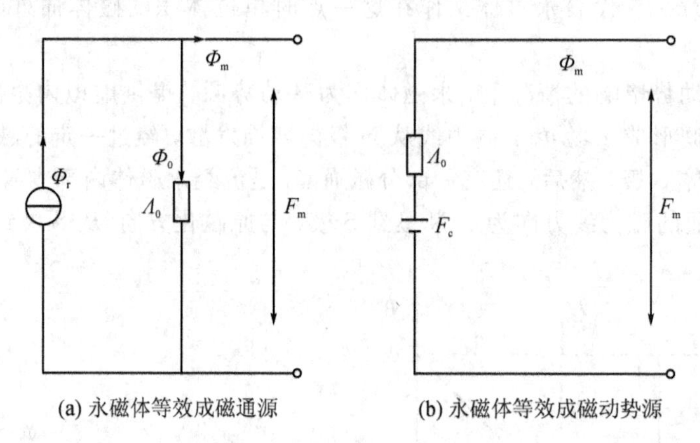

(a) 永磁体等效成磁通源　　(b) 永磁体等效成磁动势源

图 3-8　永磁体等效磁路

2. 永磁发电机外磁路的等效磁路

当永磁发电机工作时，永磁体向外磁路提供磁通 Φ_m，根据磁通在外磁路中交链方式的不同分为两部分：一部分与电枢绕组交链，是实现电机能量转换的基础，称为主磁通 Φ_δ(每极气隙磁通)；另一部分不与电枢绕组交链，在永磁磁极与结构件之间形成磁场，称为漏磁通 Φ_σ。两部分磁通形成的磁场等效成磁路，分别称为主磁路和漏磁路。由于磁路比较复杂，分析时常根据其磁通分布情况分成许多段，再经串联、并联进行组合。对应的各段磁路磁导的合成即为主磁导 Λ_δ 和漏磁导 Λ_σ。空载情况下，电机每对极磁路中的电枢磁动势 $F_a=0$，其相应的外磁路的等效磁路如图 3-9 所示。

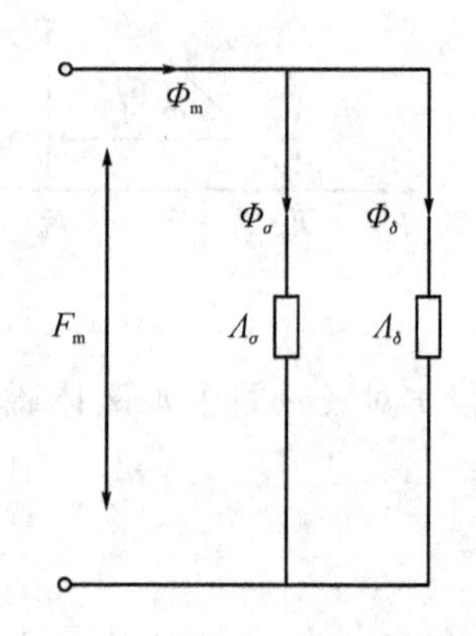

图 3-9　空载时外磁路的等效磁路

在负载运行时，根据电机原理可知，主磁路中增加电枢磁动势 F_a，电枢磁动势既有直轴电枢磁动势的作用，又有交轴电枢磁动势的等效作用。其相应的等效磁路如图 3-10(a)所示。根据永磁发电机的运行方式与结构尺寸的不同，电枢磁动势对励磁磁场的作用也不同，即分别起增磁和去磁作用。

为了方便分析，对图 3-10(a)的等效磁路进行简化，利用戴维南定理可得：

$$\Lambda_m = \Lambda_\delta + \Lambda_\sigma \tag{3-7}$$

$$F'_a = F_a \frac{\frac{1}{\Lambda_\sigma}}{\frac{1}{\Lambda_\sigma} + \frac{1}{\Lambda_\delta}} = F_a \frac{\Lambda_\delta}{\Lambda_\sigma + \Lambda_\delta} \tag{3-8}$$

式中：Λ_m为外磁路的合成磁导；F'_a为外磁路合成电枢磁动势，其中简化等效磁路如图 3-10(b)所示。

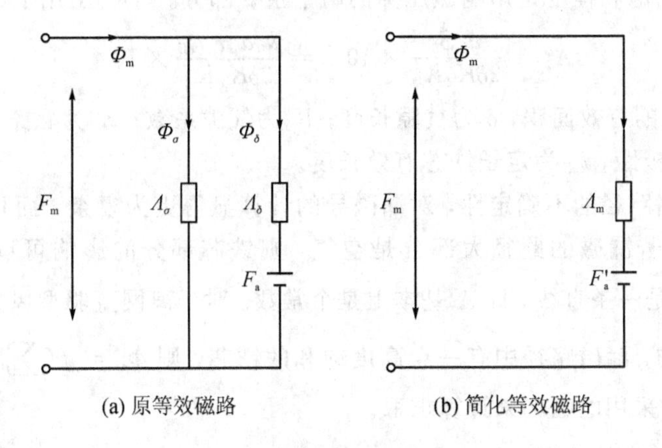

(a) 原等效磁路　　(b) 简化等效磁路

图 3-10　电机负载时外磁路的等效磁路

3. 永磁发电机的等效磁路

图 3-8 和图 3-10 分别给出了永磁体的等效磁路和电机负载时外磁路的等效磁路，将两图合并，得到电机负载时永磁发电机总的等效磁路。如图 3-11 所示，当图中 $F_a=0$ 时，即为发电机空载时的等效磁路。

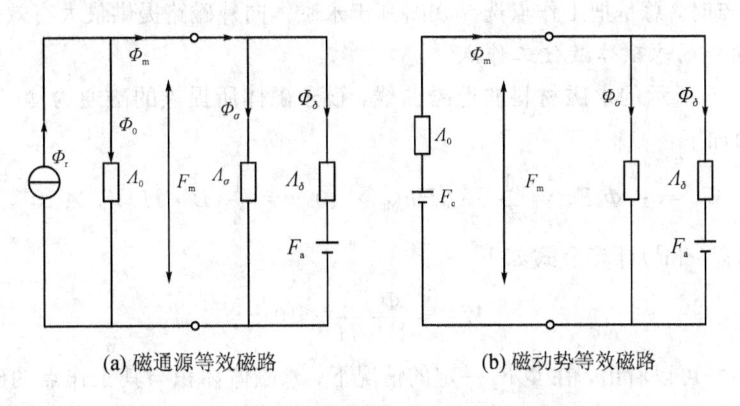

(a) 磁通源等效磁路　　(b) 磁动势等效磁路

图 3-11　电机负载时永磁发电机的等效磁路

4. 主磁导与漏磁导

永磁发电机的主磁路包括气隙、定(转)子齿、定(转)子轭等几部分，可根据磁路计算的方法求取在主磁通 Φ_δ 一定的情况下各段磁路磁压降的总和 $\sum F$，得到曲线 $\Phi_\delta = f(\sum F)$。则在某一 Φ_δ 时主磁路的磁导为

$$\Lambda_\delta = \frac{\Phi_\delta}{\sum F} \tag{3-9}$$

式中：Φ_δ 为每极气隙磁通；$\sum F$ 为每极主磁通的总磁压降。

由于主磁路中还有铁磁材料，具有一定的磁阻，不能忽略，因此，计算时应考虑其磁压降，从而主磁路中主磁导不是常数，它随主磁路的饱和程度不同而变化。外磁路结构中，气隙的参数与磁路的饱和程度是影响磁压降的两个主要部分。可将 Λ_δ用下式表示：

$$\Lambda_\delta = \frac{u_0 S_\delta}{2\delta K_\delta K_s} \times 10^{-2} = \frac{u_0 a'_p \tau_p l_{eff}}{2\delta K_\delta K_s} \times 10^{-2} \tag{3-10}$$

式中：S_δ为每极次的有效面积；δ 为气隙长度；K_δ为气隙系数；K_s为磁路饱和系数；a'_p为计算极弧系数；τ 为极距；l_{eff}为定子铁芯有效长度。

由于漏磁磁路路径的不确定性，对漏磁导的计算显得更为复杂，而且计算的准确性也很难把握。例如，若漏磁的路径大部分是空气，则铁芯部分的影响可以忽略不计，$\Phi_\sigma = f(\sum F_\sigma)$ 基本上是一条直线，即 Λ_σ基本上是个常数。对于离网直驱型风力发电机多采用径向式转子磁路结构，漏磁路径中有一点高度饱和的铁芯，则 $\Phi_\sigma = f(\sum F_\sigma)$ 是条曲线，即 Λ_σ不是常数，通常采用电磁场来计算求取。

5. 永磁体工作点的确定

在进行永磁发电机设计时，应充分利用永磁材料，尽量用最少的永磁体在气隙中建立最大的磁能磁场。当永磁体性能与尺寸确定后，永磁体工作点的选择是和气隙磁感应强度密切相关联的。从提高永磁体利用率方面出发，工作点应该选择在$(B \cdot H)_{max}$点的附近比较合适。但在发电机的运行过程中，还应该考虑到可能产生的电枢磁场对永磁体的最大去磁，所以在选取实际工作点时，总是把工作点选择在略高于永磁体向外磁路提供最大有效磁能的那一点。

1) 最大磁能的永磁体最佳工作点

根据图 3-6 所示的永磁材料的退磁曲线，设永磁体所提供的磁通为 Φ_x，磁动势为 F_y，则磁能 $W_c(J)$如下：

$$W_c = \frac{1}{2}\Phi_x F_y = \frac{1}{2}BA_m H h_{Mp} \times 10^{-6} = \frac{1}{2}(B \cdot H)V_m \times 10^{-6} \tag{3-11}$$

即永磁体的体积(cm^3)计算公式如下：

$$W_c = \frac{\Phi_x F_y}{B \cdot H} \times 10^{-6} \tag{3-12}$$

由式(3-12)可以看出，在 $\Phi_x F_y$一定的情况下，永磁体体积与其工作点的磁能积$(B \cdot H)$成反比，即为得到最小的永磁体的体积，要求永磁体的工作点位于退磁曲线上具有最大磁能积的点。

永磁体的工作示意图如图 3－12 所示，永磁体的磁能 W_c 正比于四边形 $AF_yO\Phi_x$ 的面积。当永磁体工作点在退磁曲线的终点时，四边形的面积最大，即永磁体具有最大磁能。

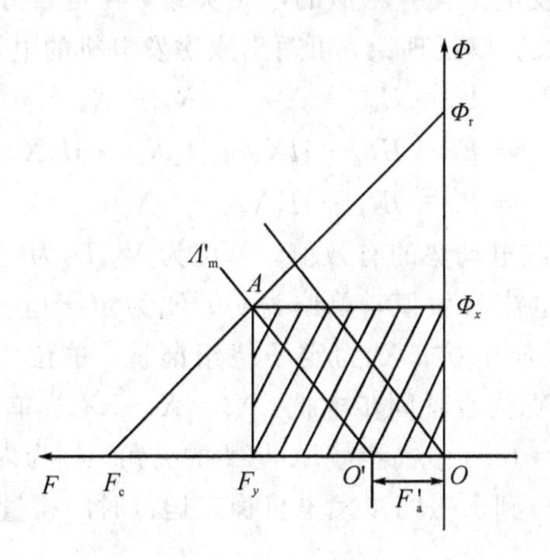

图 3－12　最大有效磁能时的永磁体工作示意图

2）最大有效磁能的永磁体最佳工作点

尽管当永磁体工作在图 3－13 所示的 A 点时具有最大磁能，然而电机中都存在着漏磁，实际参与机电能量转换的是气隙磁场中的有效磁能，因此，永磁体的最佳工作点应选择在有效磁能最大的点。从图 3－13 中可以看出，永磁体的磁能正比于四边形 $AA'OC$，而永磁体的有效磁能正比于 $AA'B'B$，为获得最大的有效磁能，永磁体的工作点应取在 $D\Phi_r$ 中的 A 点。

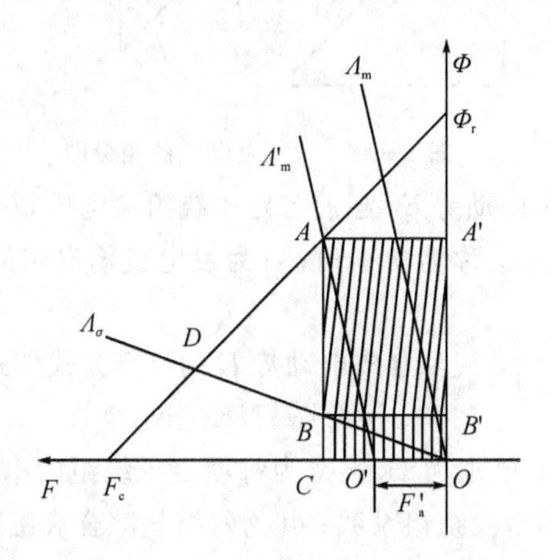

图 3－13　最大磁能时的永磁体工作图

因此，为了使永磁体得到最佳利用，必须正确选用永磁体的尺寸、外磁路的尺寸以及两者之间的关系。

3.2.3　永磁发电机运行特性分析

永磁发电机的主磁场由永磁体磁极产生，而电励磁式的发电机的主磁场由励磁电流产生，虽然两种发电机的励磁电流不同，但是大部分运行特性都是相似的，只有少数几个方面略有差别[4]。

1. 电压方程和相量图

永磁发电机与电励磁发电机具有相似的电磁关系，在定量分析电机的电磁特性时，需要应用双反理论来分析。根据双反理论，可写出永磁发电机的电压方程如式(3-13)所示：

$$\begin{aligned} U &= E_0 + E_{ad} + E_{aq} - I(R_a + jX_s) \\ &= E_0 - IR_a - jIX_s - jI_d X_{ad} - jI_q X_{aq} \\ &= E_0 - IR_a - jI_d X_d - jI_q X_q \end{aligned} \tag{3-13}$$

式中：E_0 为永磁发电机空载电动势的有效值，单位为 V；U 为定子绕组端电压有效值，单位为 V；I 为定子绕组相电流有效值，单位为 A；R_a为定子电枢绕组相电阻，单位为 Ω；X_{ad}、X_{aq}为直、交轴电枢反应电抗；X_s为定子绕组漏抗，单位为 Ω；X_d为直轴同步电抗，$X_d = X_{ad} + X_s$,单位为 Ω；X_q为直轴同步电抗，$X_q = X_{aq} + X_s$，单位为 Ω；I_d、I_q为直、交轴电枢电流，$I_d = I\sin\varphi_0$，$I_q = I\cos\varphi_0$；φ_0 为 E_0 与 I 的夹角，称为内功率因素角。

由电压平衡方程式可得到永磁同步发电机稳态运行时的相量图，如图 3-14 所示。

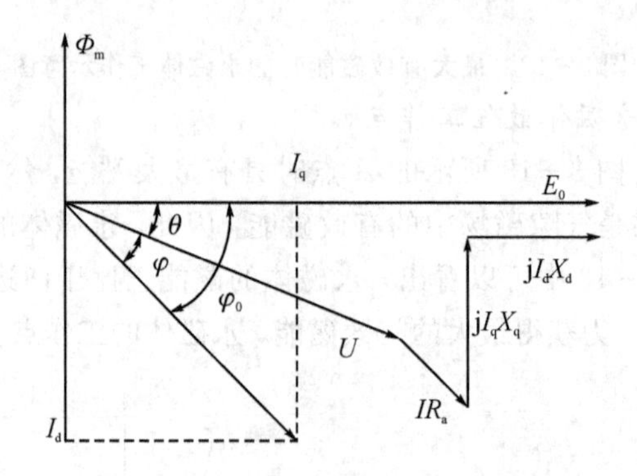

图 3-14 永磁发电机的相量图

图 3-14 中：θ 为激励电动势 E_0 超前与定子绕组端电压 U 的角度，也是定子合成磁场与转子主机磁场之间的夹角，称为功率角；φ 为发电机输出端的功率因素角；Φ_m 为转子永磁体产生的主磁通。

永磁发电机稳定运行时，气隙合成电动势 E 的计算公式如式(3-14)所示：

$$E = 4.44 fNK_{Nm}K_{dp}\Phi_\delta \tag{3-14}$$

式中：f 为定子电流频率，单位为 Hz；N 为每项定子绕组的串联匝数；K_{Nm}为气隙磁场波形系数；K_{dp}为定子绕组的基波绕组系数；Φ_δ为每极气隙合成磁通，单位为 WB。

2. 永磁发电机的电枢反应及电枢反应电感

永磁发电机带上负载以后，定子电枢绕组中将产生感应电流，此时电枢绕组就会产生磁动势以及相应的磁场，其基波为一以同步转速旋转的磁动势和磁场，且与转子磁极产生的主磁场保持相对静止。负载时，气隙内的合成磁动势由转子主磁场和定子绕组电流磁场共同产生，定子电枢绕组磁动势的基波在气隙中的磁场就称为电枢反应。电枢反应的性质取决于定子绕组电流产生的磁场和转子主磁场在空间的相对位置，可通过相量图中的内功率因数角 φ_0 来判断。对于一般的阻感性负载，发电机的内功率因素角 φ_0 通过式(3-15)确定：

$$\varphi_0 = \arctan\frac{U\sin\varphi + IX_q}{U\cos\varphi + IR_a} \tag{3-15}$$

对于离网型垂直轴风力发电机而言，电机一般不直接与电网相连，而是通过变流器、整流器等元器件将电能储存在蓄电池中。永磁发电机的转子磁极一般做成表贴式结构。与传统的电励磁式凸极发电机不同，永磁发电机的气隙基本是均匀的，由于永磁材料的磁导率和空气的磁导率基本相同，因此交、直轴电抗基本也相同，发电机表现出隐极性质。计算交、直轴电枢反应电抗时，应首先求得绕组电流在交、直轴分量作用下电枢反应基波磁密幅值 B_{aq1} 和 B_{ad1}，二者的计算方法如式(3-16)所示：

$$\begin{cases} X_{aq} = \dfrac{2}{\pi}\tau l_{ef} K_{dp} N \dfrac{B_{aq1}}{I_q} \\ X_{ad} = \dfrac{2}{\pi}\tau l_{ef} K_{dp} N \dfrac{B_{ad1}}{I_d} \end{cases} \tag{3-16}$$

式中：τ 为极距，单位为 m；l_{ef} 为定子铁芯有效长度，单位为 m。

3. 永磁发电机的功率方程和外特性

永磁发电机带负载运行时，由发电机轴上的输入机械功率 P_1 减去定转子铁耗 P_{Fe}、机械损耗 P_m 和杂散损耗 P_s(忽略不计)后，剩余的功率称为永磁发电机的电磁功率 P_e，如式(3-17)所示：

$$P_1 = P_{Fe} + P_m + P_e \tag{3-17}$$

电磁功率为气隙磁场从转子传到定子上的功率，从电磁功率中减去定子绕组的铜耗 P_{Cu} 可得永磁发电机的输出功率 P_2，如式(3-18)所示：

$$P_e = P_{Cu} + P_2 \tag{3-18}$$

式(3-17)和式(3-18)就是永磁同步发电机的功率方程。

永磁发电机的外特性表示当发电机的转速为同步转速 n_s，负载功率因数 $\cos\varphi$ 保持不变时，发电机的输出端电压和负载电流之间的关系，即 $n=n_s$，$\cos\varphi$ 为常数时，$U=f(I)$。

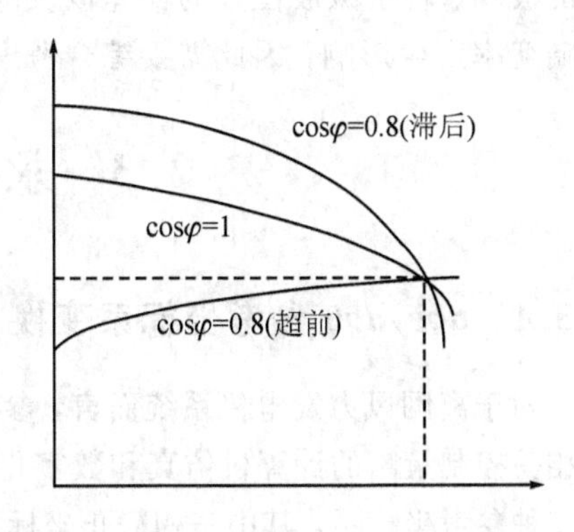

图 3-15　永磁发电机的外特性曲线

图 3-15 表示带有不同功率因数的负载时永磁发电机的外特性。由图中可见，当电机带纯阻性负载和感性负载时，外特性是下降的，因为此时电枢反应是去磁的，端电压随着负载的增加而下降，漏阻抗压降则随着负载的增加而增加。当电机带容性负载且功率因素角超前时，电枢反应是增磁性质的，此时端电压和漏阻抗压降都会增加，即外特性是上升的。一般永磁发电机所带负载都是感性负载，其外特性是下降的。

4. 电压波形畸变率

电压波形畸变率是用来表示实际电动势和正弦波之间的偏差程度的，是永磁发电机的一项重要指标性能。国标规定，电压波形畸变率是指该电压波形中除基波以外的所有各次谐波有效值平方和的平方根与该波形中的基波有效值的百分比，用 K_U 表示，其数学表达式如式(3-19)所示：

$$K_{\mathrm{U}}=\frac{\sqrt{\sum_{v=2}^{\infty}U_v^2}}{U_1}\times 100\% \tag{3-19}$$

式中：U_v为线电压 v 次谐波有效值，单位为 V；U_1为线电压基波有效值，单位为 V。

为了减小电压波形畸变率，可以从定子绕组和转子磁极两方面考虑，定子绕组可以采用以下措施：

(1) 定子采用斜槽。定子斜槽不但能削弱主极磁场的空间谐波所引起的电压波形畸变，而且由于定子开槽引起的附加磁场产生的谐波电动势对削弱齿谐波电动势尤其有效，因此能提高效率。

(2) 定子采用分数槽绕组。采用分数槽绕组可以获得较好的电压波形，但是对于波形要求特别高的正弦波发电机却往往不用分数槽绕组，这是因为主极磁场中次数接近一阶齿谐波的奇数次谐波引起的高次谐波电势会由于定子开槽效应增大很多，有可能无法满足正弦波大电机对波形的严格要求。

(3) 选用较大的每极每相槽数 q。采用较大的每极每相槽数 q 相当于提高齿谐波的次数。一般来讲，次数越高，谐波磁场的含量就越小，因而选用较大的 q 可以减小电压波形的畸变。

(4) 选用合理的绕组节距。合理的绕组节距主要是用来削弱线电压中的 5 次和 7 次谐波，对齿谐波没有显著效果。转子磁极方面，可以通过以下措施来减小电压波形畸变率：选择合理的极靴形状；移动极靴的位置；采用特殊形状的极靴。

但是在设计发电机时，影响永磁发电机电压波形畸变率的因素是很复杂的，发电机转速的波动、转子磁极位置的偏差以及电机安装位置不精确引起的气隙不均匀都会对电压波形畸变率产生影响，因此需要综合考虑各参数的影响效果。

3.3 永磁发电机数学模型

3.3.1 *abc*/*dq*0 参考坐标系变换

对于离网风力发电机系统而言，参考坐标系理论不仅可以简化电机的模型分析，还有利于相关控制策略的计算机仿真和数字化可视化实现。随着电机极数的扩展，研究人员提出了很多种参考坐标系，其中三相静止坐标系(*abc* 坐标系)[5]、两相静止坐标系($\alpha\beta$ 坐标系)和同步坐标系得到了最为广泛的应用。下面给出一些变量在这些坐标系之间的变换方法。

为了简单，用 x_a、x_b、x_c三个变量表示电压、电流和磁链。在三相 *abc* 静止参考坐标系中，可以使用空间矢量 $\boldsymbol{x}$ 代表三相变量。图 3-14 给出了空间矢量与其对应的三相变量之间的关系，相对于 *abc* 静止坐标系而言，其中的空间矢量 $\boldsymbol{x}$ 将以任意速度 w 进行旋转。相对于每相上的值 x_a、x_b和 x_c，可通过将空间矢量 $\boldsymbol{x}$ 投影至相应 a、b 和 c 轴上得到，其中 a、b 和 c 轴在空间上相互间隔 120°。由于 *abc* 轴处于静止空间中，当 $\boldsymbol{x}$ 在空间旋转一个周期时，相应的三相变量值也将完成一个周期的变化。若空间矢量 $\boldsymbol{x}$ 的幅值和旋转速度保持恒定，那么 x_a、x_b 和 x_c 的波形将为正弦波，且任意两个波形之间的相位差均为 120°，如图 3-16所示。由空间矢量图及对应波形可知，在 ωt_1 时刻，x_b 大于 x_a，且 x_c 为负值。

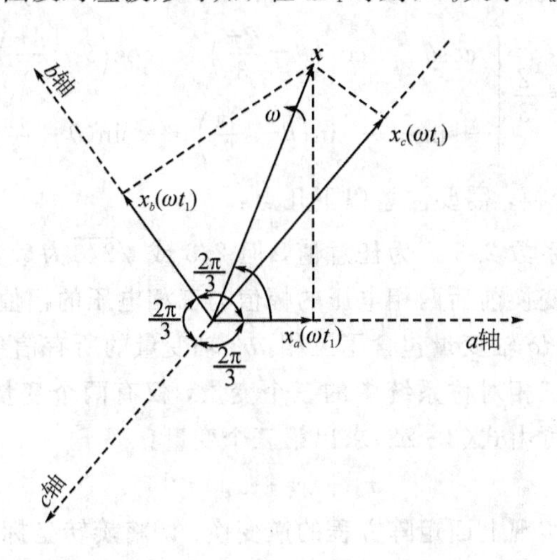

图 3-16 空间矢量 **x** 及其三相变量 x_a、x_b 和 x_c

abc 静止坐标系中的三相变量还可变换成另一个参考系中的两项变量，这里的参考系定义为互相垂直的 d 轴(直轴)和 q 轴(交轴)，如图 3-17 所示。相对于 abc 静止坐标系而言，若给定了 a 轴和 d 轴之间的夹角 θ，那么 dq 轴坐标系可处于任意位置。同时，dq 轴坐标系可在空间中以任意速度 ω 进行旋转，ω 与角度之间的关系为 $\omega = \mathrm{d}\theta/\mathrm{d}t$。

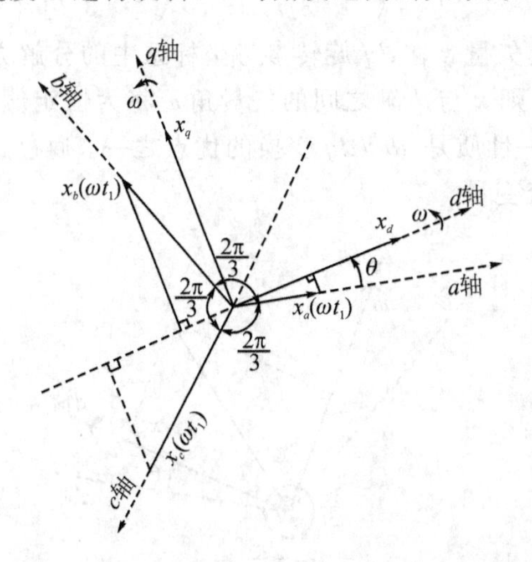

图 3-17 变量从三相 abc 静止坐标系到任意两相 dq 坐标系之间的变换

从 abc 静止坐标系向 dq 旋转坐标系进行变量变换时，采用简单的三角函数即可求得 x_a、x_b 和 x_c 到 dq 轴上的正交投影，其中仅给出在 d 轴的投影。d 轴上所有投影之和对应于变量 x_d，即

$$\begin{cases} x_d = x_a\cos\theta + x_b\cos\left(\dfrac{2\pi}{3} - \theta\right) + x_c\cos\left(\dfrac{4\pi}{3} - \theta\right) \\ x_d = x_a\cos\theta + x_b\cos\left(\theta - \dfrac{2\pi}{3}\right) + x_c\cos\left(\theta - \dfrac{4\pi}{3}\right) \end{cases} \tag{3-20}$$

类似的，这一方法还可以实现 abc 变量到 q 轴的坐标变换。abc 坐标系变量到 dq 坐标系之间的变换常被表示为 abc/dq 变换，可以用矩阵表示为

$$\begin{bmatrix} x_d \\ x_q \end{bmatrix} = \frac{2}{3}\begin{bmatrix} \cos\theta & \cos\left(\theta-\frac{2\pi}{3}\right) & \cos\left(\theta-\frac{4\pi}{3}\right) \\ -\sin\theta & -\sin\left(\theta-\frac{2\pi}{3}\right) & -\sin(\theta-\frac{4\pi}{3}) \end{bmatrix}\begin{bmatrix} x_a \\ x_b \\ x_c \end{bmatrix} \tag{3-21}$$

对于上述 abc/dq 变换，需要注意以下几点：

(1) 矩阵方程中的系数 2/3 可为任意值，但 2/3 或 $\sqrt{2/3}$ 为最常用的系数值。使用 2/3 作为系数的优点在于，变换前后两相电压的幅值与三相电压的幅值相等。

(2) 变换后的两相 dq 轴变量包含了三相 abc 轴变量的所有信息，其前提条件是三相系统必须是对称的。对于三相对称系统中的三个变量，仅有两个变量是相互独立的，若给定了两个独立的变量，则可由式(3-22)求出第三个变量：

$$x_a + x_b + x_c = 0 \tag{3-22}$$

通过矩阵运算，可实现上面矩阵方程的逆变换，即将旋转坐标系中的 dq 轴变量变换回静止坐标系中的 abc 轴变量。这一变换被称为 dq/abc 变换，可表示为

$$\begin{bmatrix} x_a \\ x_b \\ x_c \end{bmatrix} = \begin{bmatrix} \cos\theta & -\sin\theta \\ \cos\left(\theta-\frac{2\pi}{3}\right) & -\sin\left(\theta-\frac{2\pi}{3}\right) \\ \cos\left(\theta-\frac{4\pi}{3}\right) & -\sin\left(\theta-\frac{4\pi}{3}\right) \end{bmatrix}\begin{bmatrix} x_d \\ x_q \end{bmatrix} \tag{3-23}$$

图 3-18 给出了空间矢量 $\boldsymbol{x}$ 在 dq 旋转参考坐标系中的分解方法。若空间矢量 $\boldsymbol{x}$ 与 dq 坐标系的旋转速度相同，则 $\boldsymbol{x}$ 与 d 轴之间的矢量角 φ 将为恒定值，且相应的 dq 轴分量 x_d 和 x_q 均为直流变量。这一性质是 abc/dq 变换的优点之一。通过这种变换可将三相交流变量有效地表示为两相直流变量。

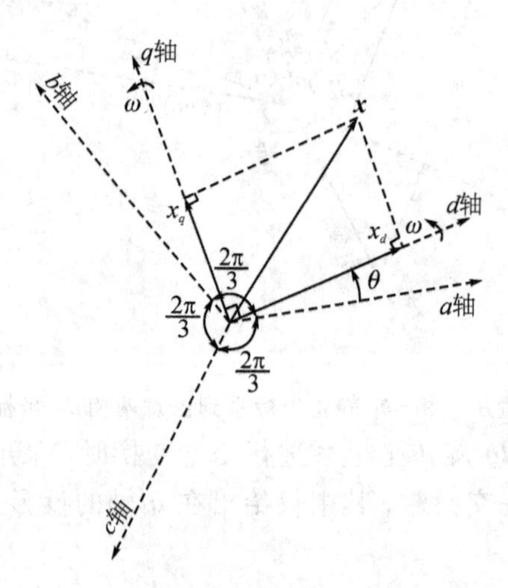

图 3-18　空间矢量 $\boldsymbol{x}$ 在 dq 旋转参考坐标系中的分解方法

参考坐标系通常被应用于风力发电系统的控制。若使用这种坐标系，任意参考坐标系的旋转速度 ω 将被设定为异步发电机或同步发电机的转速 ω_s，即

$$\omega_s = 2\pi f_s \tag{3-24}$$

式中：f_s为定子频率，单位为 Hz。角度 θ 可以由式(3-25)求出：

$$\theta(t) = \int_0^t \omega_s(t)\mathrm{d}t + \theta_0 \tag{3-25}$$

式中：θ_0 为初始角的位置。

3.3.2　永磁同步发电机数学模型

直驱式永磁同步发电机是离网小型垂直轴风力发电机完成机械能向电能进行能量转换的核心部件之一。以往建立电机的数学模型都是以发电机稳态运行为前提，忽略了发电机铁芯的磁阻，假定没有涡流损耗和磁滞损耗产生，且将永磁体产生的磁场和三相电枢绕组产生的磁场等效为正弦分布，不能反映发电机运行过程中的瞬态变化，因此本节需要建立直驱式永磁同步发电机的瞬态数学模型。

直驱式永磁发电机主要包括外转子、内部定子铁芯及相应绕组，外转子电机结构如图 3-19 所示。

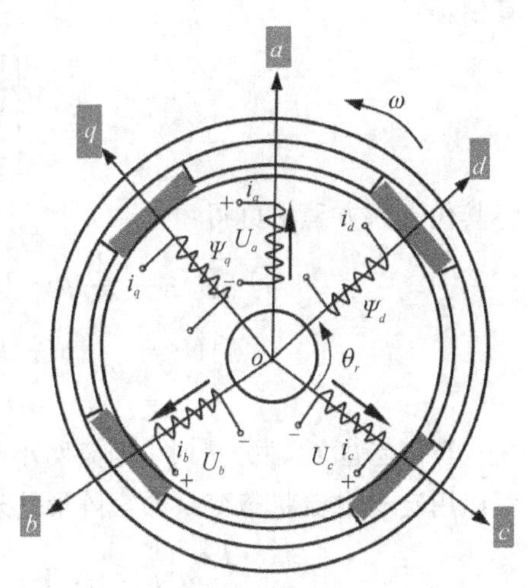

图 3-19　外转子电机结构示意图

根据一般规定，定子电流流出端磁链为负，转子电流流出端磁链为正。由此建立外转子永磁发电机的磁链方程和电压方程的关系式，如式(3-26)所示：

$$\begin{bmatrix} U_a \\ U_b \\ U_c \end{bmatrix} = \begin{bmatrix} R_a & 0 & 0 \\ 0 & R_b & 0 \\ 0 & 0 & R_c \end{bmatrix} \begin{bmatrix} -i_a \\ -i_b \\ -i_c \end{bmatrix} + \begin{bmatrix} p\Psi_a \\ p\Psi_b \\ p\Psi_c \end{bmatrix} \tag{3-26}$$

其中：

$$\begin{bmatrix} \Psi_a \\ \Psi_b \\ \Psi_c \end{bmatrix} = \begin{bmatrix} L_{aa} & L_{ab} & L_{ac} \\ L_{ba} & L_{bb} & L_{bc} \\ L_{ca} & L_{cb} & L_{cc} \end{bmatrix} \begin{bmatrix} -i_a \\ -i_b \\ -i_c \end{bmatrix} \tag{3-27}$$

式中：R_a为 a 相电阻；R_b为 b 相电阻；R_c为 c 相电阻；L_{aa}为 a 相自感；L_{bb}为 b 相自感；L_{cc}为 c 相自感；L_{ab}、L_{ac}、L_{ba}、L_{bc}、L_{ca}、L_{cb}分别为 a、b、c 三相的定子绕组的互感。

将电压方程和磁链方程写成分块矩阵的形式，即

$$[U_{abc}] = [\dot{\boldsymbol{\Psi}}_{abc}] + \begin{bmatrix} R_S & 0 \\ 0 & R_R \end{bmatrix} [-i_{abc}] \tag{3-28}$$

$$[\boldsymbol{\Psi}_{abc}] = \begin{bmatrix} L_{SS} & L_{SR} \\ L_{RS} & L_{RR} \end{bmatrix} [-i_{abc}] \tag{3-29}$$

式中：R 代表转子，S 代表定子。

为了建立 a、b、c 三相与交、直轴的联系，需要在电机的内部建立 $dq0$ 坐标系，将坐标系自感定义为 L_d、L_q、L_0，交轴、直轴的自感定义为 L_{ad} 和 L_{aq}，则定子绕组的漏感可以表示为

$$L_1 = L_d - L_{ad} = L_q - L_{aq} \tag{3-30}$$

将电压方程和磁链方程转化用为标幺值表示：

$$\begin{cases} U_d = \dfrac{1}{\omega_0} p\Psi_d - \dfrac{\omega}{\omega_0} \Psi_q - R_a i_d \\ U_q = \dfrac{1}{\omega_0} p\Psi_q - \dfrac{\omega}{\omega_0} \Psi_d - R_a i_q \\ U_0 = p\Psi_0 - R_a i_0 \end{cases} \tag{3-31}$$

其中：

$$\begin{cases} \Psi_d = -L_d i_d + \Psi_f \\ \Psi_q = -L_q i_q \\ \Psi_0 = -L_0 i_0 \end{cases}$$

将其代入原方程中可得：

$$\begin{cases} U_d = \dfrac{1}{\omega_0} p(-L_d i_d + \Psi_f) - \dfrac{1}{\omega_0}(-L_q i_q) - R_a i_d \\ U_q = \dfrac{1}{\omega_0} p(-L_q i_q) - \dfrac{\omega}{\omega_0}(-L_d i_d + \Psi_f) - R_a i_q \\ U_0 = p(-L_0 i_0) - R_a i_0 \end{cases} \tag{3-32}$$

当不考虑 O 轴分量时，则离网小型垂直轴风力发电机的外转子永磁发电机的数学模型可以用定子电流状态变量的矩阵形式表示为

$$\begin{bmatrix} L_{SS} & L_{SR} \\ L_{RS} & L_{RR} \end{bmatrix} p[-i_{dq}] = -\begin{bmatrix} R_S + \Omega_S L_{SS} & \Omega_S L_{SR} \\ 0 & R_R \end{bmatrix} [-i_{dq}] + [U_{dq}] \tag{3-33}$$

其中：

$$[\Omega_S L_{SS}] = \begin{bmatrix} 0 & -\omega L_q \\ -\omega L_d & 0 \end{bmatrix}$$

$$[\Omega_S L_{SR}] = \begin{bmatrix} 0 & 0 & -\omega L_{aq} \\ -\omega L_{ad} & \omega L_{ad} & 0 \end{bmatrix}$$

$$[R_S + \Omega_S L_{SS}] = \begin{bmatrix} R_a & -\omega L_q \\ -\omega L_d & R_a \end{bmatrix}$$

3.4　永磁同步发电机电磁特性分析

3.4.1　空载瞬态磁场分析

永磁同步发电机在额定转速下，外界电路开路，电枢绕组不带任何负载的运行情况称为发电机的空载运行。空载运行可以用来测试发电机运行是否正常，也可以用来校核发电机的磁路设计是否合理。

处于空载状态下的发电机定子绕组中没有回路电流，电机内仅存在永磁磁场。磁通分为主磁通和漏磁通两部分。漏磁通是电机各种损耗的主要根源，漏磁通的存在会增加定子槽内导体的集肤效应，导致定子铜耗增大。因此设计发电机时，应将漏磁通控制在一定的范围。图 3-20 为一体化永磁发电机在 0.1 s时的磁力线分布图，从图中可以看出漏磁通较小，通过 Maxwell 自带的场计算器得出最高磁通密度不超过 0.01 T，远没达到硅钢片材料

DW465-50的许用临界值2.35 T，因此从磁通分布来看，该直驱式永磁同步发电机的设计是合理的。

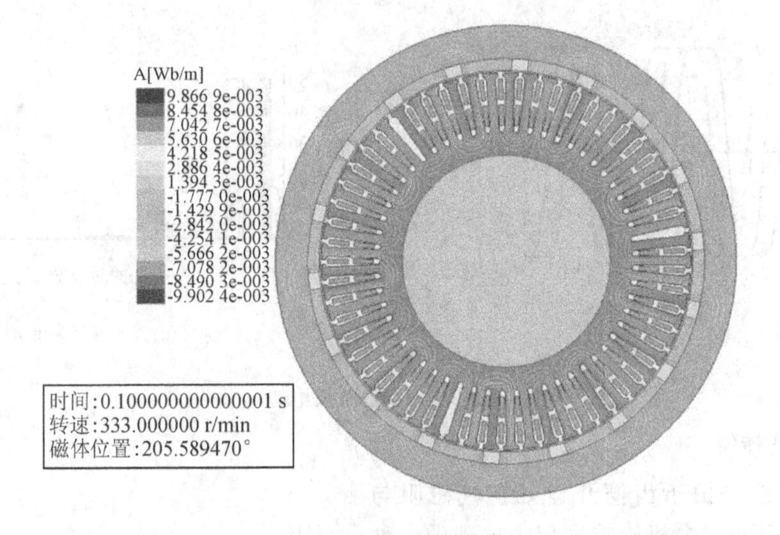

图3-20 永磁发电机磁通分布图

1. 空载气隙磁密

永磁发电机内部气隙磁密分布一定程度上决定了反电势波形正弦分布特性。气隙磁密分布越接近正弦波，发电机感应产生的反电势波形正弦畸变率越小。永磁电机内部磁场由永磁体提供，气隙内的磁密分布在理想情况下近似为平顶正弦波。但在实际情况中由于定子铁芯开口处齿槽效应的影响，使气隙内磁密分布与理想状态下的平顶正弦波分布差异较大，而呈现出一定数量的缺口。图3-21为离网小型垂直轴风力发电机内部四分之一圆周的气隙磁密分布波形，可以看出气隙磁密谐波比较丰富，正是由于齿槽效应引起的。通过后处理器求得气隙磁密的幅值为1.08 T，平均值为0.72 T，基本满足了永磁电机平均气隙磁密的设计要求[6]。

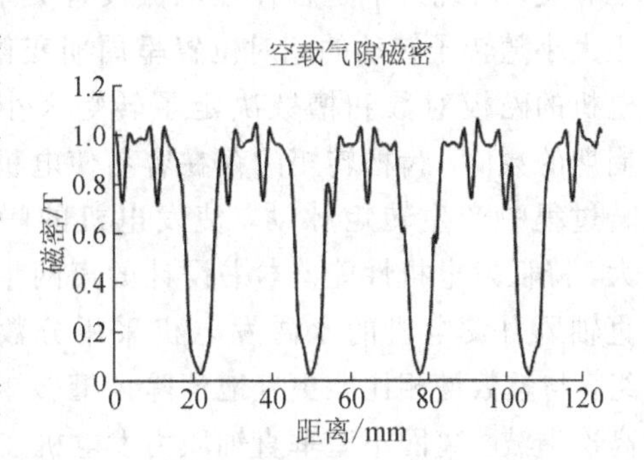

图3-21 空载气隙磁密波形

2. 空载反电势

衡量发电机性能的重要指标就是发电机产生的反电势波形，通过对设计的离网小型垂直轴风力发电机进行有限元分析，图3-22为电机在空载状况下的反电势波形，从图3-22(a)中可以看出，由于三相绕组对称分布，绕组产生的反电势波形一致，十分接近正弦波，只是在相位上滞后120°，波峰处发生少许畸变，近似于平顶波。反电势最大值为42.98 V，有效值为30.39 V，与离网小型垂直轴风力发电机的额定电压较为符合，证明所设计的离网小型垂直轴风力发电机在空载条件下满足设计要求。为了探究反电势中的谐波含量，对空载反电势进行了图3-22(b)所示的傅里叶分解得到各次谐波含量的图谱。由于电机磁极数为偶数，形成的主极磁场与磁极中心线呈对称分布，因此空载反电动势谐波中仅含有奇次项谐波，除基波外 3、5 次谐波含量较高，基波幅值为 50.60 Hz，波形畸变率为 8.9%。

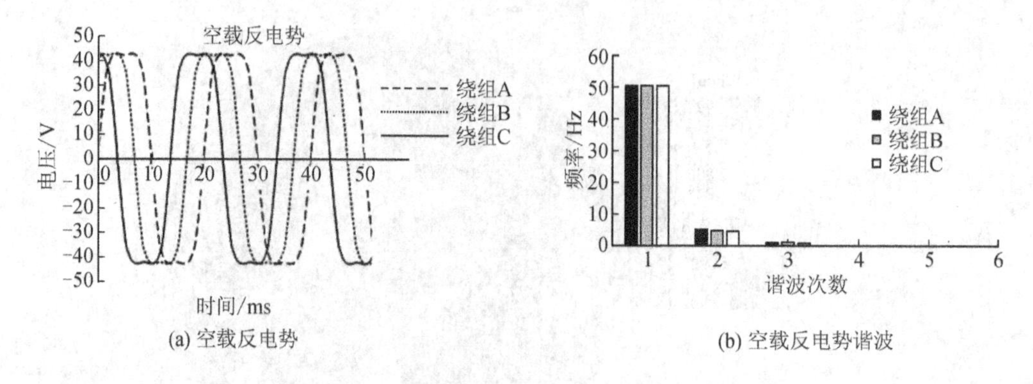

(a) 空载反电势

(b) 空载反电势谐波

图 3-22　空载反电势

3. 齿槽转矩

齿槽转矩是由于齿槽开口处空气磁阻与硅钢片磁阻不同，电机旋转过程中出现的一种力矩波动现象。齿槽转矩仅与永磁体产生的磁场有关，与绕组中是否存在电流没有关系，转矩大小随转子转动的相对位置呈周期变化，发电机的磁极对数和槽数决定了转矩大小变化周期的数值。齿槽转矩的存在容易使电机在旋转过程中产生转矩脉动，使发电机的噪声增大，降低发电机性能。本书设计的离网小型垂直轴风力发电机的永磁发电机采用分数槽绕组，与整数槽相比能更好地消除齿槽转矩中的高次谐波。离网小型垂直轴风力发电机在空载运行时的齿槽转矩波形如图 3-23 所示，齿槽转矩波形呈周期性变化，转矩脉动最大值可达到 0.11 N·m 左右，电机的平均脉动幅值小于0.04 N·m，齿槽转矩较小，有利于离网小型垂直轴风力发电机在低风速的环境中起动。

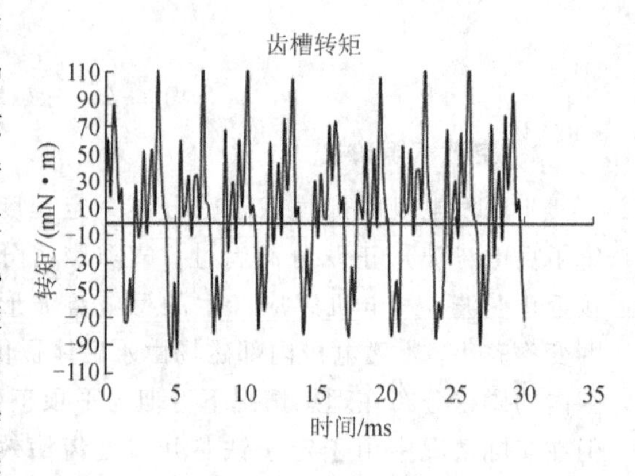

图 3-23　齿槽转矩

3.4.2　负载瞬态磁场分析

永磁发电机负载运行即给电机的输出端接入负载电路，定子绕组中因为电流的存在会产生交流磁场，也就是我们所说的电枢反应。电枢反应会在电机内部产生交流磁场，并且与永磁体产生的旋转磁场相互作用，不但影响气隙磁场最终的分布情况，而且会造成发电机反电势波形谐波增多。本节利用添加外电路的方式对设计的离网小型垂直轴风力发电机进行了负载仿真分析，建立的外电路如图 3-24 所示。永磁发电机的负载分析主要考虑负载气隙磁密分布和发电机额定工作电压，以及对负载电压的谐波分析。

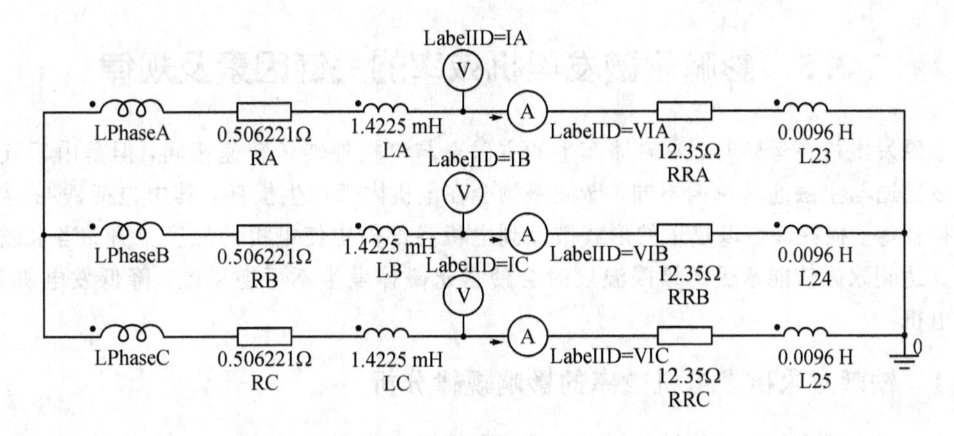

图 3-24　发电机负载外电路

1. 负载气隙磁密

负载情况下电枢反应的存在引起了各部分磁密分布的畸变，图 3-25 为离网小型垂直轴风力发电机在负载情况下气隙磁密分布波形。从图中可以看出，负载情况下，气隙磁密较空载时波形相差不大，气隙磁密的幅值为1.02 T，平均气隙磁密为0.68 T，比空载时的幅值略微有所下降。这是由于定子绕组在负载情况下，绕组内部产生的交流磁场对永磁体产生的磁场有一部分削弱作用，从而引起了气隙磁密降低。

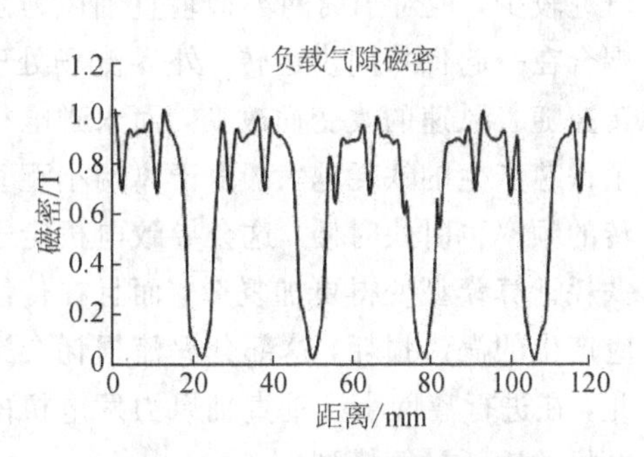

图 3-25　负载气隙磁密波形

2. 负载反电势

负载情况下绕组产生的反电势如图 3-26 所示。从图 3-26(a)中可以看出负载反电势较空载反电势波形有所畸变，负载反电势最大值为 42.58 V，有效值为 30.11 V，波形总体上呈正弦分布，在波峰处产生了凹陷。这是由于电枢反应产生的磁场与谐波反电势叠加，造成波峰处波形有的地方加强，有的地方减弱。负载反电势有效值与设计的额定电压 30 V 较为相近，基本可以满足要求。图 3-26(b)中负载反电势谐波较空载时有所波动，基波幅值略微有所上升，反电势只存在 5 次以下的奇数次谐波，与空载情况相比，对称性有所降低。

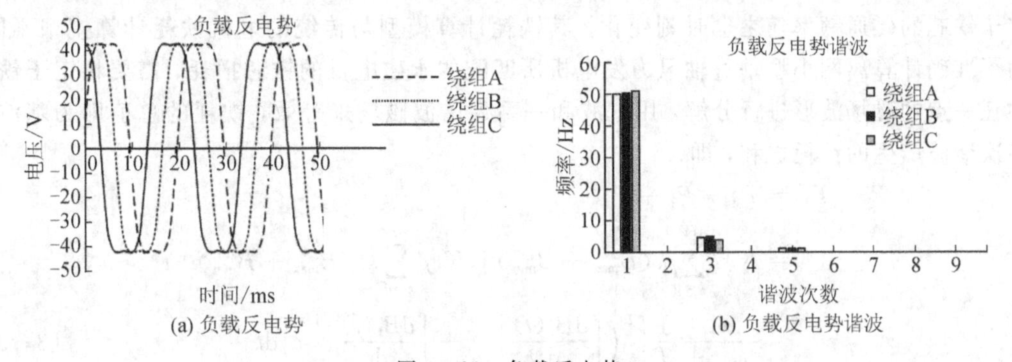

图 3-26　负载反电势

3.5 影响永磁发电机效率的关键因素及规律

永磁发电机在运转时，永磁体产生的主磁通与电机外转子转速相同，但是由于气隙中的谐波磁通与主磁通转速度不同，谐波磁场会在电机内部产生损耗，其中包括铁耗、铜耗、涡流损耗等。损耗最终以热量的形式散发到电机各部件中使电机的温度上升，当永磁体温度过高达到永磁体能承受的极限温度时会使得永磁体发生不可逆退磁，降低发电机效率，损坏电机。

3.5.1 铁耗对永磁发电机效率的影响规律分析

在永磁电机内部存在旋转磁场和交变磁场两种磁场，两种磁场的变化都会影响电机的性能。目前相关文献大多数是针对交变磁场对电机进行的研究，而对于电机的旋转磁场的研究较少，但对于离网小型垂直轴风力发电机来说，风力发电机的永磁发电机与风轮直接耦合在一起保持同步运转，外界流场处于交变的状态，使电机处于转速非均衡状态，电机转速随着风速的改变而改变，而永磁电机的铁耗与电机的频率密切相关，频率越高电机定子铁芯产生的铁耗越大。由于离网小型垂直轴风力发电机的转速随风速时刻变化，电机旋转的频率也时快时慢，这会导致电机定子铁芯中产生的涡流损耗无法均匀分布，使电机的铁耗计算模型变得更加复杂，而且在传统电机的铁耗计算模型中，并未考虑由定子集肤效应产生的涡流损耗，这部分涡流损耗会造成传统电机的铁耗模型计算的铁耗存在误差，因此，在进行离网小型垂直轴风力发电机的铁耗计算时需要建立适合离网小型垂直轴风力发电机的铁耗计算模型。

目前在计算常规中低速电机损耗的模型中使用比较广泛的一般为 Bertotti 铁耗分离计算模型，此种模型在计算电机的铁耗时计算的结果相对准确，但该模型没有考虑电机内部谐波磁场和旋转磁场对电机的影响，只单一考虑了交变磁场带来的电机损耗变化。Bertotti 铁耗分离计算模型可由式(3-34)表示：

$$P_{Fe} = P_c + P_h + P_e = K_c f^2 B_m^2 + K_h f B_m^{\alpha} + K_e f^{1.5} B_m^{1.5} \tag{3-34}$$

式中：P_{Fe}为电机产生的总铁耗；P_c为电机铁芯中产生的涡流损耗；P_h为电机铁芯的磁滞损耗；P_e为附加损耗；B_m为磁密幅值；K_c为涡流损耗系数；K_h为磁滞损耗系数；K_e为附加损耗系数。

由于离网小型垂直轴风力发电机转速为非恒定转速，一直处于变化状态，因而电机中定子铁芯的磁通频率随之也时刻变化。其铁耗计算模型与传统的电机铁耗计算模型不同，为了准确计算离网小型垂直轴风力发电机所匹配的永磁电机的铁芯损耗，需要将定子铁芯中任一点的磁场波形进行分解，用基波和一系列谐波磁场来等效，铁耗的总值即为基波和各次谐波产生的铁耗之和，即

$$\begin{aligned} P_{Fe} &= P_c + P_h + P_e \\ &= K_h f \sum_{k=0}^{\infty} k (B_{max}^{\alpha} + B_{min}^{\alpha}) + K_c f \sum_{k=0}^{\infty} k^2 (B_{max}^2 + B_{min}^2) + \\ &\quad \frac{K_e}{(2\pi)^{\frac{3}{2}}} \frac{1}{T} \int_0^T \left(\left| \frac{dB_r(t)}{dt} \right|^{1.5} + \left| \frac{dB_t(t)}{dt} \right|^{1.5} \right) dt \end{aligned} \tag{3-35}$$

式中：k 为谐波次数；$B_r(t)$为定子磁场的法向分量；$B_t(t)$为定子磁场的切向分量；B_{max}、B_{min}为将任一点磁场的波形进行椭圆形分解所得到的椭圆形磁场的长轴和短轴。

在确定好了电机的铁耗模型后，本书将采用传统铁耗模型和改进的铁耗模型分别对永磁发电机在风轮不同转速带动的情况下进行铁耗的数值计算，比较两种模型在不同转速情况下的差异，结果如图 3－27 所示。从图中可以看出，当电机处于较低转速的工况时，传统铁耗模型和改进后的铁耗模型二者对铁耗的计算结果相差不大，但是电机转速增加时磁场变化频率相应增加，改进后的铁耗模型要逐渐高于传统铁耗计算模型。这是由于随着电机频率不断增加，铁芯中的涡流损耗也逐渐增加，涡流损耗与电机的频率相关，且电机转速越高，铁芯产生的涡流损耗将会呈指数形式增加。由于电机的铁芯损耗是由涡流损耗、磁滞损耗和附加损耗三部分共同组成的，随着电机转速的增加，涡流损耗在铁芯损耗中逐渐占据主要地位。由此可见改进后的铁芯损耗模型考虑了不同谐波次数情况下的涡流损耗，从而更能准确地计算电机的铁芯损耗，更适合应用于离网小型垂直轴风力发电机的铁芯损耗计算。

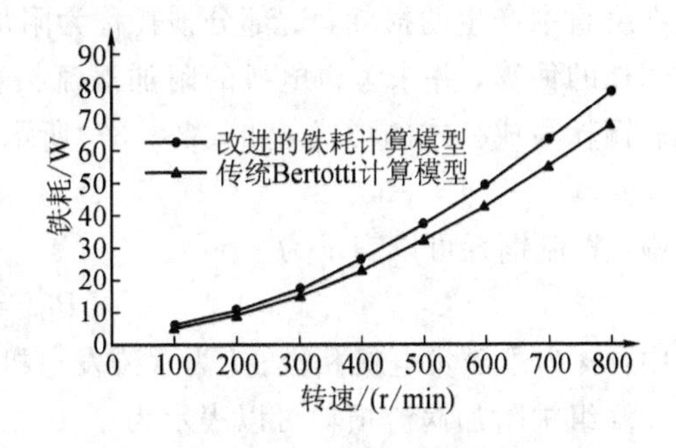

图 3－27 改进的铁耗模型与传统铁耗模型对比

3.5.2 铜耗对永磁发电机效率的影响规律分析

离网小型垂直轴风力发电机的机械能向电能转换装置采用的永磁发电机无须励磁绕组，只有定子绕组。发电机的铜耗也特指定子绕组的铜耗。铜耗的产生是由于绕组自身存在电阻，当发电机接上负载时，交变电流经过绕组进而产生热量。绕组产生的热量对电机的温升具有重要的影响，是电机温升研究的主要研究对象。

在分析计算绕组铜耗时，需要考虑绕组的集肤效应和趋肤效应。当电机处于较低速运行时，绕组电流频率较低，绕组的集肤效应对电机的影响不大或者作用不太明显，在计算电机的铜耗时可以不考虑集肤效应带来的影响。但是当电机在高速运转的情况下，绕组中不光基波电流的频率很高，而且谐波磁场产生的电流的高次谐波分量的频率更高，此时绕组的集肤效应带来的影响会增加绕组的损耗，往往不能忽略。离网小型垂直轴风力发电机采用直驱型永磁发电机，电机转速随着流场风速的变化而变化，为了更加准确地计算电机的绕组产生的铜耗，需要考虑绕组集肤效应带来的影响。考虑绕组的集肤效应首先需要计算集肤深度，一般电机绕组的集肤深度由式(3－36)表示：

$$\delta=\sqrt{\frac{2}{\omega\mu\sigma}} \tag{3-36}$$

式中：μ 为铜导线的磁导率；ω 为铜导线中交变电流的角频率；σ 为铜导线的电导率。

通过上式可以发现，当电流频率和绕组的材料确定之后，绕组的集肤深度也得以确定。因此，在电机进行电机绕组的线径设计时，可以选择导线的线径小于该导线的集肤深度，这样可以很大程度上减小由于集肤效应带来的损耗。

绕组的铜耗 P_{Cu} 主要由两部分损耗组成。其中电机外接负载绕组中有电流通过时，仅有基波电流流经绕组产生的损耗，这部分损耗称为直流铜耗 P_D，另一部分是电流的高次谐波在绕组中产生的损耗，这部分损耗称为附加涡流损耗 P_E。常规的电机设计中只进行了直流铜耗的估算，并未考虑电机的附加涡流损耗，因此对电机的铜耗计算并不十分准确。电机总铜耗写成公式的形式，如式(3-37)所示：

$$P_A = P_D + P_E \tag{3-37}$$

其中，直流铜耗可以表示为

$$P_D = mI^2R \tag{3-38}$$

式中：m 为永磁发电机相数；I 为永磁发电机相电流；R 为定子绕组的电阻值。

绕组中附加涡流损耗可以表示为

$$P_E = P_D(k_d - 1) \tag{3-39}$$

其中：

$$k_d = \varphi(\xi) + \left[\frac{N^2 - 1}{3} - \left(\frac{N}{2}\sin\left(\frac{\gamma}{2}\right)\right)^2\right]\Psi(\xi)$$

$$\varphi(\xi) = \xi\frac{\sinh(2\xi) + \sin(2\xi)}{\cosh(2\xi) - \cos(2\xi)}$$

$$\Psi(\xi) = 2\xi\frac{\sinh(\xi) - \sin(\xi)}{\cosh(\xi) + \cos(\xi)}$$

式中：k_d 为绕组的平均电阻系数；γ 为电机采用双层绕组时上下层绕组的相角；ξ 为绕组中铜线的相对高度；N 为双层绕组的总导体数。

离网小型垂直轴风力发电机在旋转过程中，绕组中会产生交变电流，当电流频率达到一定范围后，由于导体的集肤效应使绕组产生的损耗发生较大变化。所谓集肤效应就是当绕组中的铜导线通有交变电流和变化的电磁场时，铜导线内部电流呈现出中心电流密度小、表层电流密度高的现象，并且与表层的距离越小表层电流密度越高，而铜导线的中心电流密度却很小。趋肤效应会使导线自身电阻增加，同时也使电机绕组的损耗功率增加，降低发电机的效率。单根铜导线中通入频率恒定不变的直流电时，导线周围会感应出恒定的磁场，其磁场分布情况不变，导线截面上的电流密度也处处相同。但是当通过导体内部的电流频率不断变化时，则导线周围形成的感应磁场也随着电流频率的改变而改变，变化的磁场会使导线内部产生感应电流，从而影响导线内部原本的电场分布。

图 3-28 为通入有效值为 12.5 A，频率为 50 Hz、500 Hz 和 1000 Hz 的交变电流时，直径为 1.25 mm 的铜导线截面电流密度分布图。从图中可以看出，由于趋肤效应的影响，不同电流频率下的铜导线截面的电荷密度分布不同。频率越大，导线表面汇聚的电荷越多，电荷密度越高。因此对于单根导线而言，导线中的电流频率越大，趋肤效应越明显。

当多根通有电流的导线在一起时，多根导体产生的磁场由于临近效应的影响会造成导线内部电场的分布不同。邻近效应是由于导体内部电流受周围电磁场的影响而使其分布变得不均匀，使导体内部电流表现出同性相吸、异性相斥的现象。为了防止同槽绕组出现匝间短路的情况，往往使同一槽的绕组电流都流向同一个方向，因此图 3-29 为只研究了通入同向电流时导线发生邻近效应时的电流密度分布。

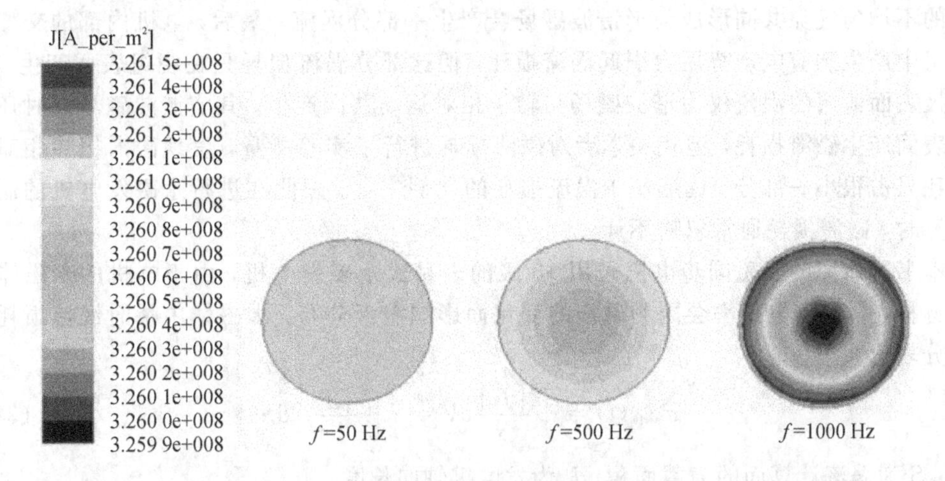

图 3-28　趋肤效应作用下的不同电流频率时的铜导线截面电流密度分布图

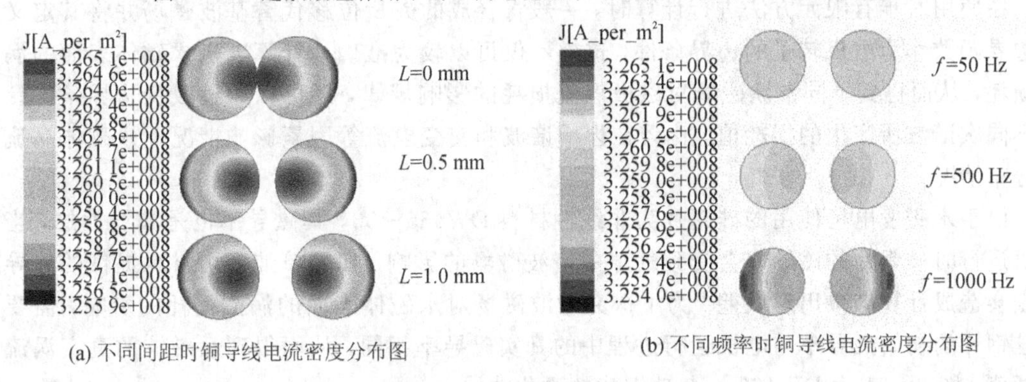

图 3-29　邻近效应下的铜导线截面电流密度分布图

从图 3-29(a)中可以看出，导线内部的电流密度分布与导线的距离有关，距离越小，导线相邻两侧的电流密度越小，所受邻近效应的影响越大。从图 3-29(b)中可以看出，当导线距离一致时，通过导线的电流频率越大，导线的电流分布越不均匀，导线的邻近效应越明显。由此可以知道电流流过多条导线时，导线内部电流的频率对导线内部的电流密度分布有影响，频率越大，电流密度分布越不均匀。

从以上的分析可知，为了减少电机的铜耗，可以采用粗细适中的铜导线，当铜导线的半径小于导线的集肤深度时，可以有效地防止集肤效应和邻近效应的影响，但是当铜导线过细时，风速过大又可能会烧坏绕组。经过仿真计算，本书选择铜导线直径为 1.64 mm。图 3-30 为电机在额定转速下的铜耗曲线。

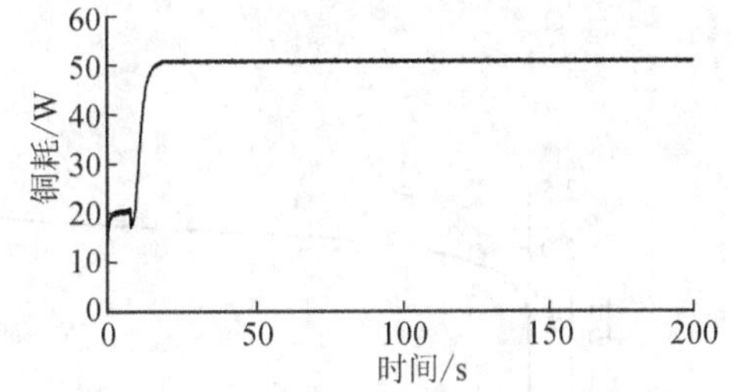

图 3-30　电机在额定转速下的铜耗曲线

3.5.3　涡流损耗对永磁发电机效率的影响规律研究

永磁发电机的永磁体涡流产生的主要原因可归结为三方面。首先，电机内部存在的空间谐波磁场会产生涡流；其次，绕组通电后会产生时间谐波磁场，这部分磁场和电机开槽造成的不均匀气隙共同形成齿形谐波磁场会产生一部分涡流；最后，电机内部的交变磁场在绕组中产生感应电动势后会引起涡流损耗，但这部分涡流损耗只在绕组表面产生。外转子磁极表面薄层的涡流仅由谐波磁场与转子相对运动共同产生。其实谐波磁场同时还在永磁体表面产生磁滞损耗，但相关学者对磁滞损耗进行了实验测量，发现磁滞损耗相对于涡流损耗只占很小一部分，远远小于涡流损耗的比例[7-10]。因此在进行永磁发电机的涡流损耗计算时，磁滞损耗通常忽略不计。

本书所研究的永磁同步电机采用 18 级的表贴式永磁发电机，由于电机的永磁体是非线性材料，材料的电导率会因为磁密的变化而影响涡流分布，永磁体中瞬时涡流损耗计算的积分表达式为

$$P_{\text{eddy}}(t)=\int_{v}\frac{|\boldsymbol{J}_{\text{c}}|}{\sigma}\text{d}V=L\iint_{s}\frac{|\boldsymbol{J}_{\text{cz}}|}{\sigma}\text{d}S \tag{3-40}$$

式中：S 为涡流计算面的横截面积；L 为发电机轴向长度。

在使用时步有限元方法进行计算时，一般将合成的矢量位移代替基波磁场并将其定义为边界函数作为电机转子的边界条件，这样不仅可以较为准确地计算电机永磁体表面的涡流损耗，从而得到不同谐波磁场对磁极涡流损耗的影响规律，还可以通过改变边界条件计算不同次谐波所产生的损耗值，比较在齿槽谐波和交变电流等因素影响情况下永磁体涡流的分布情况。

由于永磁发电机使用的硅钢片为非线性材料 DW465－50，其磁导率也是非线性的，当电机运行时硅钢片的磁导率会受到气隙中谐波磁场的影响。如果单纯采用材料提供的磁导率则会造成计算结果出现误差。为了探究谐波磁场对永磁体表面的涡流损耗的影响，需要设硅钢片的初始磁导率与电机运行过程中的真实磁导率相同，从而得到永磁体的真实涡流损耗值。图 3－31 为 DW465－50 硅钢片的磁化曲线。

在对永磁发电机进行仿真计算时，永磁体采用 NdFe30，需要设置永磁体的电导率，这样可以减少仿真与实际情况的误差，其电导率为 694 400 s/m。经过 Maxwell 的 2D 仿真计算，可得图 3－32 所示的永磁体的涡流电密分布云图。从图中可以看出永磁体涡流电密较少，大部分分布于永磁体表面，这也与永磁体涡流的产生原理相互印证。

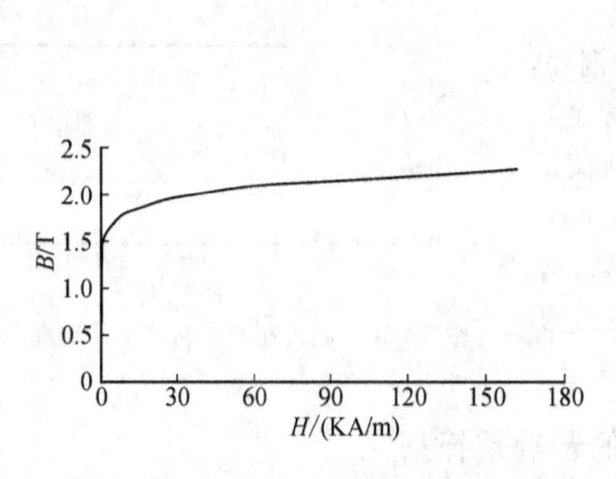

图 3－31　DW465－50 硅钢片的磁化曲线

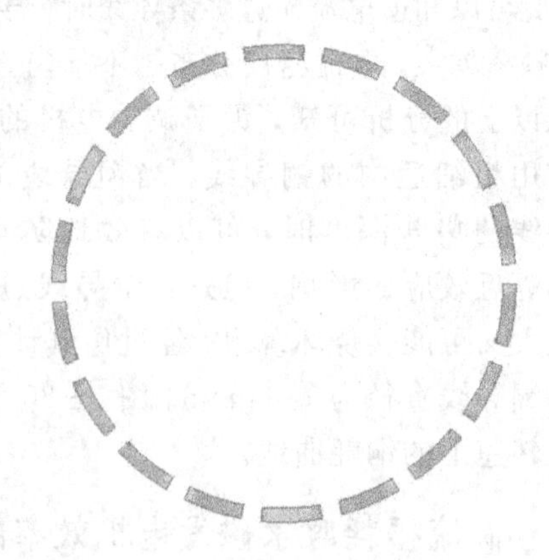

图 3－32　永磁体涡流电密分布云图

图 3－33 为电机在 333 r/min 的情况下永磁体涡流损耗曲线。从图中曲线可以看出，当电机转速稳定时，涡流损耗也稳定在一定区间内，在 4.5W 左右小幅波动，这是由于气隙磁密波动的影响，不同磁场强度在永磁体表面产生的涡流损耗大小不同。

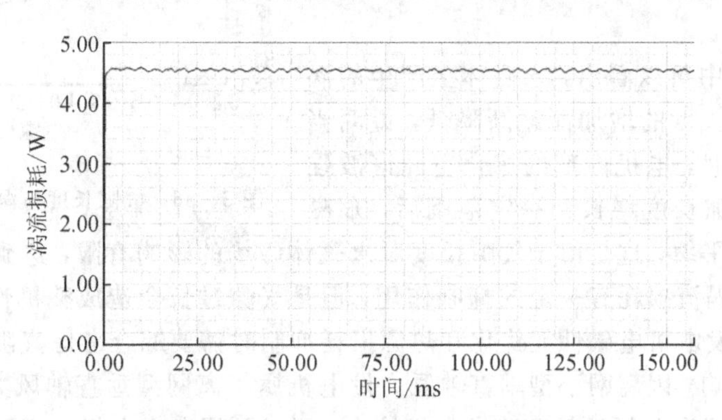

图 3－33　永磁体涡流损耗曲线

1. 槽口宽度对涡流损耗的影响

上文提到永磁体涡流损耗与气隙中的谐波磁场有关，而谐波磁场与定子的槽口宽度有关，为了探究槽口宽度对永磁体涡流损耗的影响，分别对不同槽口宽度在空载和负载条件下进行了仿真建模与规律分析，得到了图 3－34 所示的永磁体涡流损耗与槽口宽度的关系曲线，槽口宽度的大小与涡流损耗的大小呈指数型上升关系，证明可以通过减小电机定子槽的开口宽度的方法减少永磁体的涡流损耗。但是当槽口宽度较小时，会增加电机绕组的绕线难度，因此减少永磁体涡流损耗需要综合考虑槽口宽度带来的影响。当电机在负载情况运行时，此时电机内部的磁场由永磁体提供的磁场和电枢磁场共同提供。从图 3－35 中可以看出发电机转速增加时，电机内部的涡流损耗呈现抛物线上升趋势。涡流损耗的大小与永磁体的体积以及电机的转速的平方成正比。电枢磁场和磁极磁场叠加形成的合成磁场越强，永磁体产生的涡流损耗越大。

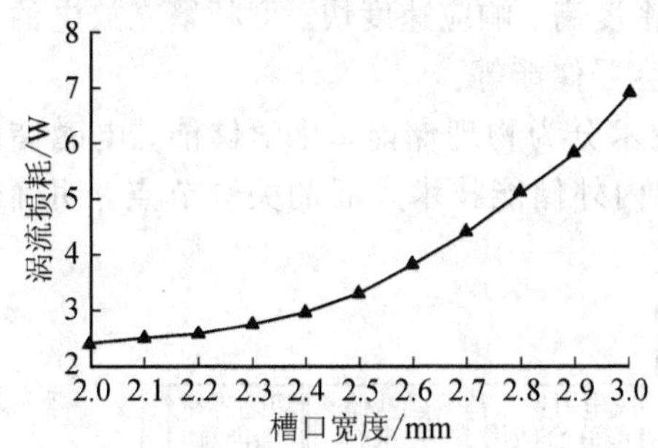

图 3－34　槽口宽度与涡流损耗关系曲线

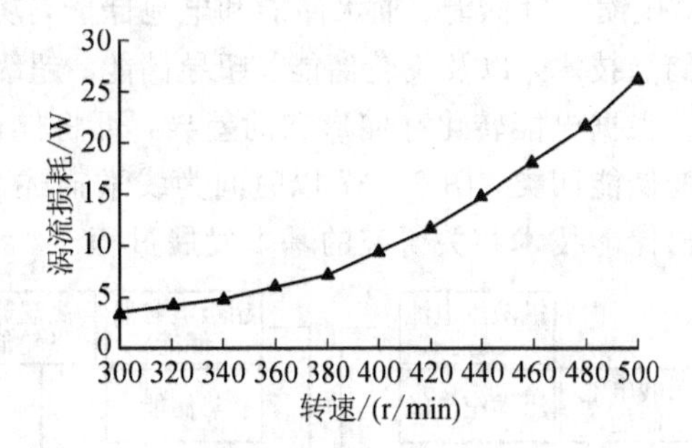

图 3－35　发电机转速与涡流损耗关系曲线

2. 气隙长度对涡流损耗的影响

定子的槽型参数会影响电机内部存在的空间谐波，同样电机内部的谐波磁场分布还与电机气隙长度有密切联系。电机气隙长度的增加使定子与转子之间的磁阻增加，经过主磁路的磁力线减少，气隙磁场强度随之降低。同时磁场强度的改变又会造成电机的齿槽转矩改变，而永磁发电机的齿槽转矩对离网小型垂直轴风力发电机的起动性能有重要影响。图3-36为电机在不同气隙长度下得到的永磁体涡流损耗曲线。

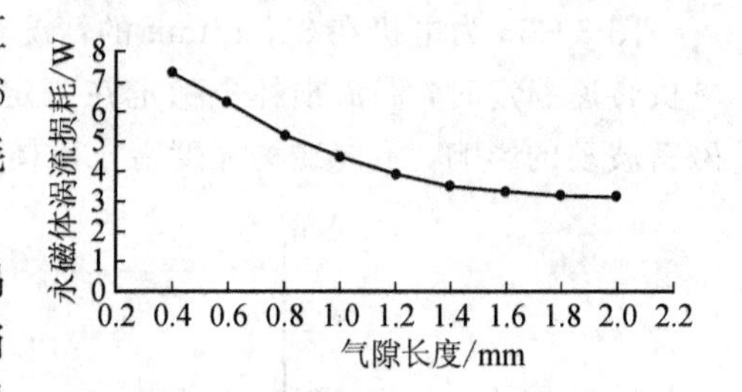

图3-36　气隙长度与涡流损耗关系曲线

从图3-36中可以看出，永磁体上产生的涡流损耗随着气隙长度的增加而逐渐降低，说明当气隙的长度增加时，电机内部的综合空间谐波强度会减弱。当气隙长度增长到一定范围后，永磁体涡流损耗趋于平缓，这是由于气隙长度对永磁体磁场的影响有限，达到了一定的平衡状态。气隙长度对涡流损耗有一定的抑制作用，但是气隙过长会造成整机性能下降。综上所述，在进行永磁发电机电磁性能优化和热源损耗抑制时需要综合考虑气隙长度对电磁性能与涡流损耗的影响。因离网小型垂直轴风力发电机属于离网型垂直轴风力发电机，转速相对于水平轴发电机和常规的超高速发电机较小，所以不用考虑电机在高速运行时转子发生的形变所导致的气隙长度减小。因此在进行低速发电机的设计时，一般会选择较小的气隙长度，以此减少永磁体的使用量进而减少永磁体的涡流损耗。

3.6　电能存储

在新能源电力系统中，储能技术的主要应用包括电力调峰、抑制新能源电力系统中传输功率的波动性、提高电力系统运行稳定性和提高电能质量。

储能装置能够适时吸收或释放功率，低储高发，有效减少系统输电网络损耗，实现削峰填谷，获取经济效益。

3.6.1　电能存储现状分析

根据储能技术的特性，可将储能技术分为：能量密度高、储能容量大的能量型储能技术，压缩空气储能、抽水储能和电池储能，功率密度高、响应速度快、可频繁充放电的功率型储能技术，以及飞轮储能、超导储能、超级电容器储能等。

根据电能转化存储形态的差异，可将储能技术分为物理储能、化学储能、电磁储能和相变储能四类。图3-37以时间为线索描述了国内外储能技术发展的关键节点，明确地显示出储能技术相关研究的基本发展过程。

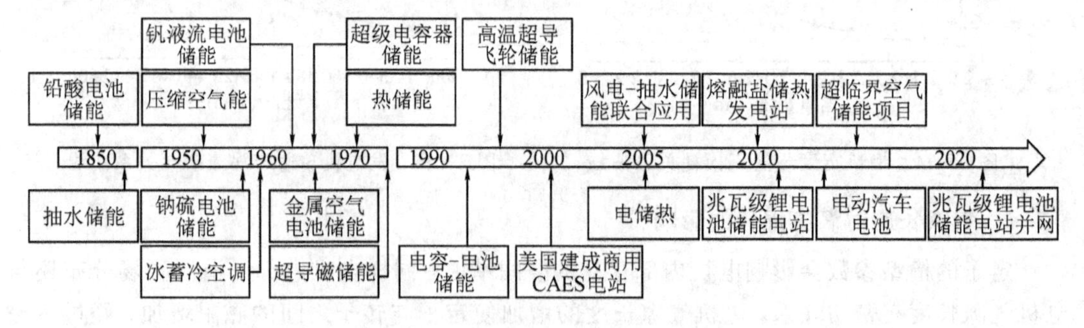

图3-37　储能技术发展的关键节点

离网型垂直轴风力发电系统中用到的蓄电池常规的有铅酸蓄电池和碱性蓄电池等。随着相关储能技术的发展，相继出现了锂离子电池、燃料电池、超级电容、全钒液流电池等新型储能装置。根据风力发电系统在实际中的应用情况，主要使用锂离子电池、燃料电池、铅酸电池以及超级电容等储能装置。

1. 锂离子电池

目前锂离子电池(锂电池)发展迅速，大容量锂离子电池已在电动汽车业开始试用，预计将成为 21 世纪电动汽车的主要动力电源之一，并将在人造卫星、航空航天和储能方面得到应用。由于能源的紧缺和世界环保方面的压力，锂电现在已被广泛应用于电动车行业，特别是磷酸铁锂材料电池的出现，更推动了锂电池产业的发展和应用。随着锂离子电池制造技术的完善和成本的不断降低，将锂离子电池用于储能具有非常可观的应用前景，许多发达国家都十分重视。

锂离子电池分为液态锂离子电池(LIB)和聚合物锂离子电池(PLB)两类。它用含锂的化合物做正极，如钴酸锂($LiCoO_2$)、锰酸锂($LiMn_2O_4$)或磷酸铁锂($LiFePO_4$)等二元或三元材料；负极采用锂-碳层间化合物，主要有石墨、软碳、硬碳、钛酸锂等；电解质由溶解在有机碳酸盐中的锂盐组成。其工作原理为：充电时，锂原子变成锂离子通过电解质向碳极迁移，在碳极与外部电子结合后作为锂原子储存，放电的时候整个过程可逆。

锂离子电池具有能量密度大、自放电小、没有记忆效应、工作温度范围宽、可快速充放电、浅充浅放时使用寿命长、没有环境污染等优点，被称为绿色电池。同时不同技术的锂电池在充电特性和电池容量上也有差异，部分锂电池充放电电流大，大功率适用于调节输出，部分锂电池适用于储能。因此，不同的应用目标也需要选择不同的电池类型。

2. 燃料电池

燃料电池(Fuel Cell)是一种将存在于燃料与氧化剂中的化学能直接转化为电能的发电装置。燃料和空气分别送进燃料电池，电就被奇妙地生产出来。它从外表上看有正负极和电解质等，像一个蓄电池，但实质上它不能“储电”，而是一个“发电厂”，因此不适用于风力发电机储存电能。

3. 铅酸电池

铅酸电池(VRLA)是一种电极主要由铅及其氧化物制成，电解液是硫酸溶液的蓄电池。铅酸电池在放电状态下，正极主要成分为二氧化铅，负极主要成分为铅；充电状态下，正负极的主要成分均为硫酸铅。一个单格铅酸电池的标称电压是 2.0 V，能放电到 1.5 V，能充电到 2.4 V；在应用中，经常用 6 个单格铅酸电池串联起来组成标称是 12 V 的铅酸电池，还有 24 V、36 V、48 V 等。由于铅酸电池性能稳定，因而使用较为普遍。

4. 超级电容

超级电容(Super Capacitor，SC)是一种新型电容储能元件，具有功率密度高、转换效率高、充放电速度快、能量密度高的特点，其使用周期较长，可用于短期高峰值的快速充放电场合。通过单体超级电容的串并联可实现所需电压、容量的完美组合。超级电容是介于传统电解电容器和化学电池之间的一种储能元件，其主要技术特点为：超高电容量，容量范围一般在 0.1 F 至数万法之间，与同体积的电解电容器相比，容量要高出数千倍；功率密度高，功率密度是目前一般蓄电池的10倍以上；能量密度低；充放电速度快，可以在数秒至几分钟内达到额定容量的95%以上；循环使用寿命长，充放电过程中发生的电化学反应具有良好的可逆性；充放电效率高，损耗小，大电流能量循环效率超过90%；稳定工作范围宽，可在 −400～+800℃ 温度范围内工作，低温环境工作特性好；环境友好，原材料构成、生产、使用、存储及拆解过程没有环境污染问题。

5. 全钒液流电池

全钒液流电池(Vanadium Redox-flow Battery，VRB)是集大规模、新技术、产业化于一体的绿色环保液流电池，几乎无自放电，具有较高的效率和较快的响应，循环寿命比铅酸蓄电池长，过充电和过放电能力强，功率和容量可独立设计，容量扩展性强，适用于大容量高效储能领域，在减缓风力发电和光伏发电波动方面有广阔的应用前景。

全钒液流电池储能系统主要包括电堆、正负极液以及配套的液体流通管道、泵系统、储液罐等主要部件，其工作原理如图 3-38 所示。

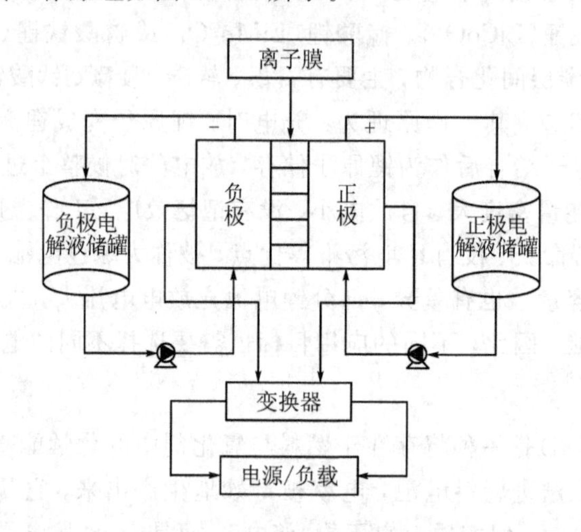

图 3-38　全钒液流电池的工作原理

在全钒液流电池工作时，分别以不同价态的钒粒子溶液作为正负极活性物质，通过外接泵将钒溶液从电解液储罐压入电池电堆体内，完成氧化还原反应，反应结束后又回到储液罐，其活性物质不断地循环流动，从而完成全钒液流电池的充放电过程。

3.6.2　蓄电池充放电特性分析

蓄电池的充放电实际是将化学能和电能相互转换的过程，充电是将电能转换为化学能，放电是将化学能转换为电能。在蓄电磁的充放电过程中，其端电压并不是固定不变的，其变化会随着充放电阶段不同而不同。蓄电池的端电压是蓄电池容量的一个重要标志，可以通过检测端电压来检测蓄电池的容量。通过合理的蓄电池充放电控制逻辑设计，能达到延长蓄电池使用寿命的效果。

离网型垂直轴风力发电系统为了降低制造成本，一般选用铅酸蓄电池作为风力发电系统的储能电源。因此，以下主要进行铅酸蓄电池的充放电特性分析。这里主要介绍铅酸蓄电池充放电时端电压的变化。

1. 充电过程中的电压变化

图3-39给出了蓄电池在恒定电流作用下充放电过程中端电压的变化情况。*OA*段：在充电初期，蓄电池的端电压上升很快。*AB*段：充电中期，由于活性物质微孔中硫酸增加的速度和向外扩散的速度逐渐趋于平稳，故电压增加缓慢。*BC*段：继续充电，由于内部化学反应造成蓄电池的内阻增加，体现为蓄电池端电压在此迅速上升。*CD*段：继续充电时，电压持续升高，导致电解水生成氢气和氧气，电机上出现气泡，此时充电电流绝大部分用于电解水，电压最终稳定在*D*点，蓄电池充电应该结束。*DE*段：停止充电后，其端电压值将迅速降低，之后趋缓稳定在*E*点。

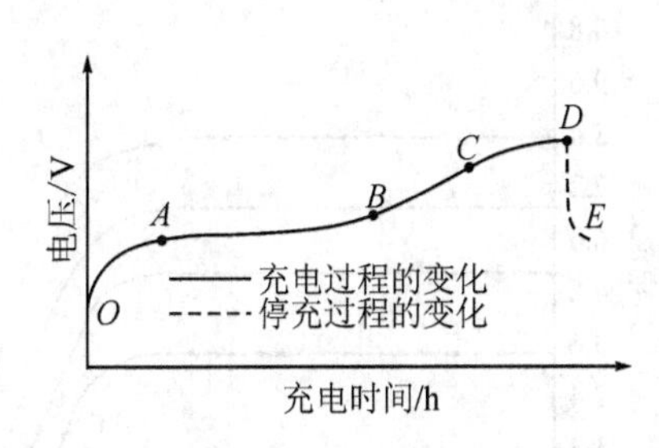

图3-39　铅酸蓄电池充电电压特性曲线

2. 放电过程中的电压变化

放电过程中蓄电池端电压的变化情况如图3-40所示。*OA*段：放电刚开始时，由于极板微孔内形成的水分剧增，电池的端电压急剧下降。*AB*段：放电中期，极板微孔中水分生成，蓄电池的端电压也较为稳定，缓慢降低，放电电流越大，*AB*段就越短，反之，*AB*段就越长。*BC*段：放电末期，蓄电池两极板上的活性物质已大部分转换为硫酸铅，阻挡了外部硫酸的渗入，蓄电池的端电压迅速下降，当达到*C*点值时，此时应停止放电(此时的电池电压称为放电终止电压)。若继续放电，则如虚线部分*CD*所示，蓄电池端电压将急剧下降，这就是所谓的“过放电”现象，会严重损坏蓄电池的寿命。蓄电池的放电电流越大，终止电压越低；反之，放电电流越小，终止电压就会比较高。

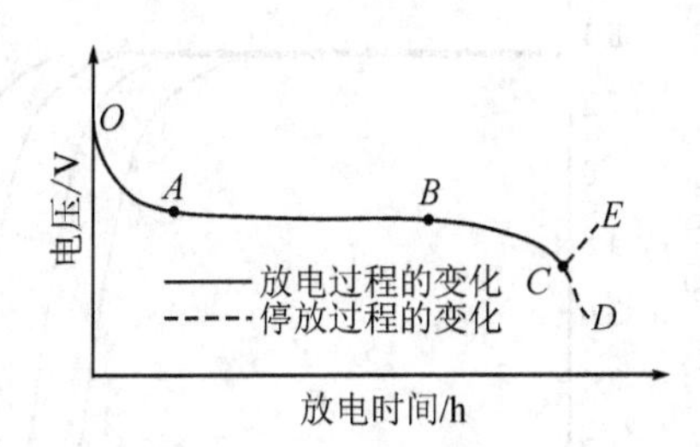

图3-40　铅酸蓄电池放电电压特性曲线

3.6.3　蓄电池输出特性分析

I—*U*的关系代表了离网型垂直轴风力发电机的蓄电池的外特性即输出特性，这是离网型风力发电系统设计的重要基础。风力发电机转速(永磁发电机的转速)和蓄电池的工作温度是电磁输出特性的两个重要参数。

在标准蓄电池工作环境为25℃时，不同转速条件下的蓄电池的*I*—*U*和*P*—*U*特性曲线如图3-41所示，图3-42为温度对蓄电池输出特性的影响。

从图3-41和图3-42中可以得到以下结论：

(1) 离网型风力发电系统所用蓄电池既非恒流源，也非恒压源，是一个非线性直流电源。

(2) 由仿真得到的*I*—*U*特性曲线可知，当外界风速增强时，电机转速加快，短路电流随之增大，开路电压随着转速的增加而缓慢增加。

(3) 由仿真得到的*P*—*U*特性曲线可知，输出功率随着端电压的增加而增加，当输出

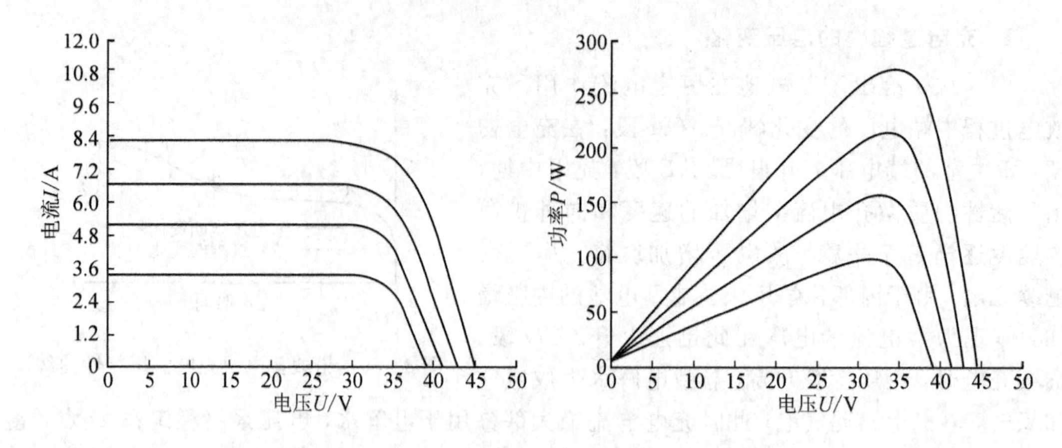

图 3-41 不同转速条件下的蓄电池特性曲线

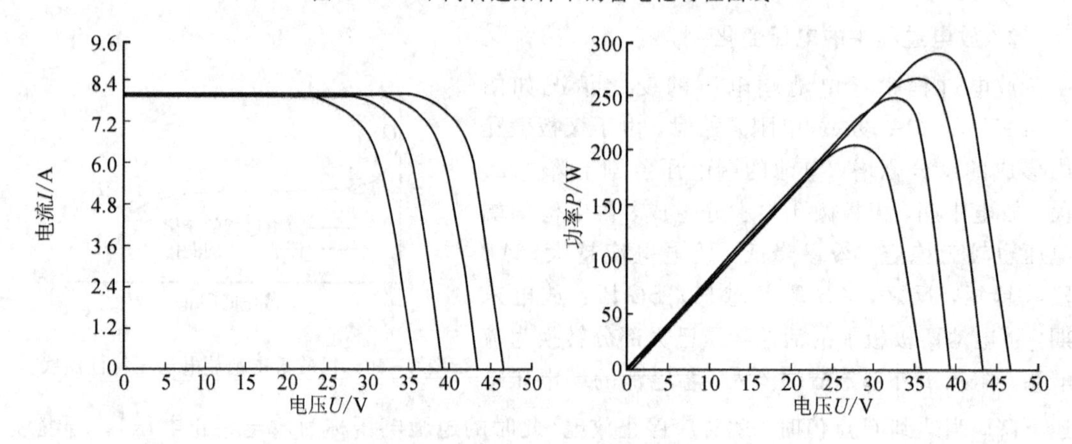

图 3-42 温度对蓄电池输出特性的影响

功率上升到最大值后，端电压继续增加，输出功率反而减小；随着电机转速增加，最大输出功率增大。

从四组特性曲线图可以看出，组件的开路电压、短路电流以及输出功率都受到转速和温度不同程度的影响。其中温度主要影响组件的开路电压，且随温度升高开路电压降低，转速对组件的短路电流的影响非常明显，对开路电压的影响较小。由此可说明，蓄电池的输出特性受转速和温度的影响，体现了光伏电池输出特性的非线性特征。

从以上仿真分析可以看出，离网型风力发电系统采用的铅酸电池的输出功率和短路电流主要受风力发电机转速和环境温度的影响。在实际应用蓄电池时必须外接负荷，而负荷是不断变化的，所以负荷变化将影响输出功率的大小。当外界温度一定时，根据电路理论中的阻抗匹配原则可知，只有在负荷阻抗与电源输出的阻抗一致时，蓄电池才能输出最大功率。

本章小结

本章首先分析了风能转换中风轮捕获部分的相关原理，初步分析了风能转换系统的构成及设计需求，主要部件之一为风轮，其中叶片部分对整体设计的影响最大。随后给出了两种新概念性的风能转换系统，控制部分将在第 4 章中进一步分析。

然后综合比较了三种永磁同步电机的优缺点；确定正确选用永磁体尺寸、外磁路的尺寸以及两者之间的关系，能够最佳利用永磁体；利用等效磁路法，可提高磁路计算的效率和准确性；通过分析发现永磁与电励磁式发电机运行特性差别很小。

其次利用坐标系理论简化了电机的分析，建立了直驱永磁发电机瞬态数学模型；通过对空载和负载条件下瞬态电磁场的仿真分析，结果表明：电机的空载气隙磁密幅值为 1.08 T，平均值为 0.72 T，空载反电势最大值为 42.98 V，有效值为 30.39 V，空载反电动势的谐波中仅含有奇次谐波，其基波含量较高，基波幅值为 50.60 Hz，波形畸变率为 8.9%，且负载情况与空载情况二者误差很小。

接着利用改进的铁耗计算模型，将定子铁芯中任一点的磁场波形进行分解，用基波和一系列谐波磁场来等效，并将基波和各次谐波得到的铁耗相加，得到了实际运行情况相符合的电机铁耗；通过研究不同频率与距离条件下的铜线的趋肤效应，得到了电机铜耗大小；同时探讨了槽口宽度与气隙长度对涡流损耗的影响。

最后对电能存储技术进行了研究，分析了锂离子电池、超级电容和全钒液流电池的研究现状；以典型的铅酸电池为例，阐述了风力发电机转速和环境温度对输出功率和短路电流的影响；通过对实际应用情况进行分析，发现蓄电池要达到最大输出功率，需要外接负荷阻抗与电源输出阻抗相一致。

参考文献

[1] 邢伟. 永磁式直驱风力发电机组控制技术研究[J]. 电子世界，2014(16)：111.

[2] 刘婷. 永磁发电机优化仿真设计的研究[D]. 重庆：西南大学，2011.

[3] 宋洪珠. 直驱风力永磁同步发电机电磁设计与运行特性分析[D]. 重庆：重庆大学，2011.

[4] 张健，姚丙雷，陈伟华，等. 直驱式永磁风力发电机运行特性有限元分析研究[J]. 电机与控制应用，2014，41(2)：39-44.

[5] 陈文卓，靳文涛. Matlab 下永磁同步电机的三相坐标系建模[J]. 华北科技学院学报，2017(04)：58-62.

[6] 丁鸿昌，刘鲁伟，吕楠，等. 表贴式永磁同步电机气隙磁密的计算与分析[J]. 计算机仿真，2018，35(4)：179-183.

[7] 万援，崔淑梅，吴绍朋，等. 扁平大功率高速永磁同步电机的护套设计及其强度优化[J]. 电工技术学报，2018，33(1)：55-63.

[8] WILLS D A，KAMPER M J. Reducing PM eddy current rotor losses by partial magnet and rotor yoke segmentation[C] // XIX International Conference on Electrical Machines. IEEE，2010.

[9] 田占元，祝长生，王玎. 飞轮储能用高速永磁电机转子的涡流损耗[J]. 浙江大学学报(工学版)，2011，45(3)：451-457.

[10] 周凤争，沈建新，王凯. 转子结构对高速无刷电机转子涡流损耗的影响[J]. 浙江大学学报(工学版)，2008，42(9)：1587-1590.

第4章　垂直轴风力发电机的电气控制系统

风能作为一种低密度能源，具有随机性和不稳定性等相关特性，为了使风力发电机安全且高效地运行，可靠的控制系统和有效的控制技术是其中的关键。控制系统的本体由“空气动力学系统”“发电机系统”“变流系统”及其附属结构组成；电控系统(总体控制)由“变桨控制”“偏航控制”“变流控制”等主模块组成(此外还有“通信”“监控”“健康管理”等辅助模块)，各种控制及测量信号在机组本体系统与电控系统之间交互。其中，“变桨控制系统”负责空气动力系统的“桨距”控制，其成本一般不超过整个机组价格的5%，但对最大化风能转换、功率稳定输出及机组安全保护至关重要，因此是风力发电机控制系统的研究重点之一。“偏航控制系统”负责风轮自动对风及机舱自动解缆，一般分主动和被动两种偏航模式，而大型风力发电机组多采用主动偏航模式。“变流控制系统”通常与变桨距系统配合运行，通过双向变流器对发电机进行矢量或者直接转矩控制，并且独立调节有功功率和无功功率，实现变速恒频运行和最大(额定)功率控制。

在整个风力发电机的控制系统设计、相关控制策略等方面，国内外学者进行了大量的研究[1-6]，根据控制策略所针对的不同类型的各组件，将其分为偏航控制、变桨控制和发电机/变流器控制三类。相对其他两种控制策略，偏航控制研究的目的大多是为了使机舱对风及偏差能够安全且迅速地自动校正，较复杂的变桨距、发电机以及变流系统的相关控制策略，仍是现在主要的研究对象。桨距的控制一般根据功率控制相对应的风轮特性进行划分，主要分为被动控制与主动控制两类，实质上仍属于功率控制的范畴。在发电机控制中，矢量控制是其中一种经典的控制方式，除此之外还包括直接转矩控制、复合控制以及其他相关衍生控制技术等。变流器控制方式中，一般采用PWM交流控制，可实现双向的能量流动及单位功率的传输，且整流器多用直接电流控制。本章将主要对后两种控制技术和蓄电池的相关控制策略进行研究及分析，以提高风力发电系统运行的可靠性、保障发电效率以及使风力发电机组向电网稳定地提供电力。

4.1　桨距控制

桨距控制的实质是功率控制。根据功率控制对应的风轮特性不同，可划分为被动控制和主动控制两类。

4.1.1　被动失速控制

被动失速型控制在功率控制方式中属于最简单的一种，通过设计特殊的叶片几何形状，使得风力发电机组在期望的风速下达到最大(额定)功率。以桨叶失速调节为例：流经上下翼面形状不同的叶片的气流，因为叶片上翼面的突出而加速，压力相对较低，流经相对平缓的凹面则使其速度缓慢，压力较高，从而产生了升力。桨叶的失速性能是指其在最大升力系数C_{Lmax}附近的性能。当桨距角β保持不变时，风速增加从而攻角α增大，升力系数C_L开始线性增大；当接近C_{Lmax}时，增加开始变缓，在达到C_{Lmax}后开始减小。从另一个方面来看，初期阻力系数C_d不断增大，当升力开始逐步减小时，C_d继续增大，这是因为随着攻角的增大，气流在叶片上产生的分离也在不断增大，分离区域内会形成大的涡流，则气流流动失去了翼型效应，同未产生分离时相比，叶片上下翼面的压力差减小，导致阻力骤然增大，升力减小，叶片失速，从而达到叶片功率控制的目的。失速调节中的叶片的攻角，沿着轴向分布，从根部至叶尖部逐渐减小，所以在根部的叶面会先进入失速。而随着风速的不断增大，失速的部分会逐渐向叶尖扩展，而原本已经处于失速状态的部分，其失速程度加深，而未进入失速状态的部分，会逐渐进入失速区。失速的部分会使功率减小，相反未失速的部分功率仍有一定的增加，从而使得输入功率能保持在额定功率附近。

由于在传统的被动失速调节中，风力发电机的叶片被直接固定于轮毂上，叶片的安装角度在安装时就已确定，在运行过程中无法变化，所以定桨距(失速型)风力发电机组需要解决以下两个不可避免的问题。

(1) 当风力发电机组处于一个高风速的环境，即风速高于设计之初规定的额定风速时，桨叶需要有一个自动限制效果，将功率限制在额定值附近。因为风力发电机上的部件不论运用何种材料，其物理性能始终有一个限度。桨叶的这种特性一般被称为自动失速性能。

(2) 当风力发电机组在运行过程中突然遭遇失去电网(突甩负载)的情况，就需要桨叶自身具备制动能力，能够在大风的情况下使风力发电机组安全停机。也就是说，被动失速控制容易受到不确定的气动因素影响，导致在额定或更高风速时对功率等级和叶片载荷的估计失误，进而造成设备的损坏。

此外，“被动变桨距控制”是一种新颖的被动功率控制方式。通过设计叶片或叶片轮毂，使其高风速时在叶片载荷作用下被动扭转，获得所需的桨距角。该方式由于叶片扭转量与载荷匹配存在难度，使其难以在并网风力发电机中得到应用。

4.1.2　主动失速控制

“主动变桨距控制”是最常见的变桨距控制方式。在大于额定风速时，通过调整全部叶片(统一变桨距)或各个独立叶片(独立变桨距)来减小攻角，从而限制功率吸收。为了限制瞬时风能造成的脉动功率影响，通常要求快速而精确动作，这即是研究变桨距控制的主要目的。

“主动失速控制”则是将被动失速和主动变桨距相结合的技术。主动失速技术充分吸收综合了被动失速和桨距调节的优点，是在额定风速上进行控制，利用对叶片的调节，主动进入失速状态来维持一个特定的功率输出，即主动桨距控制和叶片的角度调节方向相反。其风力发电机的叶片也是经由轴承固定在轮毂上，能够绕着叶片的展向轴线进行转动以调节桨距的角度。当处于高风速的情况时，桨距角伴随着风速的变化进行调整，一直维持在失速的状态，限制最大出力。此时桨距角只需要进行微调来维持失速状态，即使是湍流情况波动也较小。当处于低风速的情况时，桨距角可以进行调整，使叶轮的出力优化，在刹车时叶片转动，类似气体刹车，能够使机械刹车对系统的冲击大幅度减小。

通过对比研究不难发现，主动失速控制相对其他控制方法有一个显著的优点，即当风速达到了额定风速以上时，叶片仍维持在一个失速状态，因此类似阵风作用于叶片上产生的周期性波动载荷相对主动桨距控制法要小很多；同时，只需要让叶片的桨距角进行微调，就可以维持额定功率输出，因此变桨的速率相对主动桨距控制更小；再者就是在进行气动刹车时，叶片角度仅为20°，相对主动桨距控制，变桨机构的行程较小。

风力发电机从风中捕获的能量可以用公式表述为

$$P_{\mathrm{m}}=\frac{1}{2}\pi\rho C_{\mathrm{P}}R^{2}v^{3} \tag{4-1}$$

式中：ρ 为空气密度；R 为风轮机半径；C_P 为风能利用系数；v 为风速。

由于桨叶与轮毂直接连接，桨距角固定不变，式(4-1)中的风能利用系数 C_P 仅为叶尖速比 λ 的函数。$\lambda=\omega R/v$，其中 ω 为风轮机的转速。

图4-1[7]给出了某1.5 MW商业运行风力发电机在桨距角等于0°时的 C_P—λ 曲线，在额定风速以下，风力发电机以最大功率跟踪运行，如图中的 a 点；当风速高于额定值后，风力发电机需要减小叶尖速比，以降低风能利用系数，如图中的 b 点、c 点，风力发电机进入主动失速区。通常，为了限制风力发电机吸收的功率，需要限制风力发电机的转速，甚至转速随着风速的增加而减小。

图4-2[7]给出了不同转速下风力发电机吸收的功率随风速的变化曲线。若风力发电机额定功率为1.5 MW，切出风速为25 m/s，对于定桨距机组，为了限制高风速时功率不超过1.5 MW，理论上必须限制风力发电机的转速在17.8 r/min以下，否则在大风速突变时会造成机组瞬时过载，威胁机组的可靠运行。但若将切出风速降为20 m/s，则风力发电机转速只要限制在18.6 r/min。可见，切出风速不同对机组的功率曲线 $P(v)$ 有很大影响，从而影响机组年发电量。

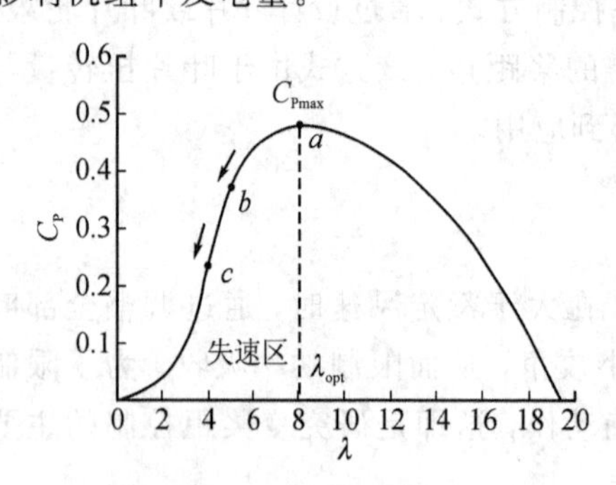

图4-1 风力发电机典型 C_P—λ 曲线

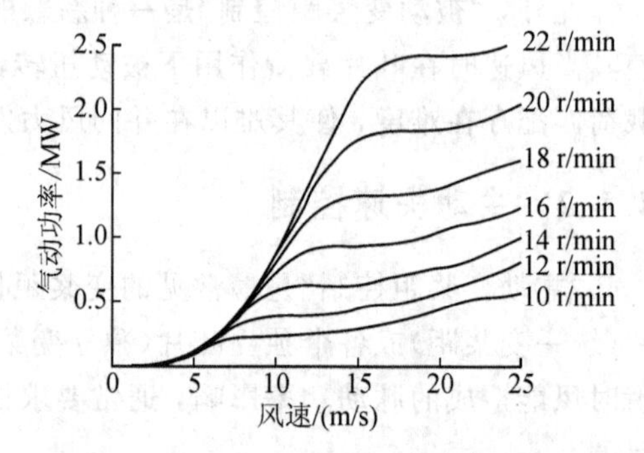

图4-2 不同转速下功率随风速的变化曲线

4.2 最大功率控制

空气流动的随机性导致了风能的能量时间分布不均的爆发性特征，使得各类风力发电装置在将风能转换成电能的过程中，其功率曲线受风速变换的影响较大，会随风速的变换而产生相应变换。因此，为了最大限度地利用风能，需要尽可能地将功率保持在最大值，即进行最大功率控制，使风力发电系统功率点保持(接近)极值。

最大功率点跟踪控制策略的选择与设计的小型风力发电系统的系统结构有很大的关系，下面有针对性地介绍风力发电系统常用的最大功率点跟踪控制策略，并依据相关控制策略建立模型，对系统最大功率点跟踪(Maximum Power Point Tracking，MPPT)控制进行仿真分析。

4.2.1　MPPT 控制策略

风速随时随地都在变化，它的不确定性给小型风力发电系统的最大功率点跟踪控制带来了极大的困难。常用的 MPPT 控制策略如下[8-12]。

1. 正弦波小信号扰动法

采用正弦波小信号扰动法的风力发电系统包括风力发电机、PMSG(永磁同步发电机)、三相不可控整流桥、变换器和蓄电池等，其方法是通过调整变换器的占空比进行最大功率点跟踪控制。正弦波小信号扰动法就是在某一特定工作点 a_1 处加入一个正弦波，从而改变该点的占空比 d_1，然后变换器再适当地调整占空比 $d(t)$，此时风力发电机的运行特性如图 4-3 中右上角图所示[13]。其中：

$$d(t)=d_1+d_m\sin\omega t,\ d_m=d_2-d_1=d_1-d_3 \tag{4-2}$$

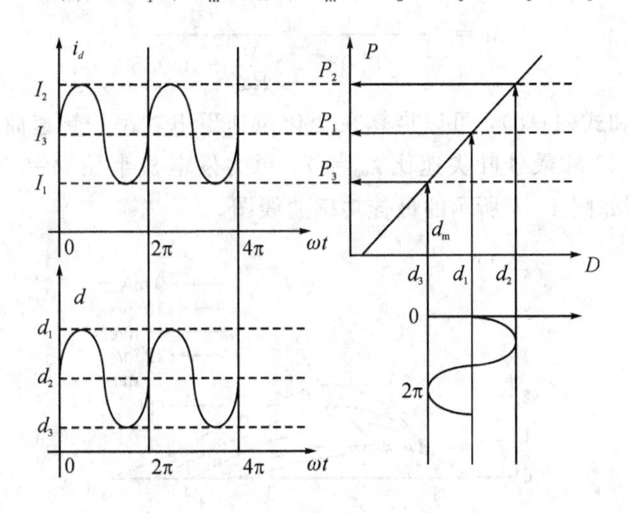

图 4-3　正弦波扰动法

风力发电机运行过程中，由一个正弦波的小信号扰动会产生两个占空比 d_2、d_3，对应输出功率为 P_2、P_3。若 $P_2>P_3$，则风力发电机运行在最大功率点的左侧；若 $P_3>P_2$，则风力发电机运行在最大功率点的右侧。利用式(4-3)不断调整工作点 a_1 的位置，直到追踪到最大功率点为止。

$$d_1(1)=k\int(P_2-P_3)\mathrm{d}t+d_1(n-1) \tag{4-3}$$

2. 基于风力发电机功率曲线的最大功率点跟踪控制法

功率曲线最大功率点控制法主要是根据风力发电机实际输出功率与测量过的最优功率曲线进行比较，尽可能地使实际输出功率与最优功率曲线相一致，以此实现最大功率点的跟踪。

风力发电机获得的功率为

$$P = \frac{1}{2}\rho S v^3 C_P \tag{4-4}$$

该方法需要测量风力发电机的机械功率，在精度方面有着严格的要求。但是对于电机功率的测量有一定困难，一般用风力发电机功率代替电机功率。在这个过程中，不可避免地会产生一定的功率损耗，即效率问题。由于其中损耗大多可被忽略，所以在计算过程中，额定电功率 P_c与风力发电机功率相等：

$$P_e = p = \frac{1}{2}\rho S v^3 C_P \tag{4-5}$$

由上式计算得到：

$$P_e = \frac{\rho \pi R^5 C_P \omega^3}{2\lambda^3} \tag{4-6}$$

最大功率跟踪以风速为变量，将桨距角的值固定(一般为 0°)，测得风力发电机在每个风速下的最佳风轮转速和最佳叶尖速比。将 $\beta=0$ 代入式(4-6)得：

$$P_e = 0.11\rho \pi R^2 v^3 \left(\frac{116}{\lambda_i} - 5\right) e^{\frac{12.5}{\lambda_i}} \tag{4-7}$$

$$\lambda_i = \frac{1}{\frac{1}{\lambda} - 0.035} = \frac{1}{\frac{v}{R\omega} - 0.035} \tag{4-8}$$

根据式(4-7)和式(4-8)，可以推算在变化风速下电功率—转速曲线。代入最佳风能利用系数 $C_{P\max}=0.47$ 和最佳叶尖速比 $\lambda_{opt}=7$，风力发电机半径 $R=35$ m，空气密度 $\rho=1.225$ kg/m^3，得到如图 4-4 所示的最佳功率曲线图。

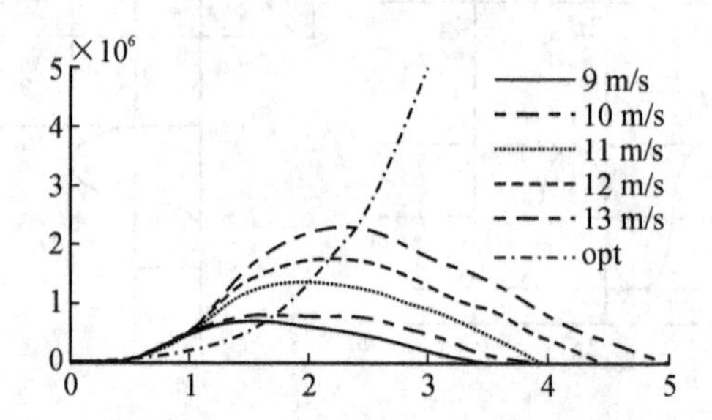

图 4-4 不同风速下的转速—功率曲线和最佳功率曲线

由图 4-4 知，不同风速下的最佳功率曲线呈平滑曲线状。其中，需要随时去测量风速和功率，保证快速跟踪。同时，在采集到风速和功率的信号后，需要进行比较，计算误差，将其作为输入信号以调节功率。图 4-5 给出了最佳功率曲线控制原理图。

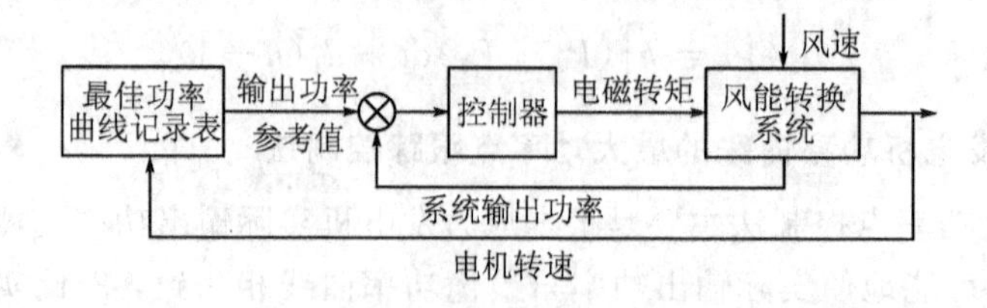

图 4-5 最佳功率曲线控制原理图

此种方法的优点在于无须测量风速，只需测量转子的速度，并且与最佳叶尖速比法相比，转子速度的测量值更加准确。其缺点是最优功率曲线受外界因素影响较大，容易对控制精度造成影响。

3. 基于最佳叶尖速比的最大功率点跟踪控制法

与最大风能利用系数 C_{Pmax} 相对应的叶尖速比值称为最优叶尖速比。对于最优叶尖速比，可以理解为：在不同的风速下，风力发电机有一个与之对应的最优旋转角速度，在这个速度下，风力发电机可以获得最大转矩，从而其输出功率能够达到一个最大值。最佳叶尖速比控制法需要进行现场测量，包括风场的风速及风力发电机的实时转速，并且要进行实时计算，得出实际叶尖速度同风速比值的大小，然后将计算得到的参数输入控制系统，与预先假定的参考数值进行比较和判断。当实时测得的数值与给定的参考值存在偏离时，利用这个偏差值，对风力发电机的转速进行修正，直到偏差值处于允许范围内，也就是风力发电机在最佳叶尖速比的状态下达到了获得最大功率的目标。

具体参数计算包括风能利用系数 C_P、叶尖速比为 λ 和桨距角 β。风速信号可以用风速仪测量得到，并将其输入式(4-10)进行计算，得到旋转速度，同时将测量的风速与实际风速进行对比，以其中的误差做反馈信号达到最大功率跟踪的效果。其控制框图如图 4-6 所示，为闭环控制。

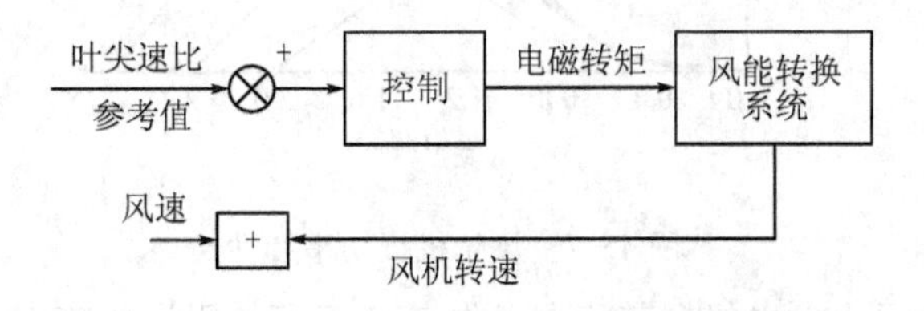

图 4-6　最佳叶尖速比控制方法原理图

最佳叶尖速比控制法的优点在于其控制方法相对简单，实现整个控制相对其他方法方便，要达成对整个风力发电系统的功率控制，只需要一个比例积分控制器即可。虽然理论层面上该方法相对简单，但实质上实现过程较为复杂，因为风场环境的多变性，风力发电机运行状态也并非一成不变，都会给检测装置获取数据带来很大的干扰，使得数据出现误差，控制精度随之降低。

因此，最佳叶尖速比控制法虽然理论上易于实现，但实际上使得系统整体的成本增加，而且稳定性不能被保证，后续系统的升级维护等也相对不便，整体效果并不理想。

4. 基于最优转矩的最大功率点跟踪控制法

最优转矩控制是以电磁转矩作为控制量，主要优势在于其不需要测量风速，算法更为简便且功率的输出误差小，在中小型风力发电机应用上有着较高的风能转换率。但是，计算控制量电磁转矩中需要以风轮转速作为自变量，当风速产生波动，尤其是大型风轮等转动惯量较大的情况下，转速的变换相对较慢，风力发电机的暂态过程被拉长，降低了 MPPT 的效率。

根据空气动力学原理，风轮的机械转矩与捕获机械能如下：

$$P_r = \frac{1}{2}\pi\rho R^2 v^3 C_P(\beta, \lambda) \tag{4-9}$$

$$\lambda = \frac{\omega_r R}{v} \tag{4-10}$$

式中：ρ 为空气密度；R 为风轮半径；v 为风速；ω_r 为风轮转速。

设风力发电机运行在最佳叶尖速比 λ_{opt}，由式(4-9)和式(4-10)及功率与转矩关系得电磁转矩给定值：

$$T_{e1}^{*} = T_{e}^{opt} = \frac{1}{2}\pi\rho R^{5}\ \frac{\omega_r^2 C_{Pmax}}{\lambda_{opt}}\ \frac{1}{N} \tag{4-11}$$

根据式(4-11)，ω_r 为自变量，电磁转矩值给定，在风速有波动时，风轮的转动惯量会导致其转速变换过慢，从而导致整个系统的暂态过程过长，如图 4-7 所示。

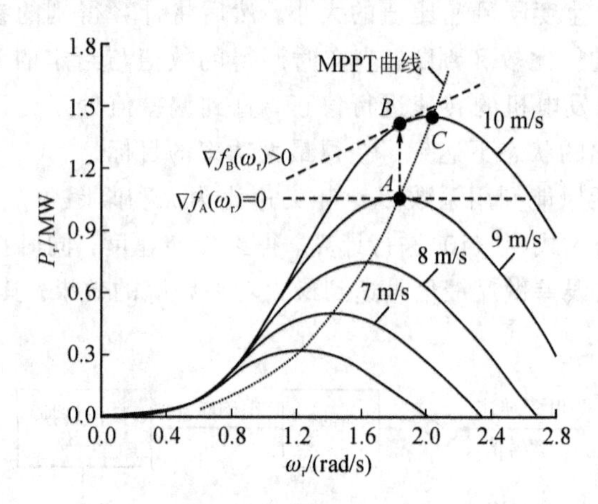

图 4-7　风轮机械功率特性

由图 4-7 可知，风力发电机在其稳态工作点 A 运行，假设风速由 9 m/s 跳跃至 10 m/s，跳跃时转速保持不变，风力发电机的运行点则转移至点 B，因而运行点偏离了最佳叶尖速比，风能利用系数 C_P 随之降低。

最优转矩法相对其他方法，原理简单，方便易操作，并且不需要额外费用去购置风速预测等装置。但是，此种方法相比叶尖速比法效率较低，瞬时的风速变换无法立即引起转矩信号的反馈，而对当前风速的跟踪效率更为低下，使得风力发电机不能持续保持在最佳叶尖速比的状态。

5. 变步长 MPPT 控制策略

正弦波小信号扰动法无须测量风速，不必知道风力发电机的特性曲线，只要以 d 为控制参数，不断进行循环计算，这一过程可以编写程序来实现，简单且易于操作。其缺点是：积分系数 K 会影响操作的稳定性和快速性。而最优转矩最大功率点跟踪控制需要提前知道风力发电机的 P—n 和 T—n 特性曲线，使得操作复杂化。

扰动观察法也可称为占空比扰动法，是针对直驱式风力发电系统采用的一种控制方法。在直驱式风力发电系统中，往往要通过整流和 DC/DC 变换的电力单元对风力发电机发出的电能进行转换，通过控制晶体管的 PWM 触发脉冲信号就可以改变占空比 d，从而调节风力发电机的输出功率。扰动观察法的具体实现过程为：首先要实时检测系统直流侧的输出功率，然后在固定周期内，不断通过调节 PWM 脉冲的占空比 d 来改变发电机的负载特性。此时应继续监测发电机负载变化前后直流侧输出功率的变化。若输出功率较之前输出功率增大，则在下一个周期内继续在同一方向适当地改变发电机负载特性；反之，若输出功率较之前输出功率减小，则下一周期就要在反方向改变发电机的负载特性。如此反复操作，直到检测到直流侧输出功率值为最大值为止。此法的优点是整个控制过程可以利用软件编程来实现，但是步长的大小不易确定。其具体流程图如图 4－8 所示。图中 $P(n)$和 $P(n-1)$分别代表当前时刻发电机输出功率和前一时刻输出功率的采样值，$D(n)$和 $D(n-1)$分别为扰动后和扰动前的占空比值，ΔD 是加入扰动的占空比值。

运用扰动观察法时，需要权衡其响应速度和准确性，因为若选择的调整步长 d 偏大，输出功率会在最大功率点附近波动，影响风能转换效率；若选择的调整步长 d 偏小，又会延长系统的跟踪时间，降低系统的动态响应速度。因此，为了克服上面两种现象，能够快速、准确地跟踪到最大功率点，本书对扰动观察法进行改进，采用变步长扰动控制法，流程图如图 4－9 所示。

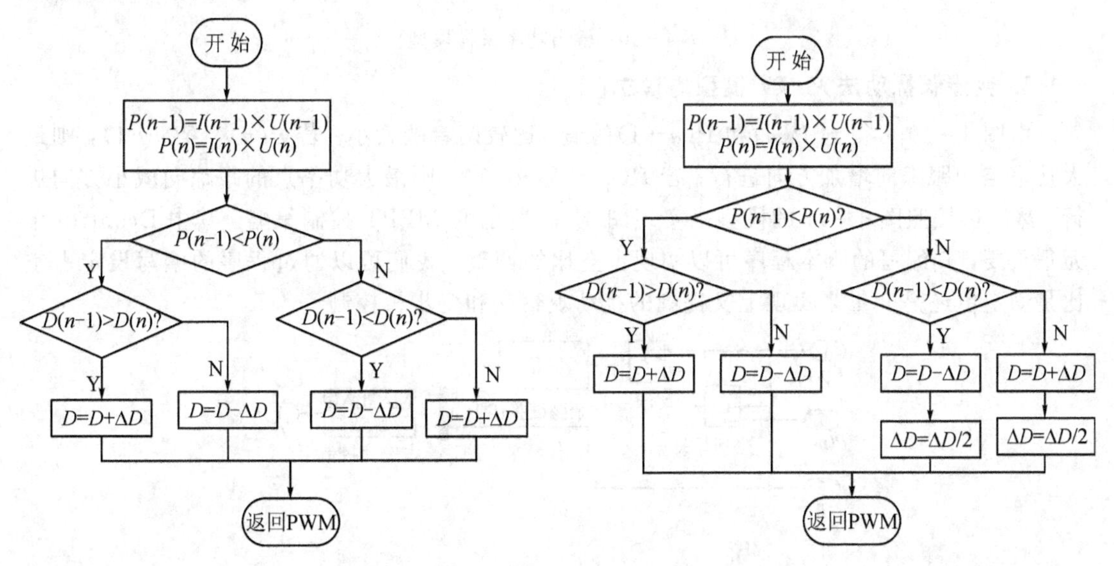

图 4－8 扰动观察法流程图　　　　图 4－9 变步长扰动控制法流程图

变步长扰动控制法的具体实现过程与扰动观察法的原理相似，首先要实时检测系统直流侧当前时刻的输出功率 $P(n)$和前一时刻的输出功率 $P(n-1)$，然后在固定周期内比较两者的大小。若 $P(n)>P(n-1)$，则按原方向继续扰动；若 $P(n-1)>P(n)$，则占空比要先返回扰动前一刻值的大小，ΔD 变为原来值的一半，再继续原方向的扰动。这一过程也要反复循环，直到检测到直流侧输出功率值为最大值为止。

4.2.2 MPPT 控制策略模型的建立

1. 输出功率采样模型的建立

MPPT 控制策略需要知道系统前后两个时刻的输出功率值，我们需要对这两个值进行采样并取其差值，为后续研究奠定基础。图 4-10 中，主要有三个输入和三个输出：V_o 和 I_{dc} 分别是直流侧的输出电压和电流值；T_s 用来控制采样次数，它的周期为 1/5 输出功率采样时间；$P(t)$ 表示瞬时输出功率；$P(n)$ 表示当前时刻的输出功率；$P(n-1)$ 表示前一时刻的采样输出功率。其中 $P(n)$ 和 $P(n-1)$ 的值要通过平均值滤波法得到，这里设定采样次数为 5 次。通过图 4-10 的模型，$P(n)$ 和 $P(n-1)$ 单元的脚本程序就会将采样 5 次后计算出的平均功率输出。

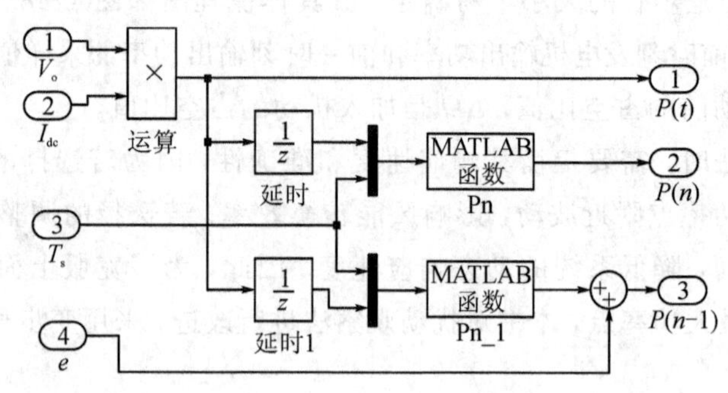

图 4-10　输出功率采样模型

2. 变步长扰动法 MPPT 模型的建立

由图 4-10 可得到 $P(n)$ 和 $P(n-1)$ 的值，比较两者的大小。若 $P(n)>P(n-1)$，则最大功率点的跟踪向增加方向进行；若 $P(n)<P(n-1)$，则最大功率点的跟踪向减小方向进行。然后再按照图 4-11 的模型来实现图 4-9 所示的 MPPT 控制策略。其中 Dcontrol 单元很重要，其编写的脚本程序可以实现占空比的调整，我们可以通过程序的编写设定占空比是固定值还是变量来实现上文提到的扰动观察法和变步长控制。

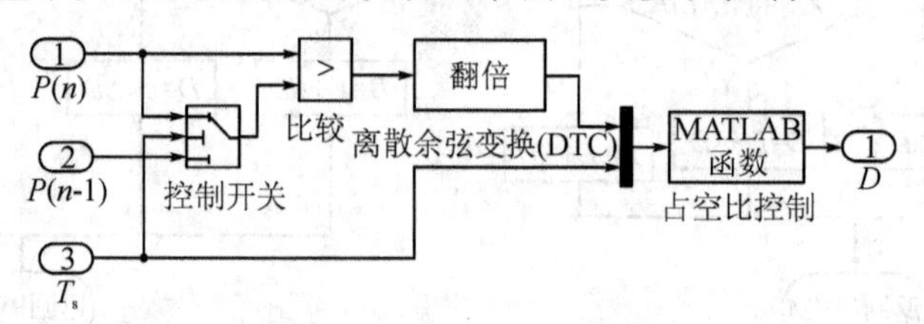

图 4-11　占空比调整模型

图 4-12 是由图 4-10 和图 4-11 合成的 MPPT 控制模型。

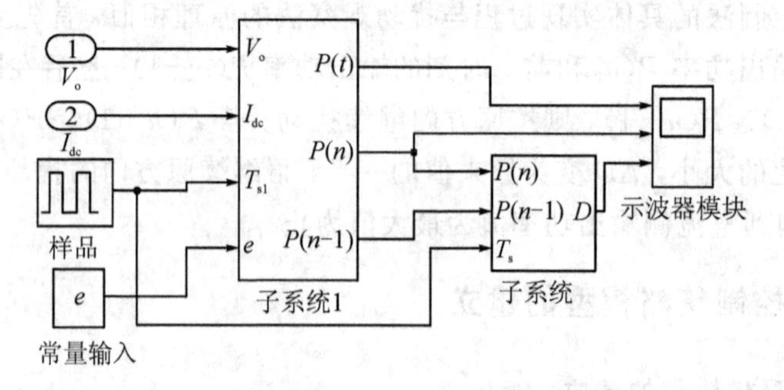

图 4-12　MPPT 控制模型

4.2.3　MPPT 控制策略仿真结果

设定风速为 9 m/s，初始占空比值 D 为 20%，初始占空比扰动值 ΔD 为 2%的仿真结果如图 4-13 所示。

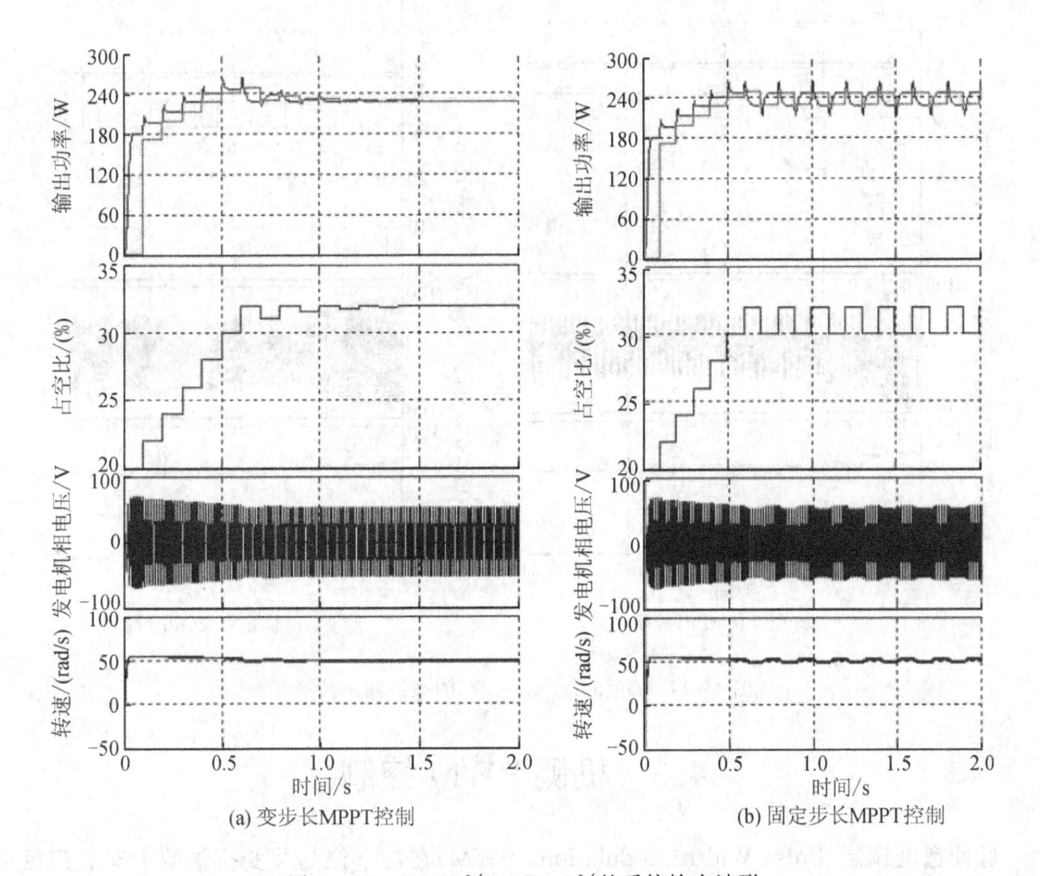

(a) 变步长MPPT控制　(b) 固定步长MPPT控制

图 4-13　D=20%、ΔD=2%的系统输出波形

设定风速为 9 m/s，初始占空比值 D 为 5%，初始占空比扰动值 ΔD 为 5%的仿真结果如图 4-14 所示。

由图 4-13 和图 4-14 可知，初始占空比值 D 的设定会影响跟踪的快速性，初始占空比扰动值 ΔD 的设定会影响跟踪的精度，也会降低跟踪的快速性。对比两种 MPPT 控制的输出波形，不难得出：

(1) 相对于固定步长的 MPPT 控制策略，变步长 MPPT 控制策略可以实现更快速、更准确的最大功率点跟踪；

(2) 采用变步长 MPPT 控制策略，跟踪过程中发电机转速波动更小，不但减小了发电机的机械磨损，还减缓了对系统的冲击，进而大幅提高了系统的可靠性。

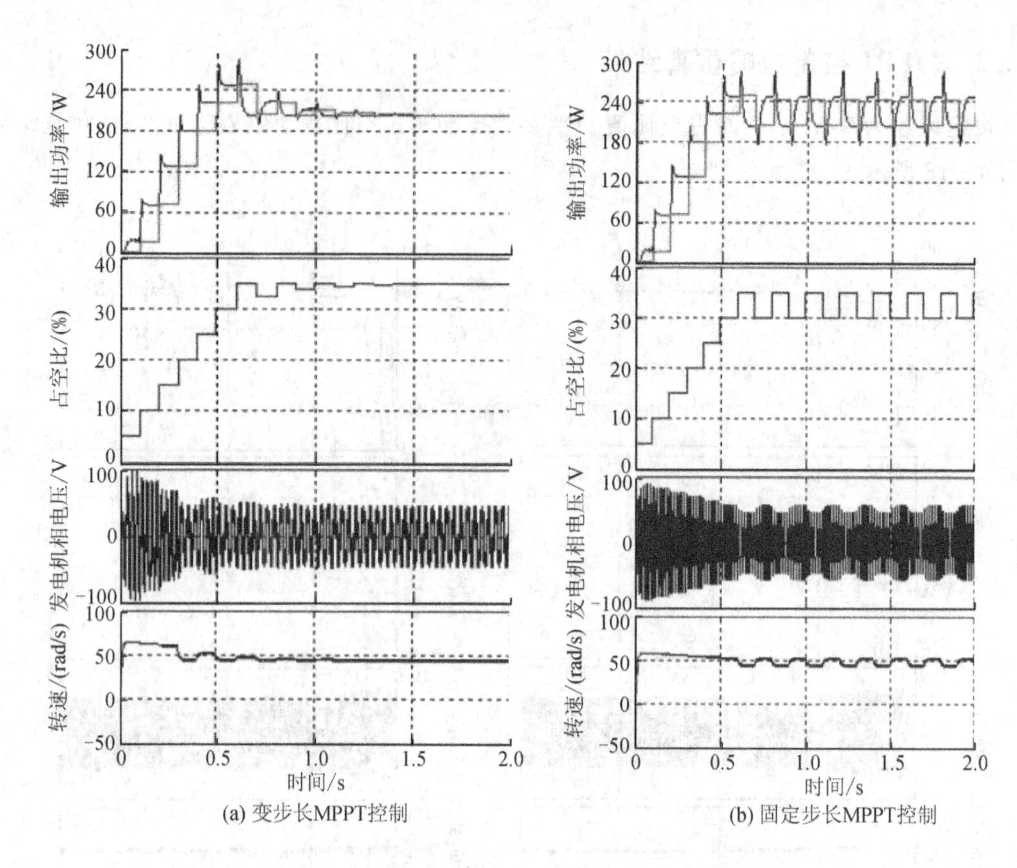

图 4-14　$D=5\%$、$\Delta D=5\%$的系统输出波形

4.3　机侧 PWM 控制

脉冲宽度调制(Pulse Width Modulation，PWM)在功率控制及变换领域中有着广泛的应用，能够利用各类微型处理器的数字输出控制模拟电路。作为现有应用最广的控制方式，PWM 在进行控制时，有着灵活简便、动态响应效果良好等优点，是国内外学者们的研究热点[13-16]。

目前，关于永磁直驱式风力发电系统机侧 PWM 控制的相关研究很少，主要是由于控制系统中的不控整流桥非线性特性，导致在输入侧的电流容易产生较大的畸变，影响了发电机的发电效率。因此，本节将对机侧 PWM 控制策略展开重点研究，并利用仿真与实验，验证控制系统的可靠性。

4.3.1　机侧 PWM 变换器的运行控制及仿真分析

双 PWM 变换器被广泛应用于交流调速领域，特别是电机的转速和转矩等产生突变的情景。其有着谐波污染较小、功率因素相对较高、可调整直流母线的电压和能量可双向流动的优点，在电动被等效为发电机的实现能量回馈至电网侧的同时，降低了谐波分量，减少了对电网产生的污染。

风力发电系统中双 PWM 型风力发电系统的基本结构如图 4-15 所示。图中，R 为电机外接线路电阻和电机内部电阻，L 为电机定子电感和外接的电抗器电感，C 为电容（稳压）。PWM 整流器把从发电机输出的频率不断变化的电流转化为恒定电压的直流电，再通过直流稳压，将其经由电网侧逆变器输入电能至电网。与二极管不控整流技术相比，采用 PWM 整流器有着众多优势。例如：其可以控制功率因素；能够利用矢量控制技术控制电机，使电机在不同的运行环境下实现最大转矩、最大效率和最小的损耗；可以提供波形几乎为正弦的电流，从而使发电机侧的谐波电流减小。

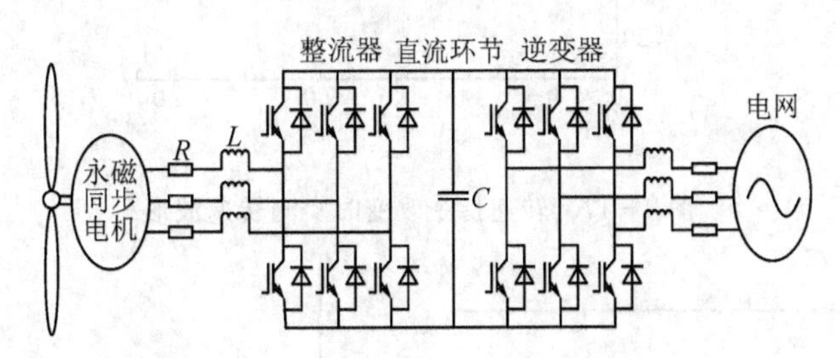

图 4-15　双 PWM 型风力发电系统基本结构

图 4-16 为机侧 PWM 控制框图。图中，ω^* 为与风速相对应的发电机最佳转速，具体值可以通过风力发电机的最佳风能特性曲线求得。将 ω^* 当做转速的指令，对比发电机实际转速 ω，经由 PI 调节器得到参考电流 i_q^* 并与机侧经过变换后的实际电流 i_q 对比，以此利用电压前馈进行补偿，最终得到电压参考 u_q。d 轴电流参考值 i_d^* 设为 0，与实际值 i_d 相比较经 PI 调解器和电压前馈最终得到 d 轴电压 u_d。u_d、u_q 再经过 Park 逆变换得到 u_α、u_β，利用 SVPWM 电压空间矢量调制方法产生 PWM 波控制机侧整流器。

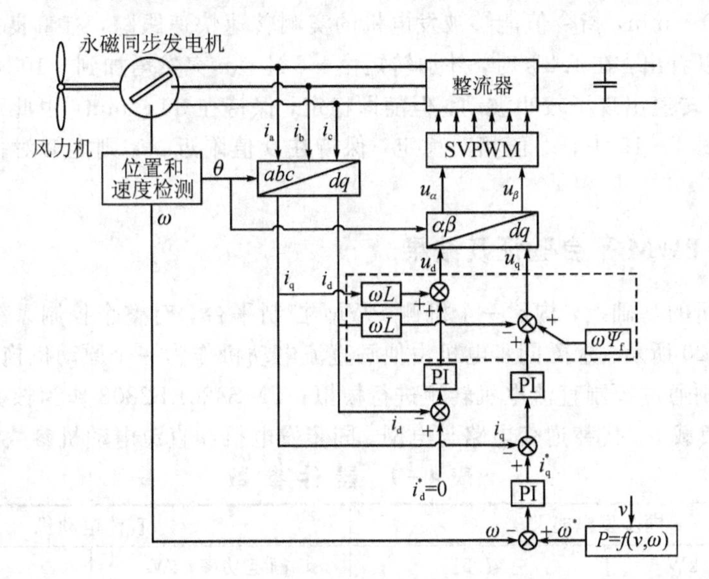

图 4-16　机侧 PWM 控制框图

对于控制系统的正确性验证，考虑对系统采用 MATLAB 进行仿真，具体参数为：永磁同步电机每相绕组电阻 $R=2.875\ \Omega$，交直轴电感 $L_d=L_q=8.5\times10^{-3}\ \text{H}$，转子磁链幅值为0.175 Wb；转动惯量为0.000 82 kg·m^2；阻尼系数为0；电机极对数为4。其仿真波形如图4-17～图4-19所示。

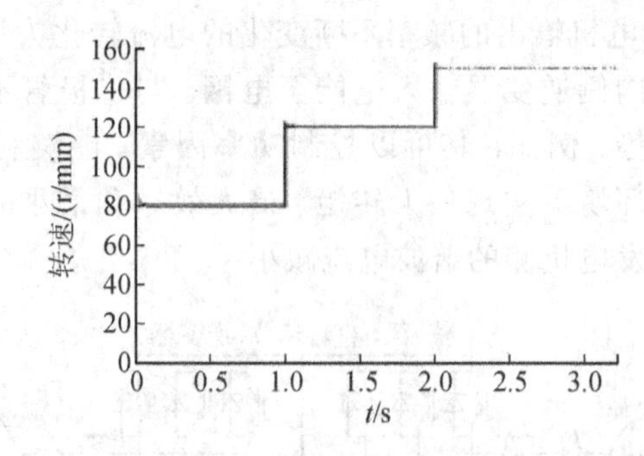

图4-17 转速指令改变时实测转速波形

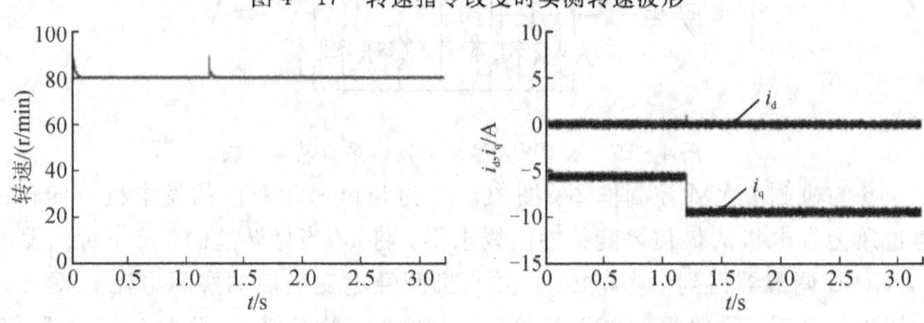

图4-18 转矩改变时转速波形

图4-19 转矩改变时 i_d、i_q 波形

如图4-17所示，1 s时发电机转速的指令值从80 r/min增加到120 r/min，2 s时继续增加，达到150 r/min，指令值能够被发电机的实测转速快速跟踪，有着良好的动态性；通过图4-18可以看出，在1.2 s时，外加转矩由－6 N·m突然增加到－10 N·m，同一时间对比图4-17，转速出现了较小波动，但随即稳定，保持在80 r/min，由此可见其具有良好的动态性能；图4-19中，i_d 值相对稳定，保持在0值附近，i_q 则能够对指令值进行快速跟踪。

4.3.2 机侧PWM平台验证及结果

在仿真分析的基础上，构建一个机侧PWM控制平台，对整个控制系统的有效性进行验证，如图4-20所示。永磁同步电机由他励直流电动机作为一个原动机拖动其发电，风力发电机的转矩则通过控制直流电机转矩进行模拟；TMS320LF2808作为核心的控制器控制变流器；使用负载 R_L 代替逆变电路与电网。同步发电机和直流电动机参数见表4-1。

表4-1 器件参数

同步发电机		直流电动机	
额定功率/kW	7.5	额定功率/kW	7.5
额定电压/V	380	励磁方式	他励
额定转速/(r/min)	600	励磁电流/A	2.47
极对数	5	励磁电压/V	180

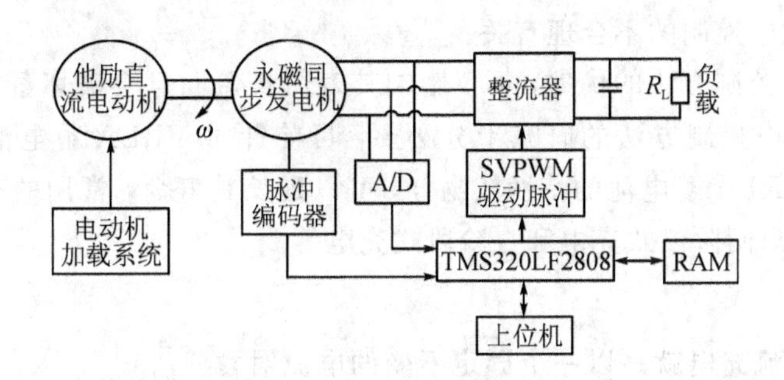

图4-20 机侧PWM控制系统结构图

平台中波形图如图4-21和图4-22所示。

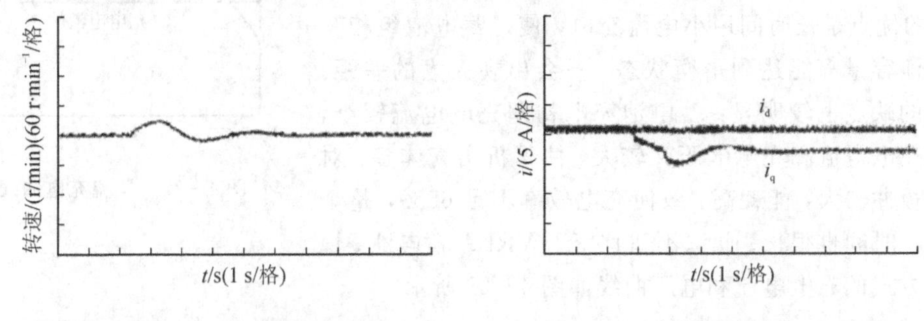

图4-21 转矩改变时转速波形

图4-22 转矩改变时 i_d、i_q 波形

图4-21表示发电机转速为180 r/min时，外加转矩从0增加到－16 N·m的转速波形，期间转速产生了一定的波动，随即又稳定下来保持原有速度，由此说明该系统对转速的控制效果良好。

图4-22表示当外加转矩从0增加到－16 N·m时 i_d 及 i_q 的波形。由图可知，i_d 值基本稳定，保持在0值；i_q 值从0值变化为负值，随后稳定在一个固定值。所有的 i_q 都用于产生电磁转矩，有功和无功功率的解耦控制得以实现，与仿真结果区别不大，验证了控制系统的正确性。

4.4 蓄电池充放电控制

作为常用的储电设备，蓄电池在日常使用过程(电池的充电及放电过程)中，由于各类因素很容易产生损坏。因此，为了保障蓄电池的使用寿命，需要在电池充放电时进行合理且有效的控制。

4.4.1 蓄电池常用充电方法

目前，阀控密封式铅酸(VRLA)蓄电池被广泛应用于风力发电系统和光伏发电系统中，但在实际使用过程中其效果却不尽如人意。一般VRLA蓄电池的寿命是10～15年，但是大都在3～5年内损坏，甚至有的仅使用不到1年便失效了，这无疑增加了小型风力发电系统的成本。在对损坏的VRLA蓄电池统计分析后得知：因充放电控制不合理而造成VRLA电池寿命终止的比例较高。VRLA蓄电池早期容量损失、热失控、不可逆硫酸盐化、电解液干涸等都与充放电控制的不合理有关。

蓄电池充放电控制方法的优劣，不仅影响其寿命长短而且会破坏蓄电池内部结构。因此，对蓄电池充放电控制方法的研究十分必要，目前针对 VRLA 蓄电池多采用分阶段充电。这种方法与 VRLA 蓄电池的特性较吻合，可以延长其寿命，常用的充电方法主要有恒流充电、恒压充电、两阶段式充电和三阶段式充电等。

1. 恒流充电

顾名思义，恒流充电就是以一个固定不变的电流对蓄电池充电，在充电过程中蓄电池端电压的变化要对充电电流进行调整使其恒定。该法比较适合串联蓄电池组的充电，它的优点是长时间用小电流充电，使得蓄电池组相互间的电池容量都能达到平衡状态，不会出现太大的差距。但是它的缺点也较明显：蓄电池充电初期充电电流较小，而后期充电电流和充电电压又较大，使得析出气体多，对电池极板冲击大，能耗高，致使充电效率不足 65%，整个充电过程时间也很长。此法不适宜用于 VRLA 蓄电池。恒流充电方式的充电电流和电压曲线如图 4 - 23 所示。

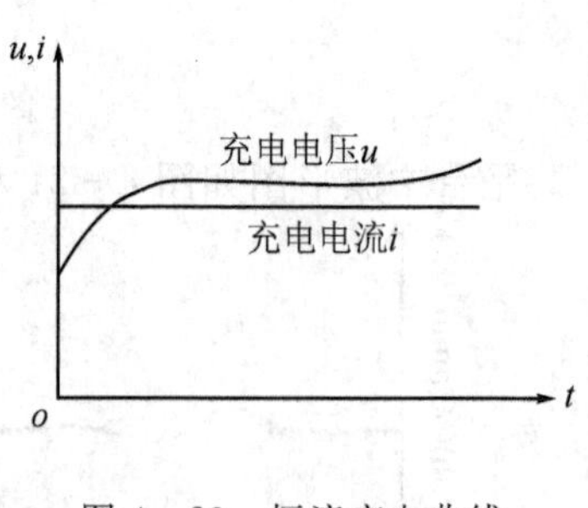

图 4 - 23　恒流充电曲线

2. 恒压充电

恒压充电就是以一固定不变的电压给蓄电池充电。蓄电池采用恒压充电时，其恒压充电电流与蓄电池的端电压成反比关系，即随着充电时间的增加，恒压充电的充电电流是随着蓄电池端电压的增大而逐渐减小的，到了充电后期的电流值已经很小，无须在蓄电池充电后期再调整充电电流。与恒流充电方式相比，由于恒压充电电流是自动减小的，所以在整个充电过程中析气量小，对极板冲击力小，能耗低，充电时间短，充电效率却可以提高到 80%。恒压充电方式的充电特性曲线如图 4 - 24 所示。

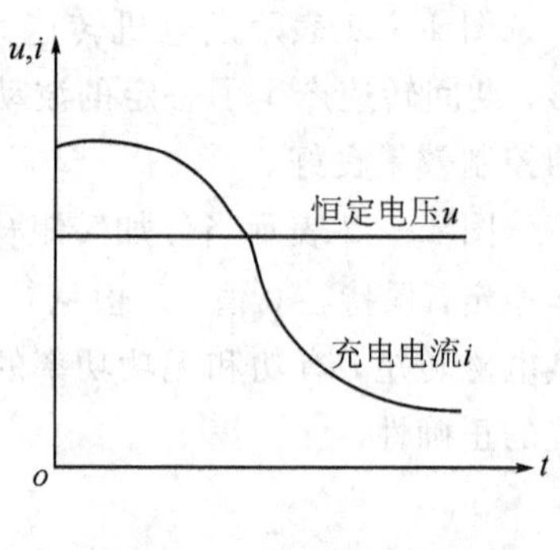

图 4 - 24　恒压充电曲线

恒压充电法有以下三个缺点：

(1) 若在蓄电池放电较深的情况下对其充电，则电量难以储存且过大的充电电流会影响蓄电池寿命或破坏控制器；

(2) 若设定的恒定充电电压值过小，就会导致后期的充电电流极小，这样不可避免地就会延长蓄电池的充电时间，所以该法同恒流充电方式正好相反，它不适合对串联的蓄电池组进行充电；

(3) 蓄电池在充电期间，电解液温度会随之升高，而蓄电池端电压的变化不易补偿，因此充电过程中就很难完成对落后电池的满充。

3. 两阶段式充电

两阶段式充电是上述两种方法的结合，即在充电初期采用恒流法，充电后期采用恒压法，判断两者间转换的依据是蓄电池充电容量大小的变化。该法克服了以上两种充电方式的缺点，即在蓄电池充电初期电流值不会过大，在充电后期电压值也不会过高，这样就可以使蓄电池析气量大大减少，从而可以延长其使用寿命。两阶段式充电特性曲线如图 4-25 中的 A、B 段所示，其中 A 段为蓄电池充电初期的恒流充电曲线，B 段为蓄电池充电达到一定容量后的恒压充电曲线。

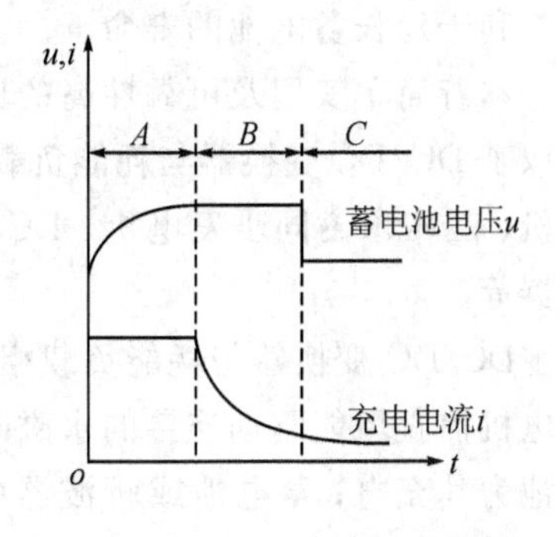

图 4-25　两段式与三段式充电曲线

4. 三阶段式充电

三阶段式充电是在两阶段式充电完成之后蓄电池容量又达到额定容量后，仍允许以小电流继续对蓄电池进行浮充充电，其目的是弥补蓄电池自放电过程中的电量损失。该阶段是在两阶段式充电完成后的第三个阶段——浮充充电阶段，如图 4-25 中的 C 段所示。该阶段中的充电电压比恒压阶段的电压要低一些。

4.4.2　蓄电池放电控制策略的确定

在风力发电系统中，一般蓄电池并不是维持在典型的充放电循环状态，而是一直工作在浮充状态。对其充电过程中，为了充分利用能量，需要对风力发电系统的最大功率点进行跟踪。而恒流、恒压充电等传统的充电方式比较单一，在充电过程中易造成能量的损失，甚至会损坏蓄电池。因此，本节采用分阶段变电流充电法对蓄电池进行充电，具体的实现过程是：首先设定蓄电池的额定电压值，且在整个充电过程中要实时检测蓄电池端电压的变化；在充电初期，用最大的电流对蓄电池加速充电，但是要注意，这个最大电流必须是蓄电池所能承受的。此时若检测到的蓄电池端电压等于设定值，就表明蓄电池出现了极化情况，这时就要减小之前的最大允许充电电流继续充电，反复进行这一过程，直到最大允许充电电流小于设定值了，说明蓄电池容量已恢复到了 100%。为了弥补蓄电池在这个过程中因自身放电造成的损耗，应继续对其涓流充电。

目前，蓄电池放电控制主要的三种技术是：① 放电电流控制法；② 放电电压控制法；③ 放电深度控制法。下面简单介绍这三种控制方法。

在①法中起关键作用的是电流反馈调节环节，具体的实现过程是：首先设定蓄电池的额定放电电流值，并对蓄电池的放电电流进行实时检测，若检测到的电流值大于设定的额定电流值，则电流反馈调节环节就要限制蓄电池接下来时刻的放电电流值大小；若检测到的放电电流值小于设定值，则蓄电池不受控制继续放电。

②法与①法大相径庭，具体实现过程是：首先也设定一个额定的放电电压值，并实时检测蓄电池的放电电压，若检测到的电压值小于设定值，则该组蓄电池就要及时退出放电状态；若检测到的电压值接近设定值，则要给出报警信号予以提醒。

③法同①法和②法类似，不同的是这里的设定值是蓄电池的放电深度。具体实现过程同上，这里不再赘述。但要注意的是，要根据实际要求对蓄电池的放电深度进行设置，这样

才有利于延长蓄电池的寿命。

本着简单实用及可靠性高的原则，通过对蓄电池充放电过程和现有供电方式的分析，选取了DC/DC变换器与耗能负载相结合的系统结构进行控制。其主要组成部分有风力发电机、三相永磁同步发电机、DC/DC变换器、整流器(不可控桥式)、逆变器、蓄电池及控制器等。

DC/DC变换器与耗能负载相结合的系统结构对蓄电池充放电的主要控制过程为：风力发电机捕获风能驱动连接的永磁同步发电机发电，发出的电通过不可控桥式整流器输入蓄电池为其充电；蓄电池或斩波器中输出的直流电经由逆变器变换为交流电提供给交流负载；使用DC/DC变换器改变风力发电机的负载特性，从而调节发电机的输出功率以及对蓄电池的充放电进行控制。

蓄电池进行智能充放电控制选用如图4-26所示的基于绝缘栅双极型晶体管(Insulated Gate Bipolar Transistor，IGBT)的Buck降压斩波电路。

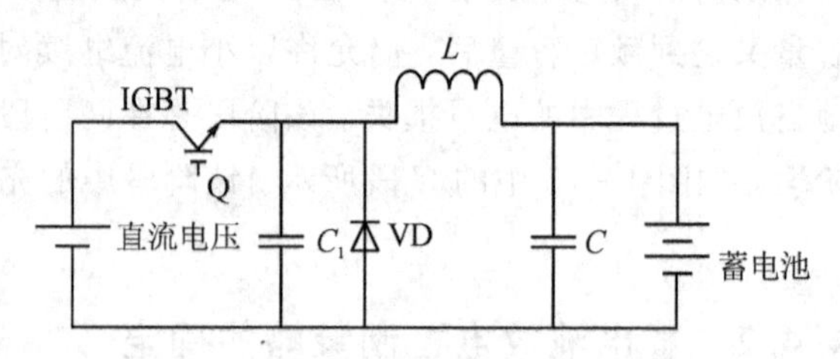

图4-26　Buck电路拓扑结构图

系统中DC/DC变换器为Buck变换器，相对其他种类的变换器有很多优点。例如：功率管和续流二极管中只需要等于或大于最高输入电源的电压，耐压要求较低；储能电感既能储存能量，又能供应电力，当功率管导通时能量输入，断开时能量输出；整个系统的电力相对简单，调整较为方便，可靠性有保障，输出的电压纹波较低。

蓄电池组和等效电阻组成了风力发电系统的整个负载部分，其中Buck变换器主要用于蓄电池的充电和向负载供电，当做整个主电路的一部分。对于Buck变换器，一般设计规定：设计之初需要按照电杆连续模式进行设计。Buck变换器设计要求如表4-2所示。

表4-2　Buck变换器设计要求

工作频率 f/kHz	输入电压 U_i/V	输出电压 U_o/V	输入电流 I_o/A	额定输出电流 I_e/A
20	36～84	25～30	2～60	45
最大空间占比DH	最小空间占比DL	输出纹波电压 ΔV_o/V	输出电流纹波系数 k	负载等效电阻/Ω
0.866	0.30	0.05	0.05	0.5～15

由图4-26可知，Buck变换器的主要元器件包括功率开关器件Q、输出滤波电容C、输入滤波电容C_1、电感L和续航二极管VD。每个元器件根据设计要求有着不同的参数及类型，下面具体介绍。

(1) 功率开关器件Q。当Q截止时，电感L储能放电，再经由续航二极管VD导通续流，忽略其中的导通压降，则有功率开关器件Q所受的最大反向电压U_{rmax}等于最大输出电压，设计时考虑1.5倍的裕度，Q承受最大反向电压为126 V。当Q导通时，其中流过的电流极限值为电感L的峰值电流，可由式(4-12)计算为49.5 A。

$$I_{max} = I_e + 2kI_e \tag{4-12}$$

在 MOSFET 基础上研制出来的 IGBT，继承了功率 MOSFET 高输入阻抗、高速的特点和巨型晶体管大电流密度的特性，以及安全工作区域更宽、并联更加方便的独有优点，被认为是当前理想的新型电力电子器件。在整个功率电子系统中，IGBT 器件的运用能够对系统的体积、重量及效率进行改进，也可以将电气设备的频率提高，储能电感的体积减小。因此，功率开关器最终选择了 IGBT。

(2) 输出滤波电容 C。随着时间的推移，Buck 变换器电路达到稳态，此时根据电容 C 电荷平衡原理，C 的取值由式(4-13)确定：

$$C=\frac{T^2\times U_0}{8L\Delta U_0}(1-D_L)\tag{4-13}$$

计算值为 846 μF，考虑设计裕度，实际选用值为 1000 μF。电容 C 两端的最大电压等于输出电压(30 V)，因此，实际选用 250 V/100 μF 电容。

(3) 输入滤波电容 C_1。风力发电系统中选用的风力发电机组型号为 FD4-1/8，其内部带有三相二极管整流电路，因而电容 C_1 等于整流电路的输出滤波电容，即等于 Buck 变换器的输入滤波电容。

通过计算可得 Buck 变换器的输入侧等效电阻 R_{in}，约为 4.59～21.5 Ω。通过式(4-14)可计算 C_1 的容量：

$$C_1\leqslant\frac{\sqrt{3}}{\omega_{min}R_{in}}\tag{4-14}$$

式中：ω_{min}为发电机最小电角速度，单位为 rad/s。

计算可得 C_1=1043 μF，实际选用值为 1000 μF。电容 C_1 的最大相电压则为 2.45 倍的最大相电压，计算得 87.9 V，因此实际选用电容 250 V/1000 μF。

(4) 续流二极管 VD。当功率开关器件 Q 导通时，二极管 VD 会承受与最大输入电压相等的最大反向电压 VD_{max}，为 126 V。而当 Q 截止时，流经二极管 VD 的最大电流即为电感 L 的峰值电流 I_{max}=49.5 A。因此，续流二极管 VD 型号选用 MURP20040ACT。

4.4.3 充放电控制器的设计

地区的风速和用户的负载不是一成不变的，这个时候需要控制器对发电机的输出电量和负载的用电量进行调节，使之匹配蓄电池中能够存储的能量总和，随机变化的风能能够被风力发电机及时捕获。相关研究证实，对电池的寿命影响最大的是其整个充电过程，而在放电过程中影响相对较小。这也就意味着，大部分蓄电池损坏的原因不是因为使用损坏，而是被"充"坏的。因此，要想保障蓄电池的使用寿命，一个优良的控制器是不可缺少的。

小型风力发电系统结构如图 4-27 所示。利用单片机控制的部分原理，相关充放电电路和显示电路等进行配合，控制蓄电池以及负载，能够实现许多功能。其中主要功能有：当

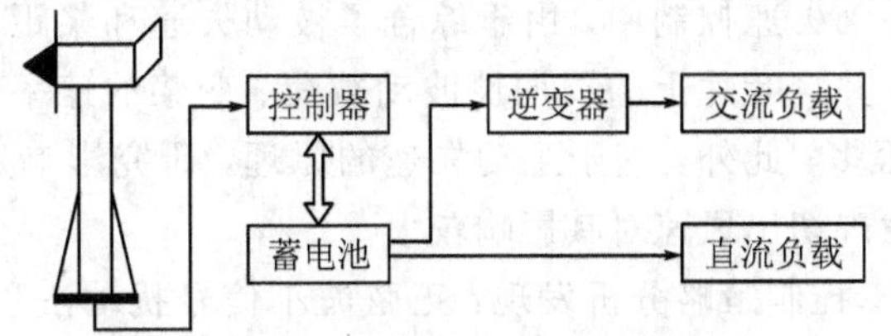

图 4-27　小型风力发电系统结构图

风力发电机的电压相对于蓄电池电压更高时，开始对蓄电池充电，而当风力发电机电压低于蓄电池自身规定的特定电压时，充电会终止并且无法启动；对电气及机械特性等标准所允许的运行区间进行规定，并且在这个规定的范围内保障风力发电机的安全运行。

运行主要情况：蓄电池电压小于 10.8 V 时，充电电路开启，负载指示灯不亮，欠压指示灯亮，蜂鸣器报警；蓄电池电压大于 10.8 V 而小于 13.5 V 时，充电指示灯、正常电压指示灯以及负载指示灯均亮；蓄电池电压大于 13.5 V 时，充电电路自动断开，过压指示灯亮，并且向负载放电使负载指示灯闪烁，同时蜂鸣器报警；如果蓄电池接入错误(反接)，则蜂鸣器会及时报警，避免控制器损坏。

风电系统中控制系统的基本结构如图 4-28 所示，包括风力发电机、控制器、蓄电池以及负载等部分。整个系统的电能由风力发电机提供，负载和蓄电池由控制器控制；风力发电机捕获风能向蓄电池充电，再由蓄电池向负载供电。在图 4-28 中，风能经由风力发电机转换为电能并且存储到蓄电池中，再由蓄电池将存储的电能供给负载，完成整个能量的传递过程，其中所有的控制功能均由控制器实现。

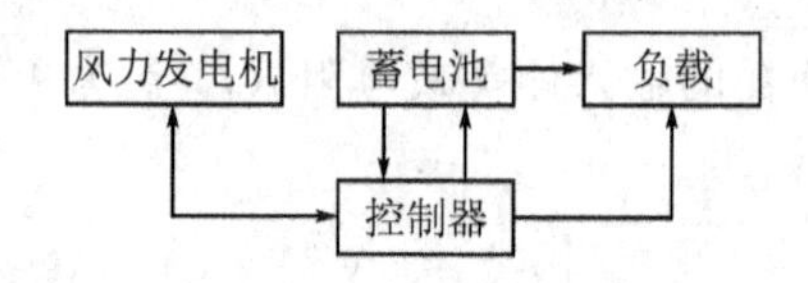

图 4-28　风电系统中控制系统基本结构图

通过研究蓄电池的工作原理以及对影响其使用寿命的相关因素进行分析，再结合控制器对蓄电池的使用和寿命的影响，考虑使用 PWM 充电方法。

PWM 的原理是利用经由微处理器的数字输出控制模拟电路，首先让电池进行充电过程，随后停止，之后再从充电过程进行循环。利用充电脉冲驱使蓄电池充电，在间歇阶段，蓄电池工作产生的 O_2 和 H_2 进行化合之后被吸收，降低蓄电池的内压，保障新的一轮充电过程，使蓄电池吸收更多的电量。脉宽调制法通过调节开关通段时间，控制信号占空比，调控输出电压。PWM 控制器能够较好地解决当前蓄电池存在的过度充电和过度放电问题，并且一般在设计控制器的过程中还加入了电压检测功能，能够有效延长蓄电池的寿命。

本章小结

本章通过对垂直轴风力发电机电气控制系统进行研究发现：在桨距控制中，相较于传统桨距控制，被动失速和主动失速控制系统更为简便且容错率较高。然而，不确定的气动因素对被动失速控制方式影响较大，容易错误估计高风速时的功率等级和叶片载荷，从而导致设备损坏。而在主动失速控制中，由于综合了被动失速和桨距调节的优点，气动因素造成的影响相对较小，并且叶片上的周期性波动载荷、变桨的速率、变桨机构的行程相对主动桨距控制法要小很多；此外，基于主动失速的原理，研究影响定桨距风力发电机的年发电量的相关因素，发现切出风速对其影响较大。

基于现有的 MPPT 控制策略分析发现：正弦波小信号扰动法积分系数 K 会影响操作的稳定性和快速性；PSF 与 TSR 相比转子速度的测量值更加准确，但最优功率曲线受外界因素影响较大，容易对控制精度造成影响；TSR只是理论上易于实现，控制稳定性无法保证，整体效果并不理想；PSF相对其他两种方法原理简单，方便易操作，相对TSR效率较低，瞬时的风速变换无法立即引起转矩信号的反馈；扰动观察法相对OTC更为简便。依据扰动观察法建立了变步长扰动法MPPT模型，利用仿真分析得出了以下结论：相比于固定步长MPPT控制，该方法能够更快速、更准确地进行最大功率点的跟踪，也使得跟踪过程中发电机转速波动较小。

通过研究双PWM控制的原理及相关优势，给出了双PWM和机侧PWM控制系统结构图。通过对机侧PWM控制系统的仿真分析，发现该系统中指令值能够被发电机的实测转速快速跟踪，且动态性能良好；在仿真分析的基础上，通过机侧PWM控制平台，验证了整个控制系统的有效性。

根据对常用的充电方法(恒流充电、恒压充电、两阶段式充电和三阶段式充电)以及蓄电池放电控制主要的技术(放电电流控制法、放电电压控制法和放电深度控制法)进行分析，本着简单实用及可靠性高的原则，利用DC/DC变换器与耗能负载相结合的系统结构，进行蓄电池充放电控制，相对于其他变换器的优势在于：功率管和续流二极管耐压要求较低；储能电感既能储存能量，又能供应电力；系统调整方便，可靠性较高，输出电压纹波较低。利用PWM充电方法，较好地解决了蓄电池过度充放电问题，保障了蓄电池的寿命。

参考文献

[1] 周雁晖，李晓峰，等. 风力发电系统运行控制技术综述[J]. 江西电力，2011，35(1)：9-13.

[2] 林宇龙，王明渊，李冰，等. 风力发电机组的发展及其新控制技术综述[C]//2017智能电网新技术发展与应用研讨会论文集. 2017.

[3] GARCIA M. Wind turbines: New challenges and advanced control solutions[J]. International Journal of Robust and Nonlinear Control, 2009, 19(1): 1-3.

[4] 张松刚. 风力发电控制及其解决方案[J]. 今日电子，2012(8)：34-35.

[5] 刘细平，林鹤云. 风力发电机及风力发电控制技术综述[J]. 大电机技术，2007(3)：17-20.

[6] 尹明，李庚银，张建成，等. 直驱式永磁同步风力发电机组建模及其控制策略[J]. 电网技术，2007，31(15)：61-65.

[7] 陈杰，陈冉，陈志辉，等. 定桨距风力发电机组的主动失速控制[J]. 电力系统自动化，2010，34(2)：98-103.

[8] 刘其辉，贺益康，赵仁德. 变速恒频风力发电系统最大风能追踪控制[J]. 电力系统自动化，2003，27(20)：62-67.

[9] 胡家兵，贺益康，刘其辉. 基于最佳功率给定的最大风能追踪控制策略[J]. 电力系统自动化，2005(24)：32-38.

[10] 刘其辉，贺益康，张建华. 交流励磁变速恒频风力发电机的最优功率控制[J]. 太阳能学报，2006，27(10)：1014-1020.

[11] 邓秋玲，黄守道，肖锋. 直驱永磁同步发电机风力发电系统最大输出控制[J]. 湘潭大学自然科学学报，2008，30(2)：85－90.

[12] 贾要勤，曹秉刚，杨仲庆. 风力发电的 MPPT 快速响应控制方法[J]. 太阳能学报，2004，25(2)：171－176.

[13] 郑雪柯. 独立运行小型风力发电机控制系统关键技术研究[D]. 桂林：桂林电子科技大学，2013.

[14] 刘吉臻，孟洪民，胡阳. 采用梯度估计的风力发电系统最优转矩最大功率点追踪效率优化[J]. 中国电机工程学报，2015，35(10)：2367－2374.

[15] WU W K，PONGRATANANUKUL N，QIU W H，et al. DSP-based Multiple Peak Power Tracking for Expandable Power System[J]. IEEE Applied Power Electronics Conference and Exposition. 2003，1(9)：525－530.

[16] HUA C，LIN J，SHEN C. Implementation of a DSP-Controlled Photovoltaic System with Peak Power Tracking[J]. 1998，45(1)：99－107.

[17] 姚骏，廖勇，庄凯. 永磁直驱风力发电机组的双 PWM 变换器协调控制策略[J]. 电力系统自动化，2008，32(20)：88－92，107.

[18] 李建林，胡书举，孔德国，等. 全功率变流器永磁直驱风力发电系统低电压穿越特性研究[J]. 电力系统自动化，2008，32(19)：92－95.

[19] 徐科，胡敏强，郑建勇，等. 风力发电机无速度传感器网侧功率直接控制[J]. 电力系统自动化，2006，30(23)：43－47.

[20] 张先进，陈杰，龚春英，等. 非并网风力发电系统的电压协调控制[J]. 电力系统自动化，2008，32(22)：91－93，107.

第5章　离网小型垂直轴风力发电系统研究与开发

在第2章至第4章中分别介绍了垂直轴风力发电机的基本理论、各参数对风力发电机性能的影响规律、永磁发电机的设计以及垂直轴风力发电系统的控制策略等内容，为本章的结构设计及研究开发做了铺垫。垂直轴风力发电机的叶片、支撑结构及机械控制机构等核心结构是进行风能转化的关键，其设计的优劣将直接影响风力发电机的运行效率。而在对这些关键结构进行设计时，遵循一定的设计方法、设计标准，不仅能够增强设计合理性，还能有效提高设计效率。

本章将在前面三章相关理论铺垫、电机设计开发以及控制系统设计的基础上，结合设计理论和新设计方法，从一体化垂直轴风力发电机结构参数分析着手，进一步优化设计开发方案，从而得到高效风力发电机结构，并对已完成的设计进行特性分析与校核。

一体化风力发电机是一种将风力发电机叶片与发电机外定子进行耦合的特殊结构风力发电机，该风力发电机具有结构紧凑、起动性能好、发电效率高等诸多优点。在编者长期对该类型风力发电机进行研究的过程中，形成了一套较为完整的一体化垂直轴风力发电系统设计方法及理论，积累了丰厚的设计经验。因此，在本章垂直轴风力发电系统的研究与开发中主要以“一体化风力发电机”为基本模型进行分析。

5.1　垂直轴风力发电系统结构参数

从前面对风力发电机的性能分析中可以看出，风力发电机的结构参数对性能有重要影响，因此，在进行风力发电机设计时，要充分考虑各参数对风力发电机运行效率的影响以及参数之间的相互影响情况，从整机角度出发，提出风力发电机系统设计方案，得到最优化的参数组合，实现垂直轴风力发电机效率最大化。

5.1.1　阻力型垂直轴风力发电机主要结构参数

Savonius风力发电机的重要结构参数包括叶片重叠比和高径比。重叠比指两叶片之间的重叠宽度与叶片直径的比值，高径比指风轮高度与叶片直径的比值。Savonius风力发电机结构如图5-1所示，该风力发电机有两个半圆形叶片开口相对组成S形，并在旋转中心处有一部分重叠区，即在两叶片端部之间形成了一定的间隙，运行起来如同放大的杯形风速仪，气流可以从转轴处以及弯曲叶片交叠的间隙中间流过。当不考虑中心转轴直径影响时，叶片的重叠比OL和高径比AP为

$$\mathrm{OL}=\frac{S}{d} \tag{5-1}$$

$$\mathrm{AP}=\frac{H}{D} \tag{5-2}$$

式中：S 为两叶片间重叠宽度；D 为叶片直径；H 为风轮高度。

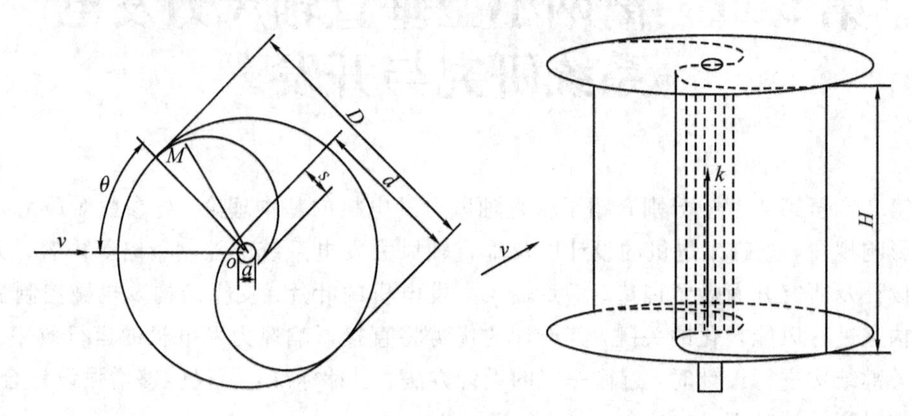

图 5-1　Savonius 型风力发电机结构图

如果风力发电机具有中心转轴，则需要除去转轴直径，其叶片的净重叠比 OL_n 定义为

$$\mathrm{OL}_n=\frac{S-a}{d} \tag{5-3}$$

式中：a 为转轴直径。

旋转角速度 $\omega=\dot{\alpha}k$ 表示瞬时旋转向量，由于 Savonius 风力发电机的对称性，因此 $\omega=\dot{\alpha}$ 为常数。基于 Chauvin 等提出的叶片压力下降数学模型，当 OL=0 时，双风轮的 Savonius 风力发电机的扭矩 Q 可以表示为

$$Q=\sum(\boldsymbol{OM}\times\boldsymbol{F}_M)\cdot\boldsymbol{k} \tag{5-4}$$

式中：$\boldsymbol{OM}$ 为由转轴中心指向叶片上某点 M 的向量；$\boldsymbol{F}_M$ 为过叶片上某点 M 沿叶片切线方向的力。

以上扭矩表达式可分为两部分，见式(5-5)。第一部分与前行叶片相关，是产生驱动力矩的部分，用 Q_M 表示；第二部分与后行叶片相关，是产生阻力矩的部分，用 Q_D 表示，即

$$Q=Q_M+Q_D \tag{5-5}$$

假设作用在前行叶片和后行叶片上的气压差分别为 Δp_M 和 Δp_D，则总扭矩可表示为

$$Q=2r^2\cdot H\int_0^{\frac{\pi}{2}}(\Delta p_M-\Delta p_D)\sin2\theta\mathrm{d}\theta \tag{5-6}$$

式中：r 为重叠比 OL 为 0 时，Savonius 风力发电机叶片的旋转半径；θ 为风轮方位角。

平均功率 P 可以通过扭矩从 0 至 π 积分得到，即

$$P=\omega\cdot Q=\frac{\omega}{\pi}\int_0^{\pi}Q\mathrm{d}\theta \tag{5-7}$$

风能利用系数如式(5-8)所示。根据风洞试验研究结果，两叶片的 Savonius 风力发电机风能利用率要高于三叶片。

$$C_{\mathrm{P}}=\frac{P}{\frac{1}{2}\rho v^3(4rH)} \tag{5-8}$$

式中：v为入流风速；r为叶片半径。

由已有研究得到，在无转轴条件下，重叠比 OL＝0.15 时，风力发电机的气动性能最佳。但转轴是风力发电机叶片重要的组成部分，其在重叠区占据一定空间，这将不可避免地对风力发电机气动性能造成影响。相关研究表明，在有转轴的情况下，重叠比为 0.2～0.3 时风力发电机的气动性能最佳。

5.1.2　升力型垂直轴风力发电机主要结构参数

Darrieus 型风力发电机的重要结构参数包括风轮扫掠面积、叶片展弦比、叶片数、翼型、实度等。

1. 扫掠面积

风轮旋转时所形成的旋转体在垂直于风向面上的投影面积是风力发电机截留风能的面积，也称为风力发电机的扫掠面积，其大小直接决定风能捕获总量。扫掠面积由风力发电机风轮半径、高度等尺寸决定。设计过程中，由设计额定功率、额定转速和风能利用系数可估算出扫掠面积，进而确定风力发电机各部件的尺寸范围。很多学者和科研单位进行了垂直轴风力发电机尺寸优化，试图找出风力发电机性能和成本综合最优方案，但得到的结论均不统一。

2. 叶片展弦比

叶片展弦比是叶片高度与叶片弦长的比值。当叶片以一定的速度运行时，叶片压力面空气压强较高，而叶片吸力面空气压强较低，叶片产生向上的升力。由于叶片表面存在压差，压力面处气体会由叶片两端向上方绕动，产生翼尖涡。翼尖涡会扰乱叶片两端气流的正常流动，减小叶片的升力，叶片的升力系数越大则涡的影响越大，并且翼尖涡会在叶端后方形成一串涡流，产生涡诱导阻力，造成叶片阻力增加。如果叶片展弦比较大，翼尖涡造成的升力损失与阻力的增加相对于叶片的升力与阻力可以忽略不计；如果叶片展弦比较小，翼尖涡造成的升力与阻力损失比较明显。但是，当叶片长度有限时，展弦比越大，叶片弦长就越小，叶片面积也就越小，从而导致总升力减小。此外，叶片弦长减小会导致叶片雷诺数减小，进而使叶片失速攻角减小、最大升力系数减小及阻力系数增加。因此，既要尽量保证叶片弦长足够大，又要避免展弦比小造成的弊端，某些风力发电机借鉴航空技术，在叶片顶端加装端板，可大大减小绕流的影响。

3. 叶片数

叶片数量直接决定风力发电机成本、气动性能和结构载荷分布。目前，Darrieu 型风力发电机叶片数多为三叶片和双叶片。三叶片风力发电机制造技术较成熟、气动性能好、扭矩波动小，因此这种风力发电机应用最多。但是双叶片风力发电机材料和安装成本比三叶片低得多，因此双叶片风力发电机也具有一定的应用空间。

4. 翼型

翼型直接决定了风力发电机风能转换效率、叶片成本和风力发电机载荷，升阻比是反映翼型性能的一个重要指标，其值越高，代表翼型气动性能越好。NACA00XX系列对称翼型具有高升力、低阻力、失速特性良好等优点，因此大多数Darrieus型风力发电机采用该系列翼型，其中使用最为广泛的是NACA0015翼型，该翼型在180°攻角范围内具有对称的升力和阻力特性，俯仰力矩系数为零，且在风轮旋转过程中不会产生反向力矩。

5. 实度

实度指叶片展开曲面面积除以扫掠面积的值，是Darrieus型风力发电机关键结构参数之一，其取值应综合考虑其他主要参数，表达式为

$$\xi = \frac{Bcl}{A} \tag{5-9}$$

式中：ξ为实度；B为叶片数；c为叶片弦长；l为叶片长度；A为扫掠面积。

一般情况下，为了使表达式更加简洁，通常垂直轴风力发电机的实度表示为

$$\xi = \frac{Bc}{R} \tag{5-10}$$

式中：R为风轮半径。

大量实验数据表明，实度大的垂直轴风力发电机，其适应风速变化范围窄，实度小的适应风速变化范围大。

5.1.3 风轮主要结构参数对气动性能的影响

1. 分析模型的建立

为了进一步探究风轮主要结构参数对风力发电机气动性能的影响，结合编者的研究内容建立了一种内外嵌套的双层叶片结构，可以看作一个混合型叶片布置方式：内部三个叶片的布置方式是阻力型风力发电机叶片的布置方式，外部叶片是导流型风力发电机叶片的布置方式。风轮主要由上挡板和下挡板以及两种不同形状的叶片组成，叶片安装在上、下挡板中间。风轮叶片分为内叶片和外叶片，内叶片是部分半圆柱形曲面体，外叶片是部分球形曲面体。外部叶片之间形成一个沿球体旋转线速度方向的曲面夹角，气流从夹角进入风轮内部，在外叶片和内叶片上产生推力，带动风轮转动做功。具体的结构及尺寸参数如表5-1和图5-2所示。

表5-1 风轮的主要参数

参数	高度 H/mm	直径 D/mm	外叶片半径 $r_{外}$/mm	外叶片长度 B/mm	外叶片安装角 α/(°)	重叠比 OL	内叶片半径 $r_{内}$/mm
数值	536	350	350	200	60	0.2	90

其中，外叶片长度为外叶片的弦长，外叶片安装角是指外叶片内侧点的切线与过该点的风轮半径线的夹角。

2. 叶片重叠比对风轮性能的影响

保持所建立模型其他参数不变，只改变叶片的重叠比，来分析不同的叶片重叠比对风轮性能的影响，模型几何参数如表5-2所示。

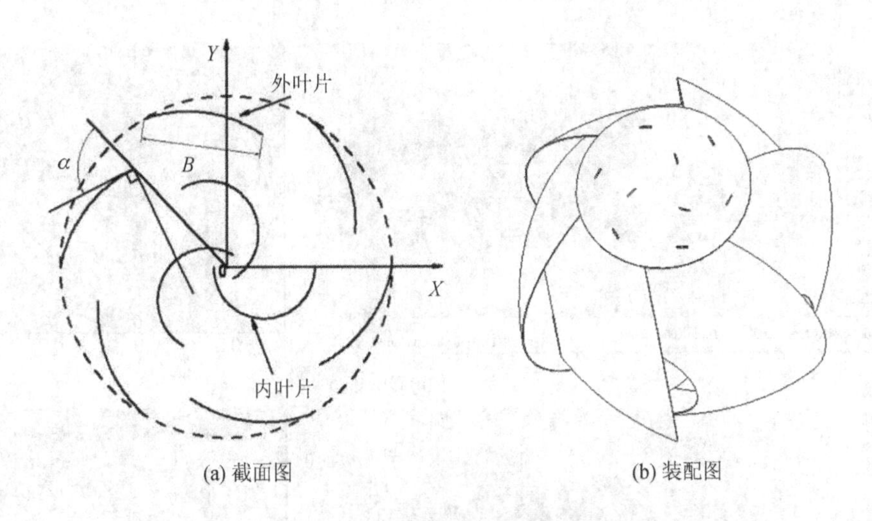

(a) 截面图　　(b) 装配图

图 5-2　风轮结构图

表 5-2　风轮的主要参数

参数	外叶片个数 N	高度 H/mm	直径 D/mm	外叶片半径 $r_{外}$/mm	外叶片长度 B/mm	外叶片安装角 α/(°)	重叠比 OL	内叶片半径 $r_{内}$/mm
数值	6	536	600	350	200	60	0.05 0.2 0.5	90

在来流风速为 10 m/s、叶尖速比为 0.8 时，对重叠比为 0.05、0.2 和 0.5 时的风轮进行分析，得到了风轮的平均力矩、功率以及功率系数等气动参数的变化，结果如表 5-3 所示。

表 5-3　风速为 10 m/s、叶尖速比为 0.8 时的风轮气动参数

参数	叶片重叠比 OL	平均力矩/N·m	功率/W	总功率/W	功率系数
数值	0.05	0.860	22.935	189.875	0.121
	0.2	0.950	25.33		0.133
	0.5	0.721	19.228		0.101

图 5-3 分别是不同重叠比下，风轮内部气流的流场云图以及压力—流线混合图。

通过对比流场云图可发现：重叠比的增大，使内外叶片之间的间隙变大，气流在外叶片导流的作用下在风轮内部形成一个环形的流动，气流可以作用在更多的叶片上。同时，随着重叠比的增大，内叶片中心处气流的相对速度也会变大。

从压力和流线的混合显示图可以看出：随着叶片重叠比的增加，在内叶片的中心处出现一个涡流，并随着重叠比的变大而变大。涡流的出现阻碍了气流的流动，同时，在外叶片的导流作用下，气流可以很好地流入到内叶片的凹面。外叶片的存在，削弱了叶片重叠比对其气流的引流作用。随着重叠比的增大，叶片 7 背面的涡流逐渐形成并扩大，不利于气流的流动。

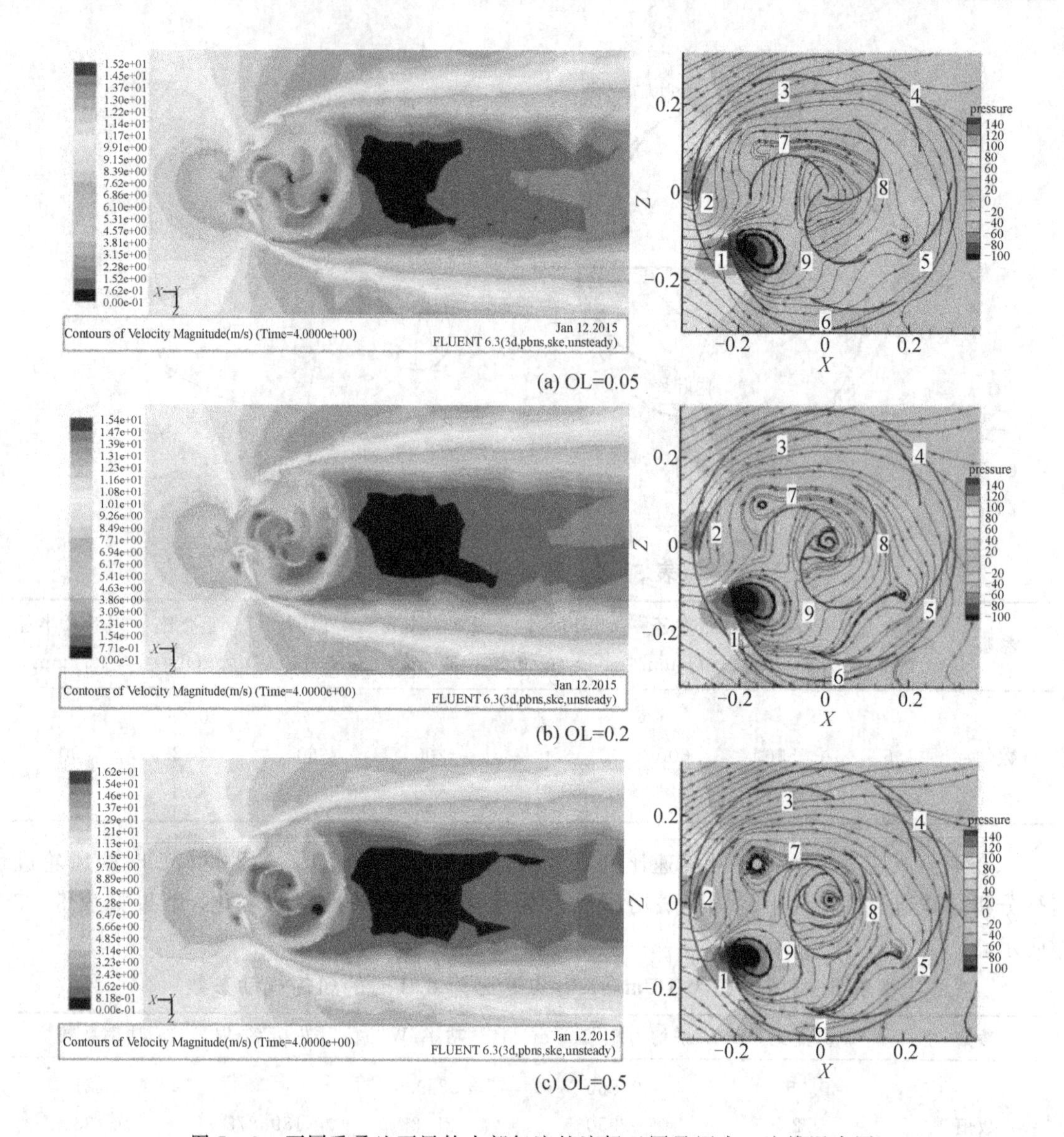

(a) OL=0.05

(b) OL=0.2

(c) OL=0.5

图 5-3　不同重叠比下风轮内部气流的流场云图及压力—流线混合图

3. 叶片安装角度对风轮性能的影响

修改前面建立的模型，将重叠比改为0.05，并以此模型作为本节分析的基本模型，保持其他参数不变，来分析不同的外叶片安装角对风轮性能的影响，模型几何参数如表5-4所示。

表 5-4　风轮的主要参数

参数	外叶片个数 N	高度 H/mm	直径 D/mm	外叶片半径 $r_{外}$/mm	外叶片长度 B/mm	外叶片安装角 α/(°)	重叠比 OL	内叶片半径 $r_{内}$/mm
数值	6	536	600	350	200	50 60 70	0.05	90

在来流风速为 10 m/s、叶尖速比为 0.8 时，对风轮进行分析，得到了风轮的平均力矩、功率以及功率系数等气动参数的变化，结果如表 5 - 5 所示。

表 5 - 5　风速为 10 m/s、叶尖速比为 0.3 时的风轮气动参数

参数	安装角度 α/(°)	平均力矩/N·m	功率/W	总功率/W	功率系数
数值	50	0.930	22.935	189.875	0.131
	60	0.860	25.33		0.121
	70	0.756	19.228		0.106

图 5 - 4 分别是不同安装角度下，风轮内部气流的流场云图以及压力—流线混合图。

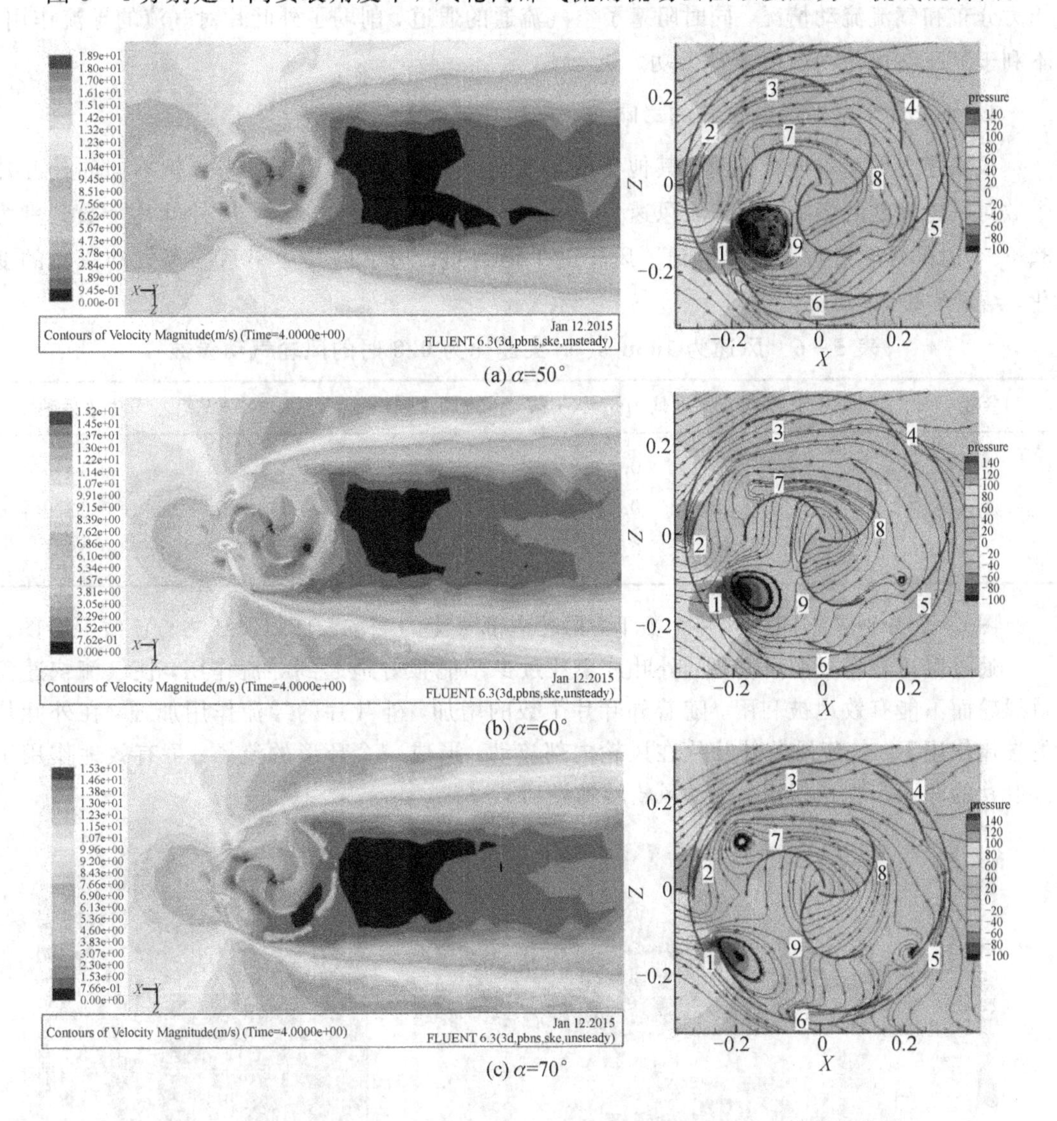

(a) α=50°

(b) α=60°

(c) α=70°

图 5 - 4　不同安装角度下风轮内部气流的流场云图以及压力—流线混合图

由流场云图可知，安装角 $\alpha=60°$时，风轮内部流场情况明显好于 $\alpha=60°$时的情况，主要是叶片安装角度小，内外叶片间的间隙变小，相互之间形成一个收缩的楔形，气流沿外叶片流进风轮，形成一个很明显的环流，可有效地作用于外叶片的凹面产生正扭矩，推动风轮转动做功。

通过压力和流线的混合显示图可以清晰地看到：随着安装角的增大，叶片 1 背面涡流的中心点向叶片 1 移动，叶片 5 内侧边缘和叶片 7 背面的涡流逐渐形成；叶片 1 背面涡流中心点的移动，使叶片 1 凹面处压力降低的同时增加了叶片 9 凸面的压力，减小了气流在叶片 1 和叶片 9 产生的正扭矩；叶片 5 内侧边缘和叶片 7 背面的涡流影响了附近叶片上的压力分布和气流流动情况，同时阻塞了空气流通的通道，削弱了外叶片对气流的导流作用，不利于气流在风轮内部的流动做功。

4. 外叶片个数对风轮性能的影响

根据建立的基本分析模型，其他参数不变，只改变外叶片数量，来分析不同的外叶片个数对风轮性能的影响；在来流风速为 10 m/s、叶尖速比为 0.8 时，对外叶片个数分别为 3、6、9 时的风轮进行分析，得到了风轮的平均力矩、功率以及功率系数等气动参数的变化，结果如表 5-6 所示。

表 5-6 风速为 10 m/s、叶尖速比为 0.8 时的风轮气动参数

参数	外叶片个数 N	平均力矩/N·m	功率/W	总功率/W	功率系数
数值	3	0.405	10.801	189.875	0.131
	6	0.860	22.935		0.121
	9	0.913	24.349		0.106

图 5-5 分别是不同外叶片个数下，风轮内部气流的流场云图以及压力—流线混合图。

通过对比流场云图可发现：外叶片个数过少不能很好地起到导流作用，使气流快速流过风轮而不能有效地被利用。随着外叶片个数的增加，外叶片的导流作用加强，在外叶片的导流作用下，气流沿着外叶片在风轮内部流动，形成一个环形的流场，可有效地作用于外叶片的凹面产生正扭矩，推动风轮转动做功。

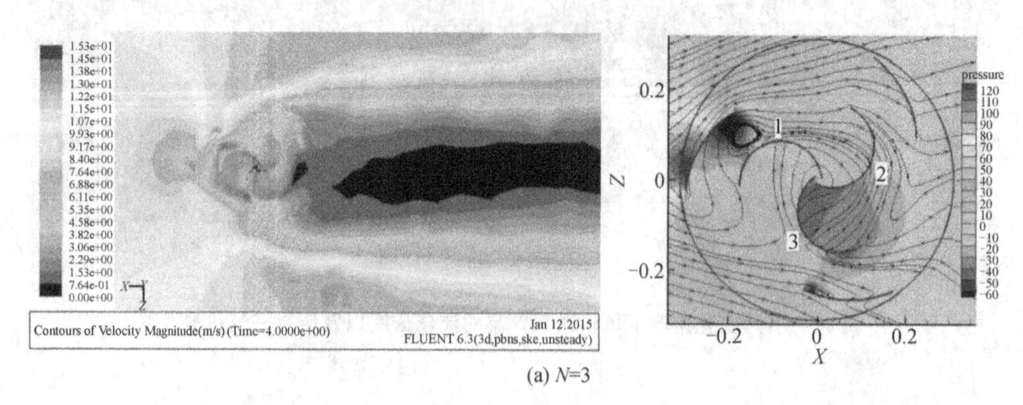

(a) N=3

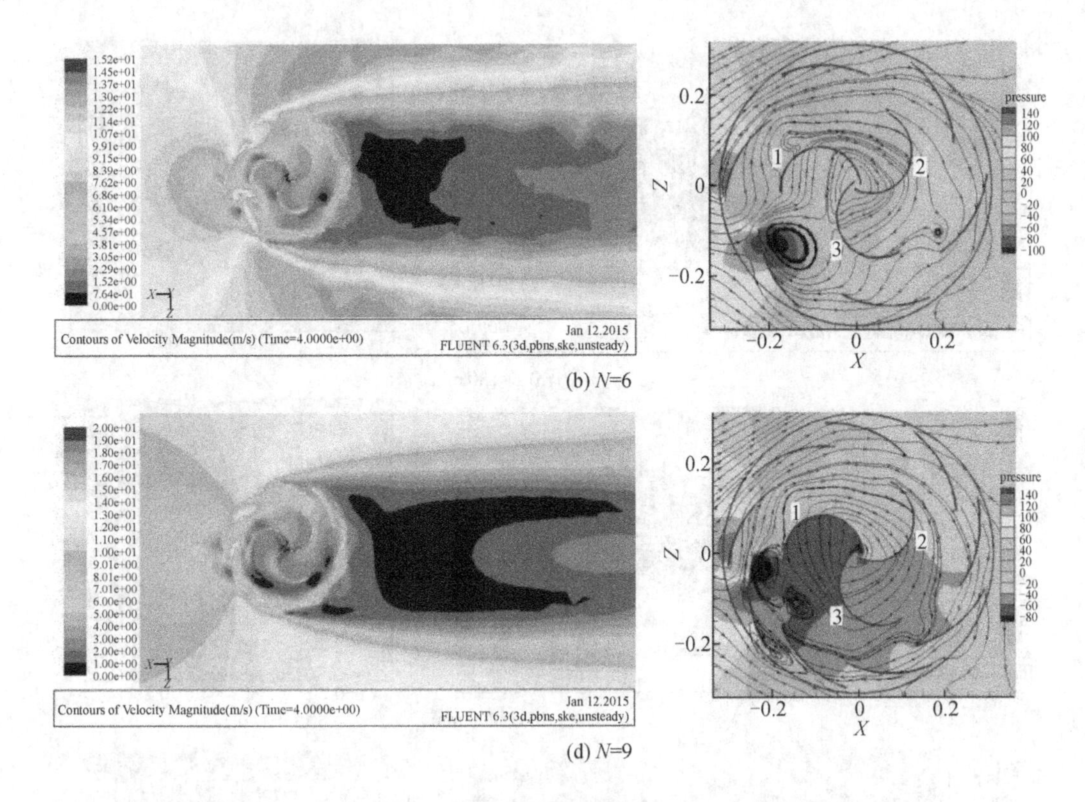

图 5－5　不同外叶片个数下风轮内部气流的流场云图以及压力—流线混合图

对比外叶片个数为 3 和 6 时的压力和流线的混合显示图可知：外叶片个数增加，在外叶片的导流作用下，内叶片 3 凹面的压力明显提高，叶片 1 凸面的涡流强度变小。外叶片个数继续增加后，叶片 1 凸面的涡流完全消失，但叶片个数的增加，使内叶片 3 附近的压力明显降低，削弱了叶片 3 产生正扭矩的能力，不利于风轮正扭矩的提高。

5. 外叶片长度对风轮性能的影响

根据建立的基本分析模型，其他参数不变，只改变外叶片弦长，来分析不同的叶片弦长对风轮性能的影响；在来流风速为 10 m/s、叶尖速比为 0.8 时，对叶片长度为 180 mm、200 mm 和 220 mm 时的风轮进行分析，得到了风轮的平均力矩、功率以及功率系数等气动参数的变化，结果如表 5－7 所示。

表 5－7　风速为 10 m/s、叶尖速比为 0.8 时的风轮气动参数

参数	外叶片弦长 B	平均力矩/N·m	功率/W	总功率/W	功率系数
数值	180	0.650	17.335	189.875	0.091
	200	0.860	22.935		0.121
	220	0.915	24.402		0.129

图 5－6 是不同外叶片长度下，风轮内部气流的流场云图以及压力—流线混合图。

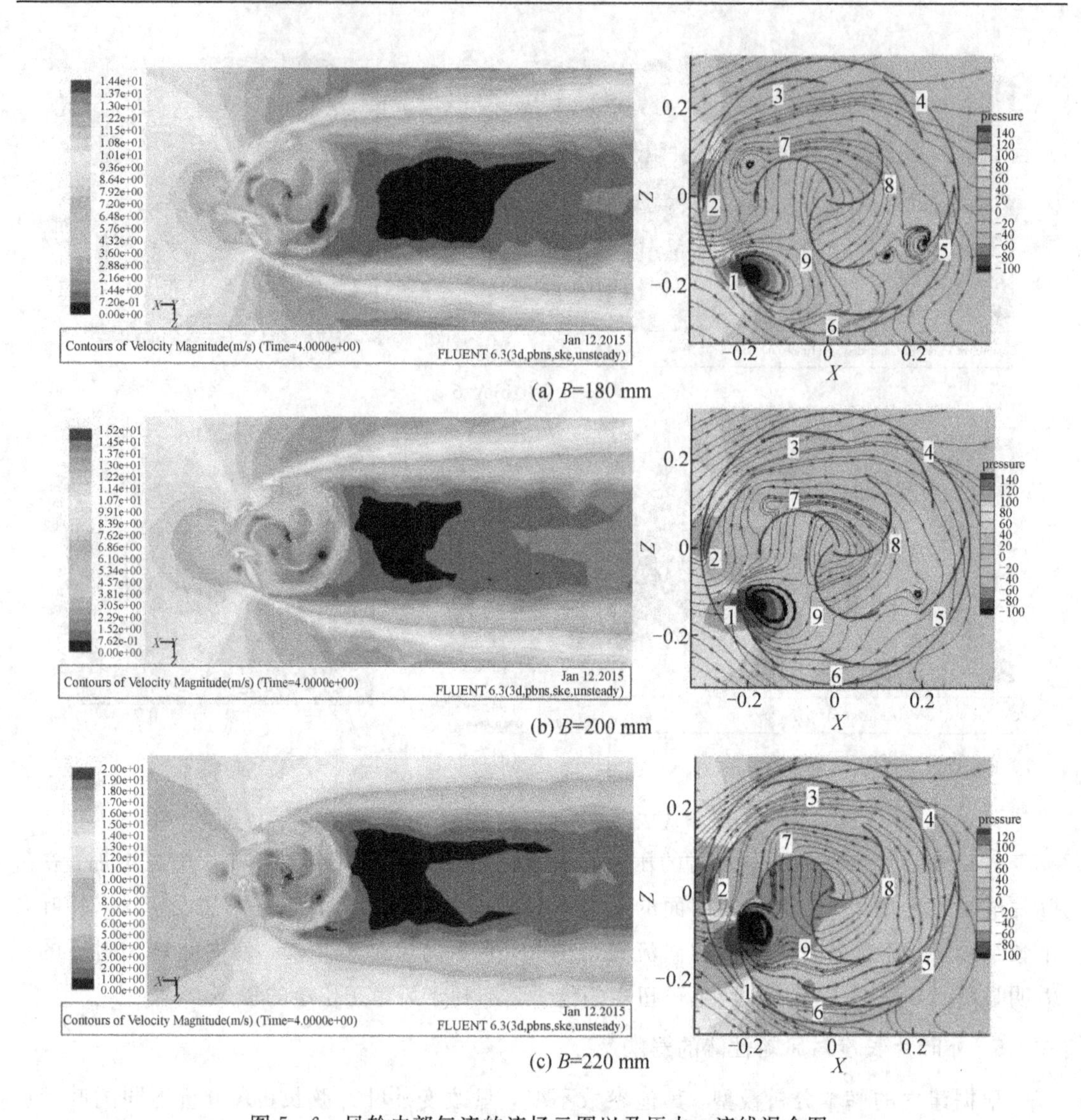

(a) B=180 mm

(b) B=200 mm

(c) B=220 mm

图 5-6　风轮内部气流的流场云图以及压力—流线混合图

通过对比流场云图可发现：外叶片长度过短，不能很好地起到导流作用，使气流快速流过风轮而不能有效地利用。叶片宽度变长后，外叶片的导流作用变强，导流效果也更明显，在外叶片的导流作用下，气流沿着外叶片在风轮内部流动，形成一个环形的流场，可有效地作用于外叶片的凹面产生正扭矩，推动风轮转动做功。

通过对比压力和流线的混合显示图可以发现：随着叶片长度的增加，风轮内部涡流的个数减少，叶片 1 内侧的涡流变小；叶片 5 凹面的涡流、叶片 7 凸面的涡流和叶片 9 边缘的涡流逐渐脱落消失，使风轮内部的气流流动变得顺畅。但是随着外叶片长度的增加，叶片 7 凹面的压力严重下降，不能有效地产生正扭矩。

6. 外叶片弧度对风轮性能的影响

根据基本分析模型，其他参数不变，只改变外叶片的半径，来分析不同的半径对风轮性能的影响；在来流风速为 10 m/s、叶尖速比为 0.8 时，对半径为 250 mm、350 mm 和 450 mm时的风轮进行分析，得到了风轮的平均力矩、功率以及功率系数等气动参数的变化，结果如表 5-8 所示。

表 5-8　风速为 10 m/s、叶尖速比为 0.8 时的风轮气动参数

参数	叶片半径 r/mm	平均力矩/N·m	功率/W	总功率/W	功率系数
数值	250	0.856	22.829	189.875	0.120
	350	0.860	22.935		0.121
	450	0.760	20.269		0.107

图 5-7 是不同叶片半径下，风轮内部气流的流场云图以及压力—流线混合图。

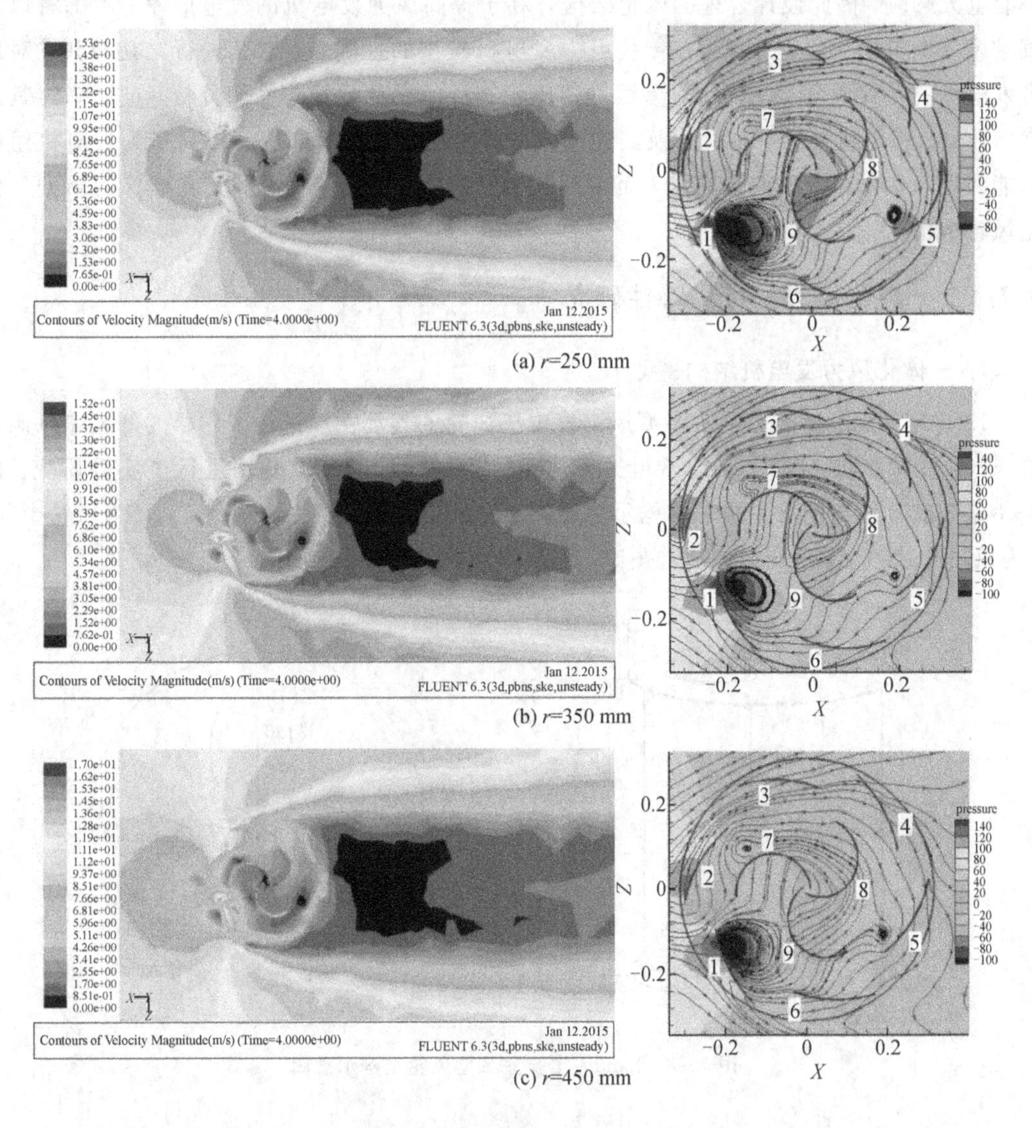

(a) r=250 mm

(b) r=350 mm

(c) r=450 mm

图 5-7　不同叶片半径下风轮内部气流的流场云图以及压力—流线混合图

通过对比流场云图可发现：外叶片半径变化后，风轮内部的流场云图没有太大变化。根据压力和流线的混合显示图可知：叶片半径的变化，主要影响叶片5、叶片7附近的气流流动情况；随着叶片半径的增加，叶片7凸面逐渐形成一个涡流；同时，叶片1凹面的涡流中心逐渐向叶片1的壁面靠近。整体来说，外叶片半径的变化对风轮内部气流的流动情况和涡流分布及涡流量的影响不大。

5.2 一体化风力发电机设计

风轮结构是风力发电机最重要的部件之一，风轮结构的特性对风力发电机的风能利用率有重大影响，因此设计合理的风轮结构有利于提高风力发电机的发电效率。本书将以垂直轴风力发电机为研究对象，在传统风力发电机模型的基础上，对其进行结构改进。对风力发电机的叶片弯度和高径比等参数进行风轮结构的设计计算与性能分析，进而确定其最优参数值；将电机外转子与叶片及其连接部分进行一体化设计，达到提高风力发电机组的风能利用率和发电效率的目的，从而实现结构紧凑、可靠性高、便于安装维护的新型一体化风轮结构。

5.2.1 一体化风力发电机特性研究

1. 一体化风力发电机结构模型

1975年，Sandia实验室对S型风力发电机风轮的气动性能进行了详尽的低风速风洞试验[1]，分别对不同的叶片数(2、3叶片)、高径比(1和1.5)和重叠比进行了实验研究。图5-8是3叶片结构的S型风轮结构示意图，D为风轮直径，H为风轮高度，R为风轮半径，r为风轮叶片的半径，S为叶片重叠比，其结构参数如表5-9所示。

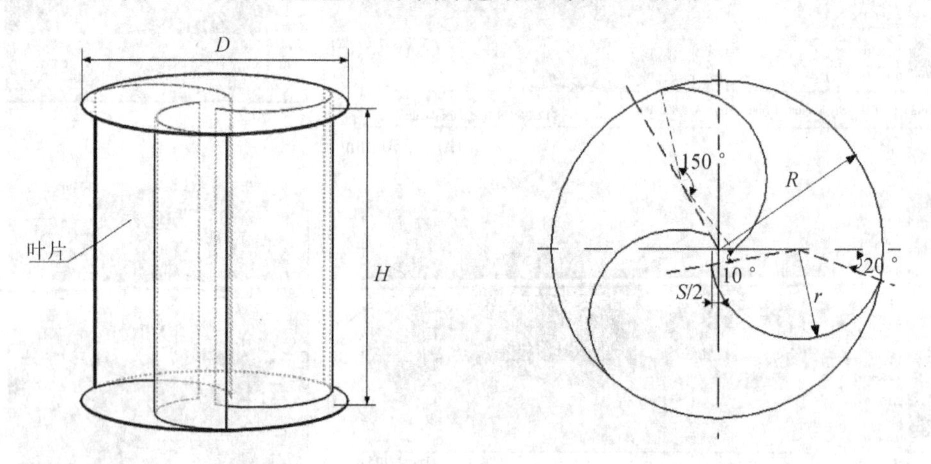

图5-8 Sandia实验室S型风轮结构示意图

表 5-9　S 型风轮结构参数

结构参数	数值
叶片个数	3
风轮高径比 H/D	1
风轮直径 D/mm	1000
叶片弧度(°)	150
重叠比 e	0.1

Sandia 实验室的 S 型风力发电机模型起动能力较好，但由于其风力发电机和发电机结构分离，仍存在结构不紧凑、成本较高等缺点。为了进一步优化垂直轴风力发电机性能，研究团队针对 Sandia 实验室风力发电机模型进行改进，将永磁电机外转子和风轮进行一体化设计。改进后的 S 型风力发电机模型如图 5-9 所示。

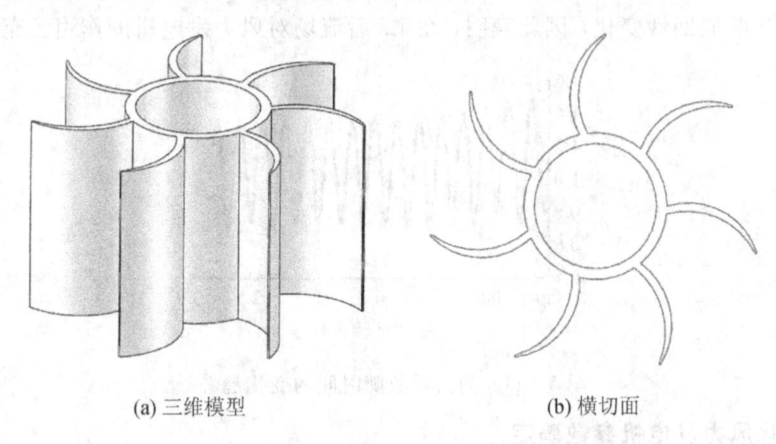

(a) 三维模型　　(b) 横切面

图 5-9　改进的 S 型一体化风力发电机模型

由图 5-9 中可知，叶片和外转子中心壳体固连，即风轮与发电机的外转子同步转动，而定子和永磁体安装在外转子中心壳体内部。通过永磁发电机外转子结构，将风轮和永磁体结合，实现一体化设计。

2. 一体化风力发电机模型分析

对所建立的模型进行非定常流场计算，并监测其转矩系数的变化，当转矩系数曲线呈周期性变化时，则该流场计算已充分发展。如图 5-10 所示为风速 $v=7$ m/s，叶尖速比 $\lambda=0.8$ 时风轮的转矩系数随时间变化的规律。

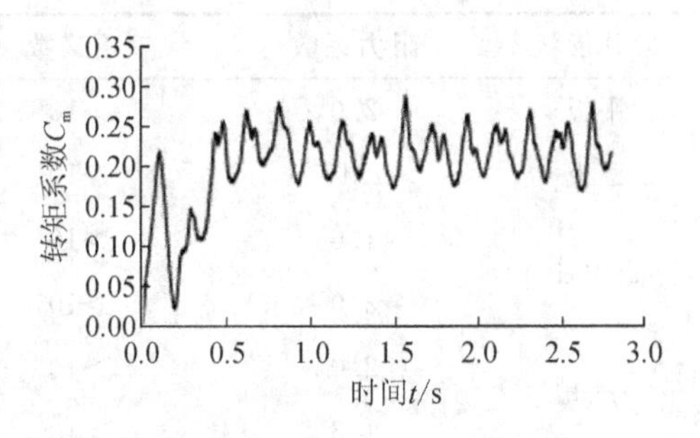

图 5-10　转矩系数变化曲线

风力发电机的风能利用系数表达式为

$$C_P=\frac{T\omega}{\frac{1}{2}\rho SV^3} \tag{5-11}$$

式中：T 为风轮转矩，ω 为风轮角速度(rad/s)，

V 为来流风速，S 为风轮横截面积，ρ 为空气密度（1.225 kg/m^3）。由图 5-4 中的转矩系数 C_m 可知，在 1.7 s 后流场已充分发展，取流场充分发展之后 C_m 平均值为风轮在该工况下的转矩系数值。C_m 的一般表达式为

$$C_m = \frac{T}{\frac{1}{2}\rho SRV^2} \tag{5-12}$$

风力发电机的叶尖速比表达式为

$$\lambda = \frac{R\omega}{V} \tag{5-13}$$

由式(5-11)、式(5-12)及式(5-13)可得出风力发电机中系数 C_P、λ 和 C_m 三者之间的关系如式(5-14)所示：

$$C_P = \lambda C_m \tag{5-14}$$

通过检测阻力系数的变化趋势来判断流场发展情况，图 5-11 表示风轮阻力系数的变化，在 1 s 后呈明显的周期性变化，因此表明，在 1 s 后流场对风力发电机的作用已充分发展。

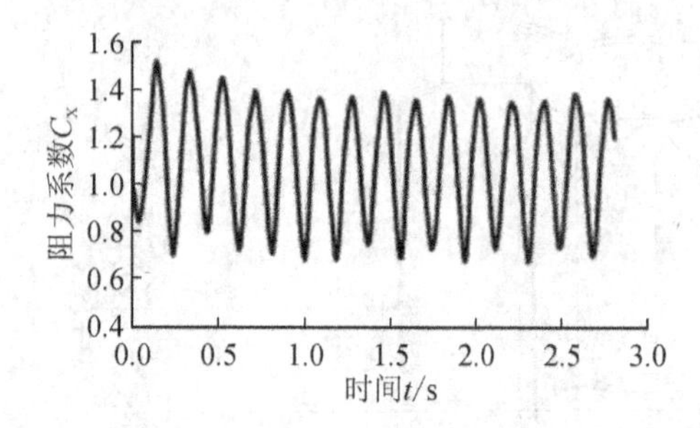

图 5-11 阻力系数随时间的变化趋势

3. 一体化风力发电机参数确定

风力发电机综合性能与风轮的叶片数、高径比（AP）及叶片形状等结构参数密切相关。其叶片形状多种多样，不同的叶片形状对风轮的升力系数和阻力系数有较大影响，且不同叶片形状的风轮内部流场分布形式及叶片上积累的湍流脱落方式也不同[2]。表 5-10 为不同叶片形状所对应的阻力系数和雷诺数值。

表 5-10 不同叶片形状阻力系数参数和雷诺数值

叶片形状	阻力系数	雷诺数	叶片形状	阻力系数	雷诺数
平板	2.0	$>10^4$	椭圆柱	0.6	$10^4 \sim 10^5$
圆板	1.17	$>10^4$	半凹圆	2.3	$>10^4$
三角柱	1.6	$>10^4$	半凸圆	1.2	$>10^4$
	2.0	$>10^4$	半凹球	1.33	$>10^4$
方柱	2.0	$>10^4$	半凸球	0.34	$>10^4$
	1.6	$>10^4$	圆锥体	0.51(60°)	$>10^4$
圆柱	1.2	$10^4 \sim 10^5$		0.34(30°)	$>10^4$

由表 5-10 可知，主要影响叶片阻力系数的是叶片的水平横截面形状，而叶片在空间上是立体的，为了更全面地研究叶片形状对风力发电机气动性能的影响，应把叶片垂直于横截面的形状考虑在内。本书以传统的 S 型风力发电机叶片形状为基础，提出了控制其叶片形状的两个参数：叶片弯度和高径比。叶片水平横截面形状通过叶片弯度参数控制，叶片垂直横截面形状通过高径比参数控制。

1）叶片弯度

控制叶片形状的参数很多，由于所研究的为阻力型风力发电机，所以叶片的阻力系数是影响整机性能的重要因素，而风轮叶片的弯度对阻力系数有重要的影响。叶片弯度的变化将改变叶片内外表面的压力系数，并且对风轮内部流场速度及压力分布有较大的影响，因此在叶片形状中有必要对叶片弯度这一因素进行分析。

由翼型理论可知，翼型的相对弯度 $\overline{h}$ 是翼型的中弧线到弦线的最大垂直距离 h 与弦长 c 的比值，表示为 $\overline{h}=h/c$。根据翼型弯度表示方式，在 S 型风轮直径一定时，可定义为 S 型叶片弯度为叶片弧线到弦线的最大垂直距离与弦线的比值，如图 5-12 所示。

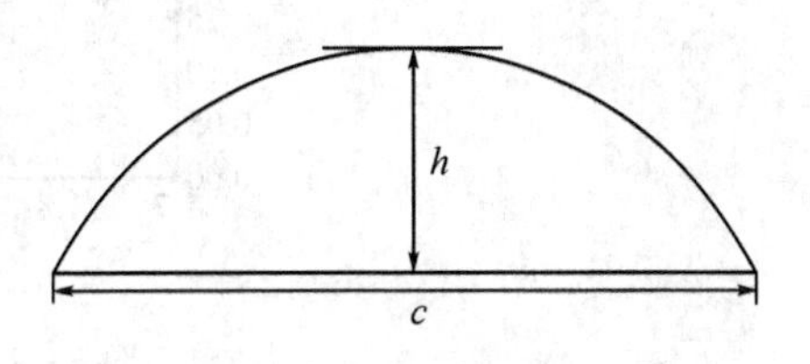

图 5-12　S 型叶片弯度定义

以前面建立的一体化风力发电机风轮结构模型为基础，改变风轮叶片弯度，以 0.05 为步长在区间 0.25～0.5 内选取叶片弯度，分别为 0.25、0.30、0.35、0.40、0.45 和 0.50 共六组。图 5-13 为每组弯度所对应的风轮模型。

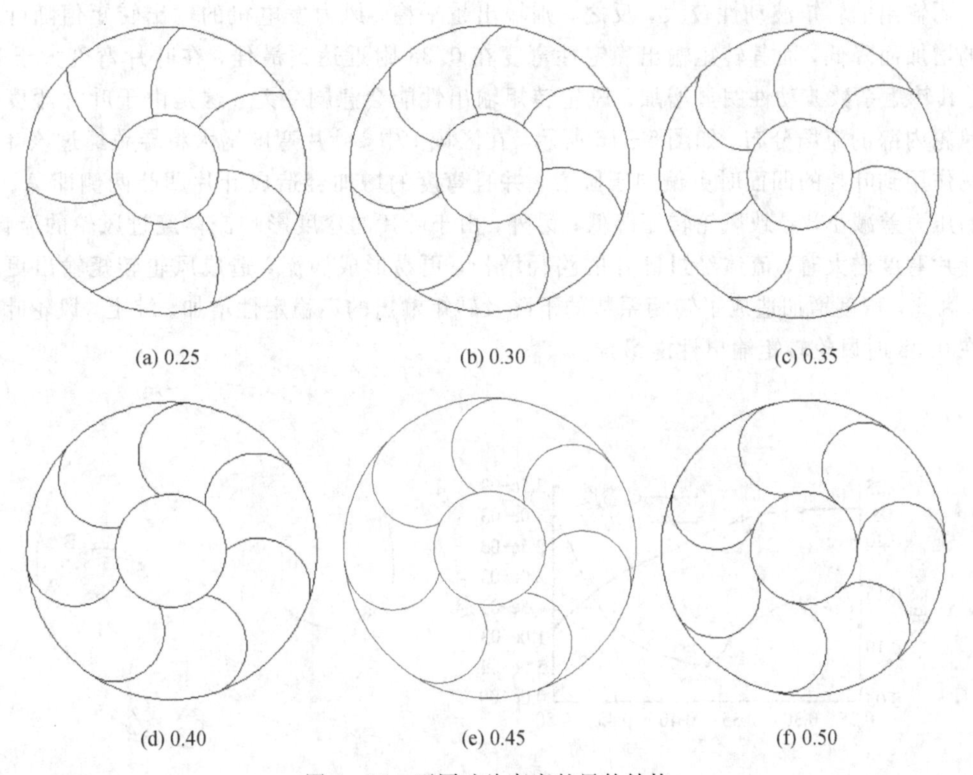

图 5-13　不同叶片弯度的风轮结构

分别对六组不同弯度风轮进行三维非定常流场数值模拟，可得到每组转矩系数的变化曲线。图 5-14 所示为六组不同叶片弯度风轮旋转一周的转矩系数 C_m 的变化曲线图。弯度在 0.25～0.35 区间变化时其 C_m 曲线变化趋势基本相同，一个周期出现三个峰值，随弯度的增加 C_m 呈减小的趋势，但减小趋势并不显著；弯度在 0.35～0.5 区间时 C_m 曲线变化趋势有了较明显的变化，一个周期出现了三个以上的峰值，随弯度的增加呈减小的趋势，且减小的趋势较为明显。

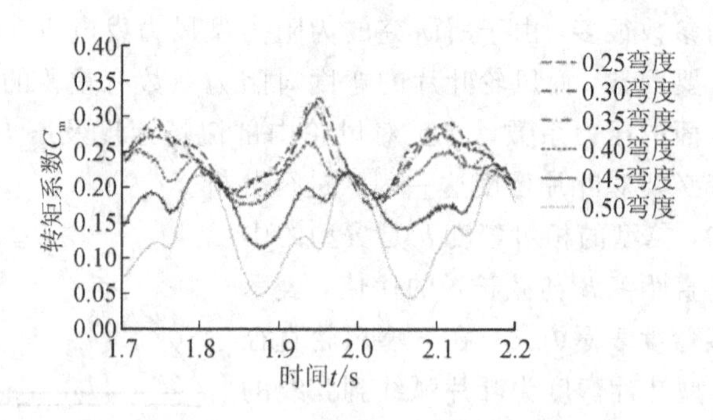

图 5-14 不同弯度转矩系数曲线

图 5-15 为风力发电机六种不同叶片弯度的平均转矩系数 C_m 随弯度变化的关系图，其中两条曲线分别为 C_m 值随弯度变化曲线及 C_m 曲线方差随弯度变化趋势。转矩曲线的方差值能够反映出该曲线波动性的大小，其值越大，则曲线波动性越大，也就是风力发电机旋转一周输出的转矩波动性较大，反之，则输出越平稳。风力发电机的输出转矩值随叶片弯度的增加而降低，而其转矩输出稳定性弯度在 0.38 附近达到最佳，在叶片弯度大于 0.38 时，其转矩系数波动性明显增加，风轮转矩输出性能会急剧变差，这是由于叶片弯度会影响风轮内部的流场分布。如图 5-16 所示，在区域 1 中，叶片弯度增大将导致经过该叶片的流场作用到叶片的凹面时更偏向于圆心，并且弯度的增加会造成叶片凹凸两侧即 A、B 两面的压力差减小，导致风轮转矩降低；另外，由于叶片的弯度影响流体经过风轮的流畅度，当叶片弯度增大时，流体经过叶片的路径增长，更易形成涡流，造成风轮转矩输出更加波动。因此，弯度增加造成了转矩系数的下降及转矩输出的不稳定性增加。综上，风轮叶片弯度在 0.38 时风轮转矩输出性能最佳。

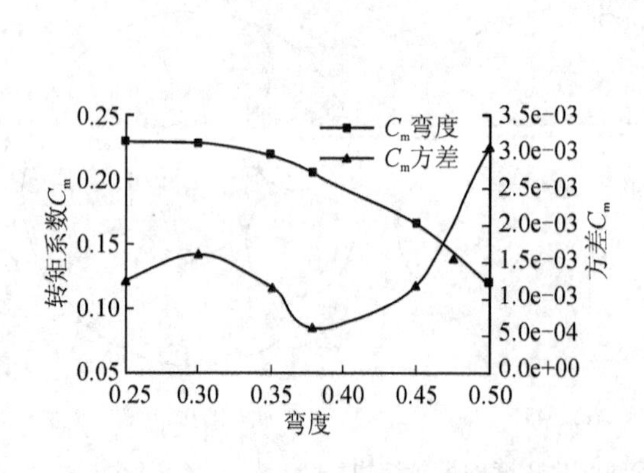

图 5-15 转矩系数与弯度关系图

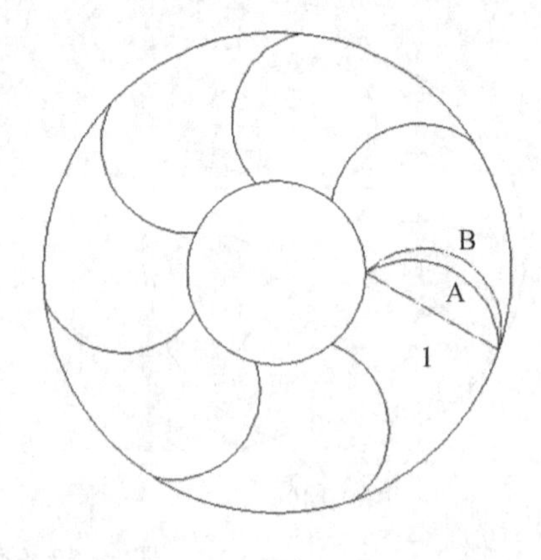

图 5-16 风轮叶片弯度变化示意图

2）风轮高径比

S型风力发电机运行时靠阻力做功，因风轮的凸凹两面的阻力系数不同，当流体流经时风轮会受到一定的转矩，若叶片高度增加，则风轮的迎风面积增加，产生的转矩能力增强。若风轮的迎风面积一定，则存在某一高径比使风轮风能利用系数达到最佳。而风轮的高径比对风轮的下风区流场影响较大，在较大程度上能改变该区域的湍流分布情况，进而对气动噪声产生较大的影响。风轮高径比 AP＝H/D。

图5-17为高径比对风力发电机的功率系数的影响曲线图。由图中可知，随着高径比由0.5到1.25增加，风力发电机的功率系数也不断增加，并在高径比为1.25时达到最大值，但随着高径比进一步增加，其功率系数有所下降。根据式(5-11)，随着高径比的增加风力发电机的动转矩 T 增加，迎风面积 S 也随之增加，开始时 T 增加程度大于 S 所增加的幅度，当高径比达到1.25后 S 的增加程度大于 T，因此风力发电机的功率系数呈现先上升后下降的态势。综上，风力发电机的高径比应选择1.25。

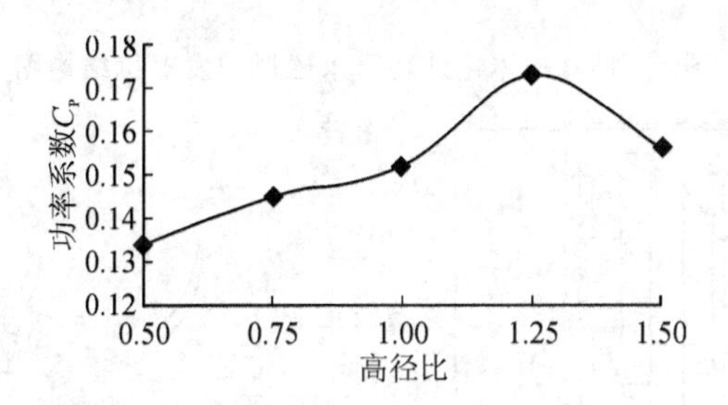

图5-17　高径比对功率系数的影响曲线

5.2.2　一体化风力发电机结构设计与性能分析

1. 一体化永磁风力发电机整机结构设计

本节将以永磁风力发电机为研究对象，将风力发电机、发电机及其连接部分进行一体化设计，从而实现结构紧凑、可靠性高、便于安装维护的一体化风力发电机设计。经过前面章节对永磁发电机的初步设计与特性研究以及风轮结构的设计，确定了发电机和风轮的结构、尺寸及参数。首先，本章将定子电枢、永磁体及风轮结构进行匹配性设计，实现风轮结构和外转子永磁发电机及其连接部分进行一体化设计开发。其次，分析比较新型一体机与传统风力发电机转矩性能和模态分析结果，验证一体化风力发电机比传统风力发电机性能更优异。

通过对 Sandia 实验室风力发电机模型的改进，对该改进的风力发电机模型的叶片弯度和高径比等参数的分析及确定，设计了一种一体化离网型外转子永磁风力发电机，利用 Solidworks 制图软件进行三维建模及工程制图。本书设计的一体化外转子永磁风力发电机的结构图如图5-18所示。

在一体化外转子永磁风力发电机的主视图中，对整个装配图进行 $A-A$ 和 $B-B$ 两个剖面创建剖视图，即纵截面和横截面的剖视图。其右剖视图如图5-19所示，上剖视图如图5-20所示。

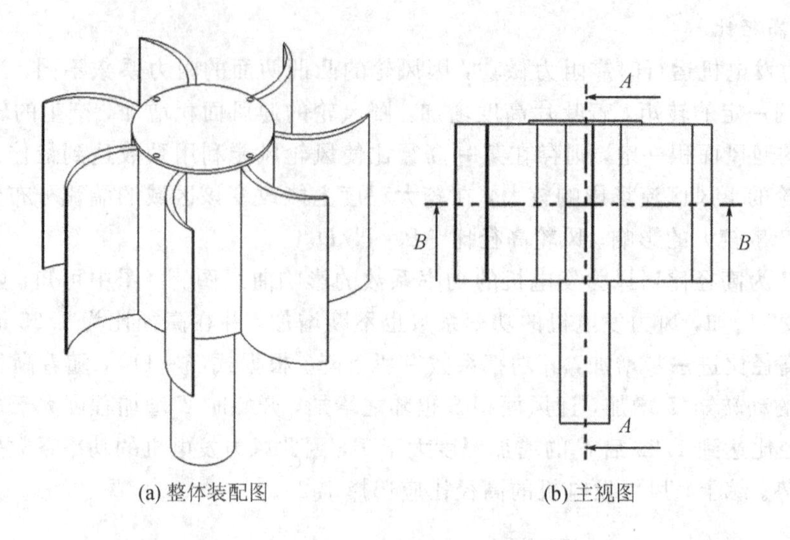

(a) 整体装配图　　(b) 主视图

图 5-18　一体化外转子永磁风力发电机结构图

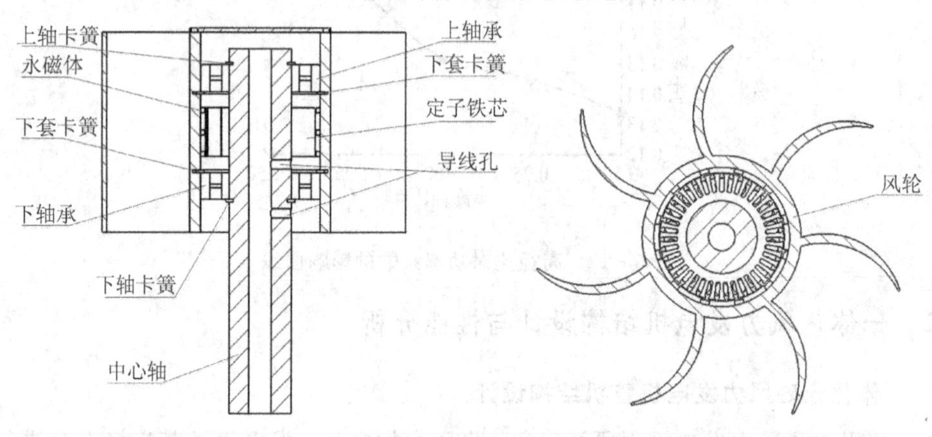

图 5-19　右剖视图(*A*—*A*)　　图 5-20　上剖视图(*B*—*B*)

这种新型的一体化垂直轴外转子永磁风力发电机结构的风力发电原理为：风力直接驱动风轮结构以速度 ω 旋转，同时带动固连在风轮结构中心套内侧表面的永磁体也以速度 ω 旋转，使得定子硅钢片上的绕组切割永磁体的旋转磁场产生感应电动势。

一体化垂直轴外转子永磁风力发电机的风轮结构是将中心套和叶片进行一体化设计而成的，风轮结构的中心套同时又作为永磁发电机的外转子。固定中心轴和风轮中心套通过上下两个轴承固定连接，轴承由安装在固定中心轴和风轮结构中心套上的轴卡簧和套卡簧固定。在中心套的内壁圆周上轴向设有多段相同永磁体，同时在固定中心轴的外壁设有与多层永磁体位置正对的带绕组线圈的铁芯。工作时，风轮结构的叶片在风力的作用下带动中心套绕固定中心轴旋转，使三段圆周设置的永磁体同步绕带绕组线圈的定子铁芯旋转，做切割磁感线运动产生感应电流。

一体化外转子永磁发电机的固定中心轴为空心结构，在轴上设有两个小孔，为引导绕组线圈进出的导线孔；风轮结构的中心套同时作为永磁发电机的外转子，在风轮结构的中心套上端面安装一个盖板，将上端封闭以保护电机不受外部环境损坏。固定中心轴和中心套均为导磁材料，且通过上下两个轴承连接。本文设计开发的一体化永磁风力发电机的主轴较长，需支撑整个风力发电机装置，因承受的载荷特别大而容易变形。调心滚子轴承具有双列滚子且轴承外圈滚道是球面形，因此调心性能良好，能补偿同轴度误差。这种轴承既能承受因发电机重量而引起的径向载荷，也能承受因风向和风速不确定而引起的轴向载荷，同时具有承受较高径向载荷能力和特别适用于重载或振动载荷下工作的优点。因此，本书选择调心滚子轴承，根据设计尺寸选择型号为 22216cck/w33 的调心滚子轴承。

轴承通过卡簧固定，上轴承由上轴卡簧和上套卡簧固定，下轴承由下轴卡簧和下套卡簧固定，轴卡簧和套卡簧分别安装在固定中心轴外壁凹槽和风轮结构中心套内壁凹槽上。其永磁体由稀土钕铁硼材料制成。轴向相同三段永磁体等间距沿圆周方向均匀间隔成一圈粘在中心套的内壁上，轴向三层等间距设置，且同一层圆周上任意两个相邻的永磁体呈相反极性设置，其中磁力线从任一永磁体 A 到带绕组线圈的铁芯、相邻永磁体 B 和风轮结构的中心套，再回到永磁体 A，形成磁力线循环圈，如图 5-21 所示。

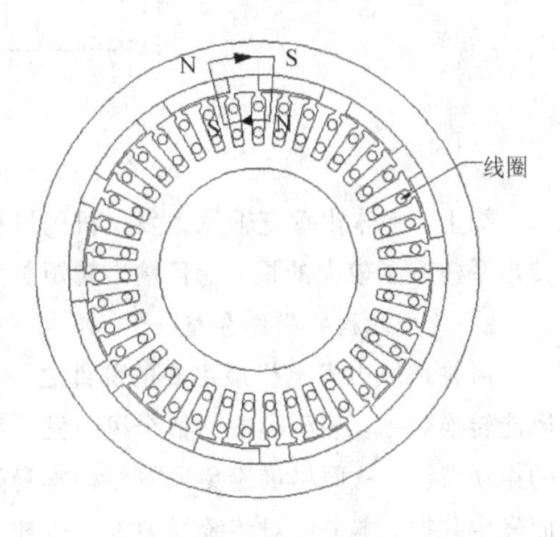

图 5-21　磁力线循环圈

这种一体化外转子永磁发电机结构与传统发电机结构相比，具有以下优点：

(1) 永磁体在风轮结构的中心套内壁上分轴向三层圆周设置，相邻轴向两层永磁体有一定间隙，有利于永磁体散热，保护永磁体不易发生不可逆退磁，改善了电机的散热性能，使永磁体的生命周期更长。

(2) 外转子永磁发电机为径向气隙，风速变化时，叶片产生振动，而径向气隙受垂直轴风力发电机振动影响小，发电机更为稳定，发电装置使用寿命更久。

(3) 传统风力发电机是将风力发电机和发电机分开设计，结构不够紧凑，成本较高。一体化永磁风力发电机将风轮结构和发电机外转子进行一体化设计，具有结构简单紧凑、成本较低、可靠性与能量转化率高的优点。

2. 一体化永磁风力发电机的性能分析

1) 输出转矩性能对比

如图 5-22 所示，实线和虚线分别表示一体化垂直轴风力发电机与传统风力发电机两种风轮待流场稳定后的两个周期内的转矩系数变化。相比于传统风力发电机，一体化垂直轴风力发电机风轮的转矩系数曲线振荡幅度减小，且转矩系数有了提升。通过对两种风轮转矩曲线的分析得出传统风力发电机风轮的平均转矩系数为 0.2053，转矩系数公差为 0.000 624 17，一体化永磁风力发电机风轮的平均转矩系数为 0.2315，转矩系数公差为 0.000 323 01。因此，一体化永磁风力发电机风轮较传统型风轮转矩系数提高了 12.76％，转矩系数波动幅度减小了 48.25％。

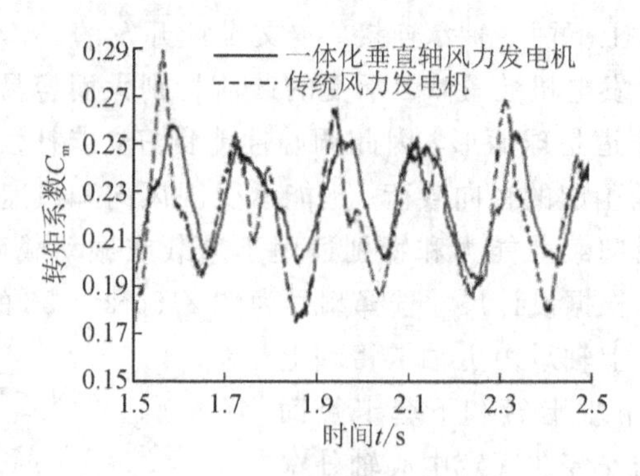

图 5-22　两种风轮的转矩曲线

综上，一体化垂直轴风力发电机的风轮在综合气动性能方面有了明显的改善，其输出转矩系数有了较大的提升，且输出转矩更为平稳。

2）风轮结构的模态分析

风轮是风力发电机最主要的部件之一，风轮的特性直接影响到风力发电机的稳定性和风能转换效率，甚至影响到整个风力发电系统的生命周期。模态分析主要是计算风轮结构的振动特性，从而尽量避免风轮结构本身的固有频率与外部激励影响的频率相同或者相近而发生共振。本书针对传统风力发电机和一体化风力发电机进行模态分析，确定两种风轮固有频率及振型。由于一体化风力发电机的额定转速为 500 r/min，其作为风轮结构的激励频率值为 8.33 Hz，相对来说不高。而风轮结构本身的高阶固有频率远大于该值，因此本章只分析风轮结构前六阶固有频率。传统风力发电机和一体化风力发电机振型分别如图 5-23 和图 5-24 所示。

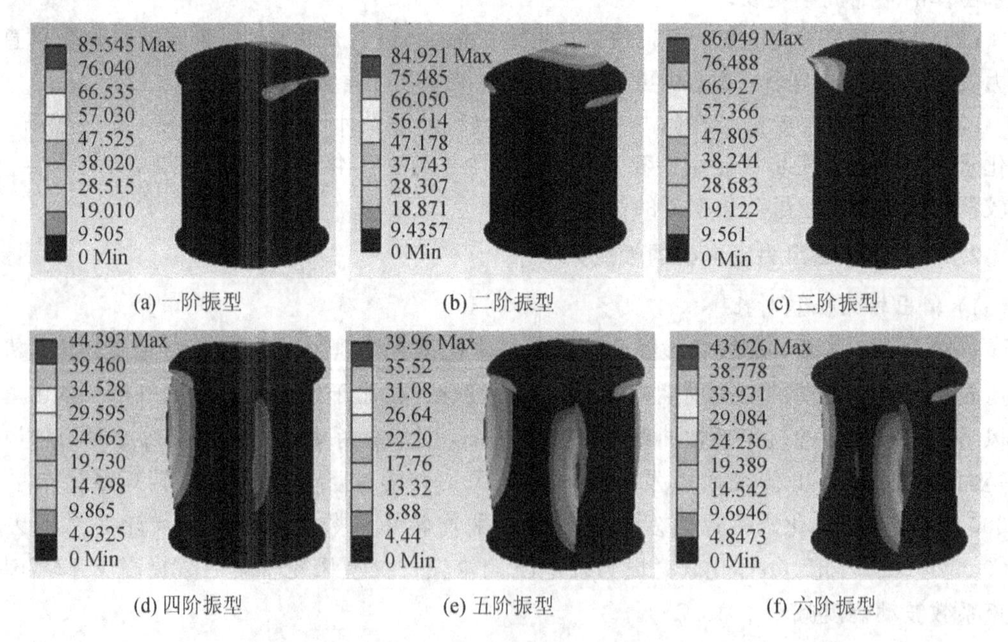

图 5-23　传统风力发电机风轮振型

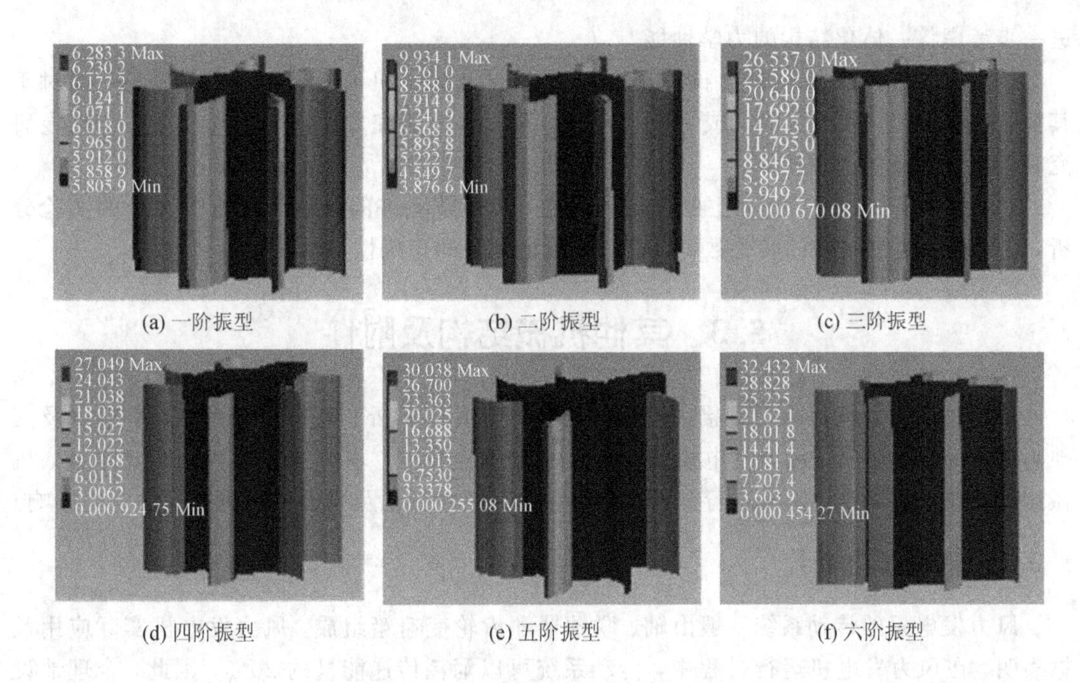

(a) 一阶振型　(b) 二阶振型　(c) 三阶振型

(d) 四阶振型　(e) 五阶振型　(f) 六阶振型

图 5-24　一体化风力发电机风轮振型

通过仿真得到两种风轮的频率值如表 5-11 所示。从表中数据可得，传统风轮的前六阶固有频率为 167.2～222.8 Hz，而一体机风轮结构的前六阶固有频率为 67.205～112.27 Hz。与传统风力发电机相比，本书开发的一体化风力发电机风轮结构的固有频率整体降低了，最低固有频率一阶值为 67.205 Hz，其远大于激励频率值 8.33 Hz。因此，一体化风轮结构不会发生共振，其结构设计合理，有利于延长风轮结构的生命周期。

表 5-11　两种风轮的频率值

模态	一阶	二阶	三阶	四阶	五阶	六阶
传统风轮频率/Hz	167.2	169.24	170.17	222.08	222.2	222.8
一体化风轮频率/Hz	67.205	67.272	94.214	109.01	109.65	112.27

5.2.3　一体化风力发电机存在的问题与发展

以 Sandia 实验室风力发电机模型为基础，对离网小型垂直轴风力发电机进行结构改进，对垂直轴风力发电机和永磁发电机及其连接部分进行一体化结构设计开发，并对该结构的永磁发电机进行退磁研究和齿槽转矩研究，取得了一定的阶段性成果，为后续的研究打下了一定的基础，由于客观条件限制，以下四点问题还可以进行进一步的探讨。

(1) 针对设计开发的一体化垂直轴风力发电机结构，其风轮和外转子为一体化结构，风轮结构的中心套足够长，而发电机铁芯长度较短，可以合理利用风轮结构中心套的安装空间，提高永磁发电机的发电效率。

(2) 设计开发了一体化垂直轴风力发电机结构，虽然研究了风力发电机参数对发电效率的影响，选取了垂直轴风力发电机参数的最佳值，但并未分析整机的力学性能，因此可进一步考虑该一体化结构的力学性能。

(3) 本书主要描述的研究内容是表贴式外转子永磁电机齿槽转矩的削弱策略，而对于其他结构的电机，如盘式电机或者复合电机，可以将该研究方法作为参考，进一步拓展研究其他电机类型的齿槽转矩。

(4) 由于条件因素，研究主要以仿真为主，在经济允许的条件下可进行大量的实验分析，从而获得更加精确的实验数据，以此来论证仿真的正确性。

5.3 其他机械结构及附件

垂直轴风力发电机除了直接进行风能转化的叶片结构外，还有传动系统、塔架以及其他附加机械结构，保证风力发电机的高效运行与安全稳定。本节主要对机构传动系统、机械制动结构、塔架及导流板进行分析，介绍它们对风能转化及风力发电机运行的重要影响。

5.3.1 机械传动系统

风力发电机的传动系统一般由轴、联轴器和齿轮变速箱组成。风力发电机实际应用数据表明，在风力发电机运行过程中，传动系统可以消耗传递能量的 20%，因此，合理地设计垂直轴风力发电机机械传动系统对风力发电机的运行效率有重大影响。

在传统的风力发电机组中，主轴是风轮的转轴，支撑风轮并将风轮的扭矩传递给齿轮箱，将轴向压力、气动弯矩传递给底座。轴通常使用法兰连接，最上方的法兰面用于连接风轮部分，轴颈用于安装轴承，轴端圆柱面则一般与齿轮箱的输入轴相配合，通过联轴器传递扭矩。

作用在主轴的载荷除了与风轮传来的外载荷有关外，还与风轮(主轴)的支撑形式及主轴支撑的相对位置有关。

常用的主轴材料有 42CrMoA 和 34CrNIMo6 等。根据特定用户的要求，材料还应具有耐低温冲击和抗冷脆性能。主轴毛坯应是锻件，经反复锻打改善金属的纤维组织以提高其承载能力，经过适当的热处理后应使成品材质均匀和具有规定的机械强度，并且要求无裂纹和其他缺陷。精加工后各台阶过渡处均为光亮无刀痕的圆角，以防止应力集中发生。

装配前必须仔细检验主轴各个配合表面的尺寸是否在允许的公差范围内。特别是主轴部与齿轮箱输入轴内孔相配合的轴颈尺寸，在装上胀紧套后必须达到包容件与被包容件之间的过盈量，确保轴系可靠运行。主轴部件的一般装配流程为：清洗零件→装配锁紧盘或制动盘→装配主轴轴承及轴承支架→将胀紧套套在齿轮箱输入轴上，并将主轴插入齿轮箱输入轴孔内→旋紧胀紧套→进入总装。

5.3.2 机械制动结构

离网小型垂直轴风力发电机具有诸多优势，但同样也存在一些问题，如风轮转速是随着风速的改变而改变，这样发电机发出的电流幅值也是时刻变化的，而电流幅值变化太大会对蓄电池有一定的损害。因此，研究一种垂直轴风力发电机的制动装置使风轮转速保持并稳定在正常的工作区间是十分必要的。

针对现有垂直轴风力发电机存在发电不稳定的问题，作者设计了一种离网小型垂直轴风力发电机电磁—机械联合制动装置，该装置操作简单，产生的刹车力矩大，提高了制动的稳定性及可靠性。这种电磁—机械联合制动装置主要包括电磁制动机构和与电磁制动机构连接的机械制动机构，电磁制动机构与垂直轴风力发电机的风轮连接，并与风轮同步运转机械制动机构和垂直轴风力发电机的塔架连接。电磁制动机构与上转子盘、配装的下转子盘一起组成盘式发电机，盘式发电机内部还包括定子和绕设在定子上的绕圈。定子一端与上转子盘内的回转支承轴承相连，另一端与风力发电机的塔架连接，使定子与转子有相对运动。其中，上转子盘通过其上均匀分布的装配孔与风轮相连，并与其保持同步运转。在上转子盘外缘分别设有立柱螺孔，与下转子盘相连，在上转子盘内部磁轭上还均匀分布相邻磁极极性相反的扇形永磁体磁极；下转子盘通过其外缘设置的立柱螺孔与上转子盘相连，在下转子盘内部磁轭上均匀分布多个相邻磁极极性相反的扇形永磁体磁极，底部中心通过带有螺孔的空心圆柱凸台与机械制动机构的刹车盘连接。

该装置的机械制动机构包括刹车盘、液压臂、连接杆、多个摩擦组件和多个锁死组件。刹车盘与下转子盘相连，摩擦组件、锁死组件分别设置在液压臂两侧，连接杆一端与风力发电机的塔架相连，另一端与液压臂相连，将液压臂固定在风力发电机的塔架上。刹车盘上中心开设有通孔，其表面均匀分布多个锁死孔。摩擦组件包括刹车臂和对称分布在刹车臂两侧的两个液压槽，两个液压槽互相连通，在液压槽内安装有圆柱形刹车垛，通过液压控制刹车垛移动，使刹车垛与刹车盘形成摩擦，降低风力发电机的转速。锁死组件包括分别设置在液压臂两侧的电磁铁和锁死销，锁死销与弹簧相连，通过电磁铁通电使锁死销克服弹簧拉力，穿过刹车盘上的锁死孔，实现机械锁死。

电磁—机械联合制动装置(见图5-25)安装在垂直轴风力发电机的风轮与机架之间，在正常风速范围内，发电机只进行发电，当风速超过风力发电机额定转速之后，发电机充电电路断开，发电机定子线圈三相电路短接，线圈内部产生三相短路电流，在发电机内部

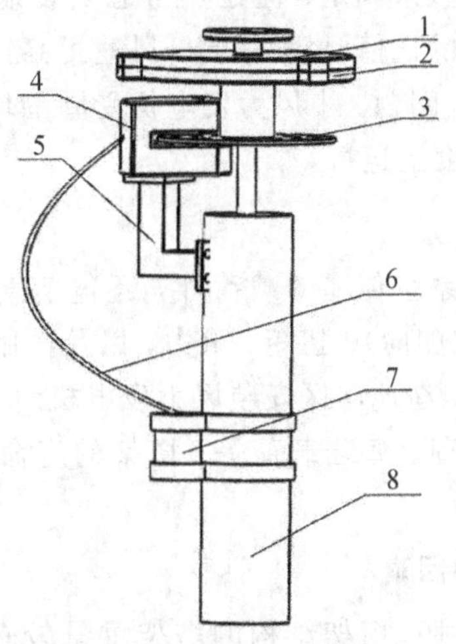

1—上转子盘；2—下转子盘；3—刹车盘；4—液压臂；
5—连接杆；6—液压泵；7—油管；8—塔架

图5-25　电磁一机械联合制动装置结构简图

磁场的作用下，产生制动转矩，并且风轮转速越低，发电机内部磁场产生的制动转矩越大。当风速过大，电磁制动的方式满足不了制动的要求时，可以采取机械制动的方式进一步制动，达到在风速过大时停机保护的目的。该装置能够有效解决在风速过大情况下风轮转速过高的问题，通过发电机三相电路短接产生的力矩制动和机械制动，实现风轮的转速可控。另外，此制动装置有两种方式联合制动，增加了风力发电机转速控制的可靠性；同时，将风轮的转速控制在一定范围内，有利于使发电机输出功率保持在一个稳定的范围，减少由于发电机输出功率不稳定造成的对蓄电池的伤害，延长使用寿命。

5.3.3 塔架

塔架是风力发电机中支撑机舱的结构部件，承受来自风力发电机组各部分不同种类的载荷(风轮的作用力和风作用在塔架上的力，包括弯矩、推力及对塔架的扭力)。塔架还必须具有足够的疲劳强度，能承受风轮引起的振动载荷，包括起动和停机的周期性影响、阵风变化、塔影效应等。另外，还要求塔架要有一定的高度，使风力发电机组处于较为理想的位置上运转，并且还应有足够的强度和刚度，以保证风力发电机在极端风况下不会发生倾覆。

塔架还需配合基础工作，风力发电机组的基础通常为钢筋混凝土结构，并且根据当地地质情况设计成不同的形式。其中心预置与塔架连接的基础件，以便将风力发电机组牢牢地固定在基础上。基础周围还要设置预防雷击的接地系统。

1. 塔架类型

塔架的基本形式有桁架式塔架和圆筒式塔架两大类。桁架式塔架在早期风力发电机组中大量使用，其主要优点为制造简单、成本低、运输方便，其主要缺点为通向塔顶的上下梯子不好安排，塔架过于敞开，维护人员上下不安全。塔筒式塔架在当前风力发电机组中大量采用，优点是美观大方，塔身封闭，风力发电机组维护时上下塔架安全可靠。

塔架高度主要依据风轮参数来确定，但还要考虑安装地点附近的障碍物情况、风力发电机功率收益与塔架费用提高的比值(塔架增高，风速提高，风力发电机功率增加，但塔架费用也相应提高)以及安装运输问题。小风力发电机受周围环境的影响较大，塔架相对高一些，可使它在风速较稳定的高度上运行。

2. 塔架载荷

塔架上的载荷除了由叶片系统传递的载荷外，还包括直接作用在塔架上的载荷。塔架载荷主要有推力、弯矩(轴向和侧向)、扭矩、重力，以及作用在塔架迎风面的空气动力载荷和塔架自身的重力载荷。此外，在地震区安装风力发电机时，还要考虑地震载荷；在近海安装风力发电机时要考虑波浪载荷、海陆载荷等。塔架的寿命与其自身质量大小、结构刚度和材料的疲劳特性有关。

3. 塔架静动态特性的影响因素

在静动态特性的考虑因素中，桁架结构的塔架重量较轻，而塔筒式塔架则要重得多。钢结构塔架虽质量大，但其基础结构简单，占地少，安装和基础费用不是很高。由于塔架承受的弯矩由上至下增加，因此塔架横截面面积自下而上逐渐减小，以减小塔架自身的质量。

风轮转动引起塔架受迫振动的模态是复杂的。叶片转子残余的旋转不平衡质量产生的塔架以每秒转数 n 为频率振动；塔影、不对称气流、风剪切力、尾流等造成的频率为 Z_n（Z 为叶片数），其中 n 为塔架的自振频率，Z_n 为塔架的运行频率，塔架的一阶固有频率与受迫振动频率 n、Z_n 值的差别必须超过这些值的20%以上，以避免共振，同时还必须注意避免高次共振。

事实上，塔顶安装的风轮、发电机等集中质量（多个零部件形成的一个新的整体质量）已和塔架构成了一个系统，并且塔顶系统集中质量又处于塔架悬臂梁的顶端，因而对系统固有频率的影响很大。如果塔架—机头系统的固有频率大于 Z_n，则称为刚性塔，介于 n 与 Z_n 之间的为半刚性塔，低于 n 的是柔性塔。塔架的刚性越大，重量和成本就越高。塔架的刚度要适度，其自振频率（弯曲及扭转）要避开运行频率（风轮旋转频率的3倍）的整数倍。

恒定转速的风力发电机由设计来保证塔架—机头系统固有频率的取值在转速激励的受迫振动频率之外。变转速风轮可在较大的转速变化范围内输出功率，但不容许在系统自振频率的共振区长期运行，应尽快穿过共振转速区。对于刚性塔架，在风轮发生超速现象时，转速的叶片数倍频冲击也不能与塔架产生共振。

当叶片与轮毂之间采用非刚性连接时，对塔架振动的影响可以减小。尤其在叶片与轮毂间采用铰接（变锥度）或风轮叶片能在旋转平面前后5°范围内摆动时，这样的结构设计能减轻由阵风或风的切变在风轮轴和塔架上引起的振动疲劳，但缺点是构造复杂。

4. 塔架的设计步骤

塔架设计可按一般高耸建筑物设计规范进行，主要步骤如下：

(1) 初步确定塔架的几何外形和尺寸。塔架的结构形状和尺寸取决于载荷，应综合考虑塔架静、动特性的要求以及风轮的布置形式和尺寸。

(2) 按强度、刚度确定构件的截面参数，如直径、壁厚等。

(3) 进行塔架稳定性与动特性分析。

用强度确定的截面参数及稳定理论的有关公式或经验公式校核构件的稳定性。用有限元分析方法对单独塔架和整机的含静、动态响应进行全面分析，根据分析结果可调整塔架结构参数，使结构更趋优化。

5. 塔架常用材料与表面防腐处理

塔架的塔筒常由Q3455C、Q345D钢板经卷板焊接制成。该材料具有韧性高、低温性能较好的优点，且有一定的耐腐蚀性。由于风力发电机组安装在荒野、高山、海岛、屋顶等地，要承受日晒雨淋和沙尘盐雾的侵袭，所以表面防护十分重要。通常表面采用热镀锌、喷锌或喷漆处理，对表面防锈处理要求应达到20年以上的寿命。

6. 基础

风力发电机组的基础主要按照塔架的载荷和机组所在地的气候环境条件，结合高层建筑建设规范建造。基础除了按承受的静、动载荷安排受力结构件外，还必须按要求在基础中设置电力电缆和通信电缆通道（一般是预埋管），并设置风力发电机组接地系统及接地触点。

5.3.4　导流板

导流板的作用主要是改变风力发电机附近的气流状态，最大程度上利用风能，其对风力发电机的性能有较大影响。为了分析阻力型风力发电机叶片内部导流板对风力发电机性能的影响，下面对一种带导流板的一体化风力发电机建模后的性能进行分析。

1. 带导流板的一体化风力发电机几何模型

由于整个风力发电机模型较为复杂，风轮部分对流场和气动性能的影响最大，其他构件影响较小，因此建模时只保留了风轮部分，风轮底部的电机用相同大小的圆柱体代替[3]。考虑到一体化风力发电机的叶片为薄片金属材料，叶片数过少时容易产生较大风压，载荷和噪声增加，过多的叶片数会导致风能利用率降低，综合选取确定一体化风力发电机为三叶片[4]。其简化后的模型如图 5-26 所示。

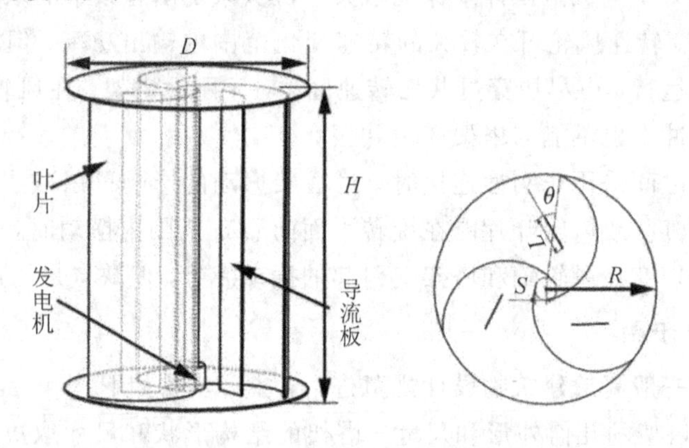

图 5-26　一体化风力发电机模型

2. 计算域与边界条件设定

本研究采用三维模型进行流体分析，虽然这样会消耗更多计算内存和计算时间，但可以考虑风轮竖直方向上的涡流之间相互影响对风轮内部流场变化造成的影响[5]。流场模型的建立分为旋转域和静止域两部分，具体尺寸见图 5-27。

旋转域是风轮旋转的区域，比风轮的尺寸稍大，直径为 800 mm，高为 1300 mm，其中心轴与风轮旋转中心重合；静止域是旋转域外围的区域，长 7000 mm，宽 3500 mm，高 3000 mm。边界条件的设置为速度入口和压力出口，静止域的其他四个壁面设置为远压场边界[6]，图 5-28 为边界条件的设置。

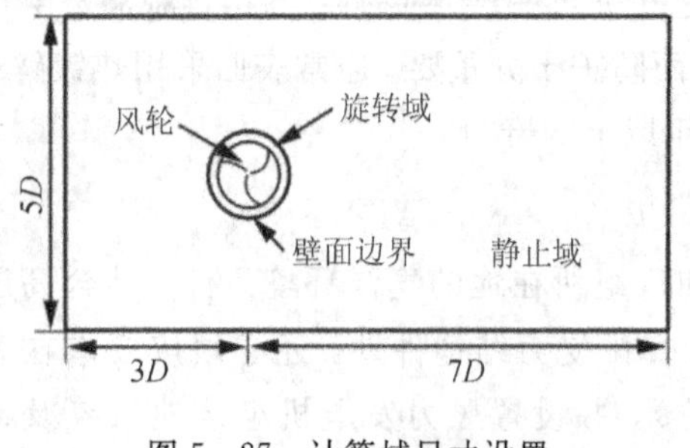

图 5-27　计算域尺寸设置

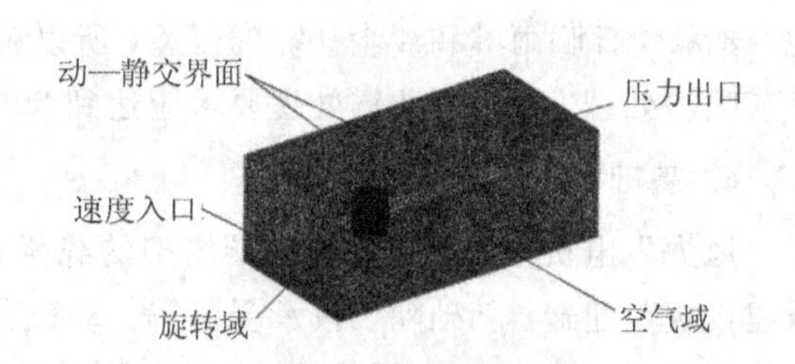

图 5-28　边界条件的设置

在进行流场分析时，采用瞬态非定常雷洛平均模型(RNGk－ε)。静止域和旋转域之间设置动—静交界面，旋转域采用滑移网格。模型的网格划分通过 workbench 中的 mesh 模块进行，采用 CFD 网格模型，通过加膨胀层的方式对旋转域网格进行局部细化。网格无关性是通过监测阻力系数的变化情况来验证的[7]，图 5－29 为风轮稳定旋转一周的阻力系数图，当膨胀层数大于 16 时，阻力系数已不再变化，因此叶片周围膨胀层最终设置为 16 层。

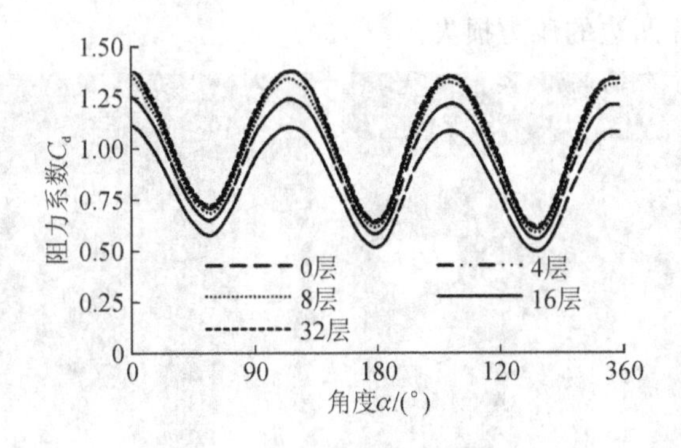

图 5－29　网格无关性验证

3. 导流板参数对风力发电机气动性能的影响

1）导流板长度

转矩系数的大小受物体的形状、叶片迎角和流体的雷诺数影响，将选择平板作为导流板可以增加风轮的阻力系数，在风轮旋转过程中也可以产生一部分升力，提高风轮的起动力矩。图 5－30 为入口风速为 7 m/s，叶尖速比为 0.7，安装角为 30°时导流板长度与风轮转矩系数之间的关系。从图中可以看出，随着导流板长度增加，转矩系数先增大然后平缓下降。随着导流板数量增加，风轮的最大平均转矩系数有所降低，单个导流板在长度为 120 mm时，转矩系数达到最大值 0.26，在转矩系数最大时，导流板个数越多，长度越短，主要是由于导流板数量过多时发生重叠，导致通过风轮内部的风量减少所致。

2）导流板安装角度

图 5－31 为导流板长度为 120 mm 时，导流板不同安装角度和风轮转矩系数的关系。图中表明，随着导流板角度的增大，转矩系数逐渐降低，这是因为随着角度的增大，风轮受风面积减少致使导流板阻力系数减小，作用于导流板上产生升力的气流流向风轮外围。风轮的转矩系数并没有随着导流板数目的增多而增大，可见导流板数目并非越多越好，本书设计的一体化风力发电机安装 1 块导流板较为适宜。

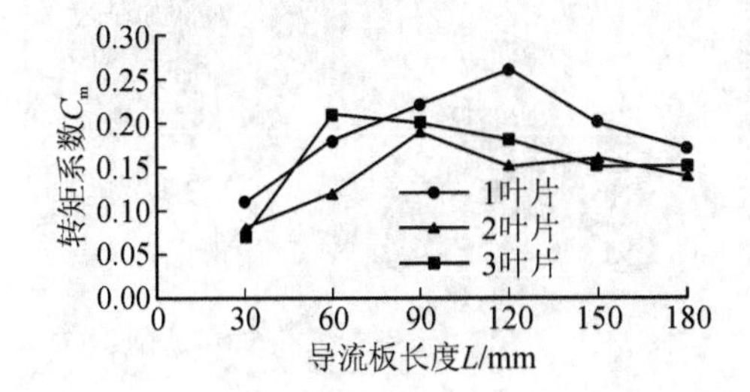

图 5－30　导流板长度与转矩系数关系图

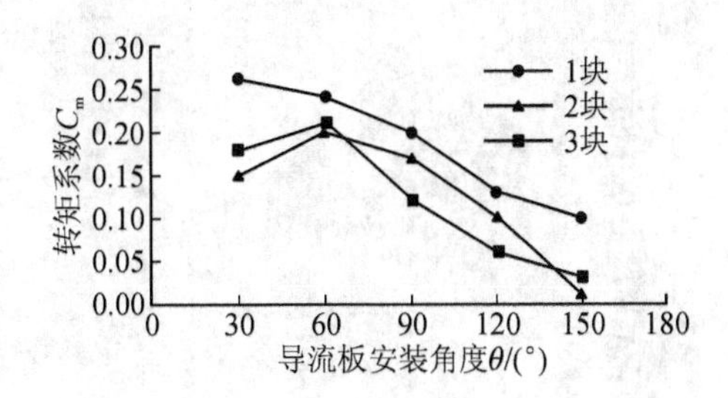

图 5－31　导流板角度与转矩系数关系图

3）流场分析

图 5-32 和图 5-33 是无导流板的风轮和有导流板的风轮在 3 s 时的流场速度等值线图，由伯努利方程可知，速度越高的地方压力越低。对比图 5-32 与图 5-33 可以看出，无导流板的风轮叶片凸面由叶尖涡流产生的高压区面积明显大于有导流板风轮，高压区会使叶片旋转阻力增加，使风轮的负扭矩增加，且无导流板风轮靠近中心转轴处具有更大范围的回流，这会导致叶片凹边的压力损失。

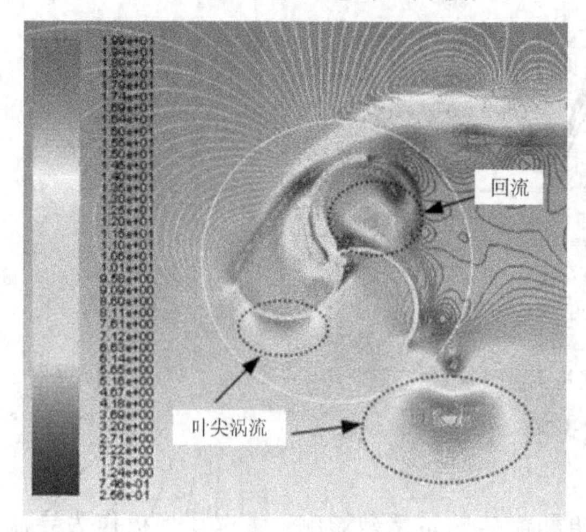

图 5-32　无导流板风轮速度等值线

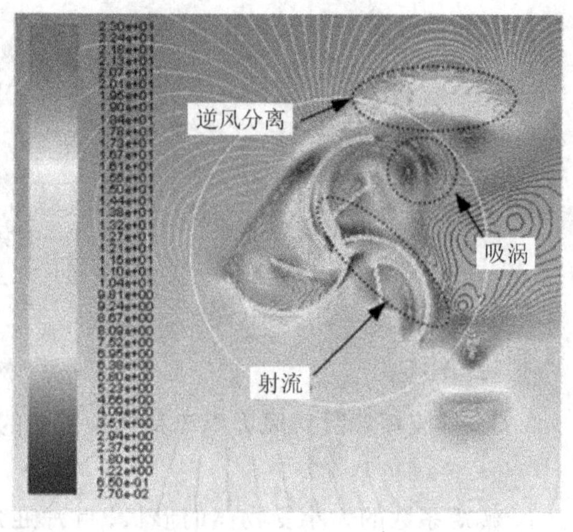

图 5-33　有导流板风轮速度等值线

由于有导流板的风轮逆流较弱，叶尖附近的相对速度较低，因此叶尖涡流范围较小。有导流板的风轮具有较强的吸涡，吸涡是强射流、回流和逆风分离综合影响产生的，吸涡越大，叶片凹边的压力越小。综上，导流板有助于减少叶尖涡流和回流，提高风轮的气动性能。

图 5-34 和图 5-35 是两种风轮的尾流速度云图，两种风轮尾流趋势大体相同，主要由低速区、弱加速区和强加速区组成。风轮下游的低速区速度明显降低，有导流板风轮速度最小值为 1.22 m/s，无导流板风轮最低值为 1.73 m/s；强加速区位于低速区下方，由于叶尖涡的耗散，该区域的局部风速大小随下游距离的增加而减小。有导流板风轮强加速区最大值达到 20.1 m/s，而无导流板强加速区最大风速只有 18.9 m/s。由于逆风分离的影响，低速区上方出现一个弱加速区，弱加速区与强加速区分布相似，但在大小和速度上都较小。

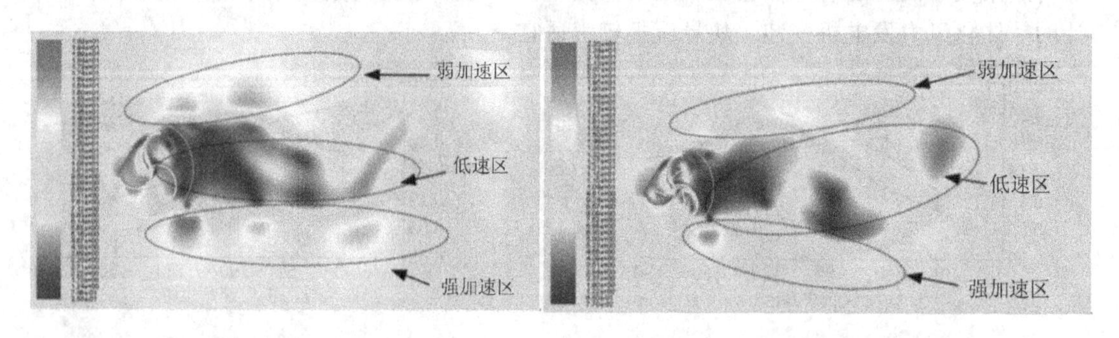

图 5-34　无导流板风轮尾流速度云图　　　图 5-35　有导流板风轮尾流速度云图

从图 5-34 和图 5-35 中可看出，气流流经风轮后在叶尖处发生一定角度的偏移，整体趋势都是流向叶片的背风面，叶尖处易形成涡流且角度变化较大，涡流会造成一定的叶尖能量损失。图 5-34 中无导流板风轮相比有导流板风轮叶尖涡流面积更大，涡流带走的风能更多，因此其风能利用率较有导流板的风轮低。

4）实验分析

根据上述仿真结果选取表 5-12 所示风轮较优结构参数对一体化风力发电机进行了数值模拟与实验验证，分别给出了叶尖速比为 0.3～1.6 时的风能利用系数值，并且将实验数据与 Sandia 实验室的数据做了对比。实验测试平台如图 5-36 所示，实验所需风速是通过变频器控制轴流风力发电机转速得到的，分别使用风速测量仪测量风速、转速传感器测量风轮的转速以及扭矩传感器测量风轮旋转过程中的扭矩。

表 5-12　风轮结构参数

叶片数	3	风轮高度/mm	1200
叶片弯度	0.35	风轮直径/mm	700
重叠比	0.2	导流板安装角度/(°)	30
导流板数目	1	导流板长度/mm	120

图 5-37 为实验和仿真得到的风能利用系数拟合曲线，二者变化趋势与 Sandia 实验室风轮数据相同，都随着叶尖速比的增大先增后减，都在叶尖速比为 0.8 处达到最大值，仿真最大值为 0.19，实验测得最大值为 0.178，二者最大误差为 6.3%。由于导流板的作用，风能利用率提高了 3.5%，实验数据略小于仿真数据，这是因为轴流风力发电机所提供的流场并不是均匀水平的，未经过蜂窝器等设备整流，在流动过程中呈螺旋状，到达风轮表面的气流为非均质气流，因此造成实验的误差，但两者趋势和最大误差限能够说明仿真的正确性。

图 5-36　实验测试平台

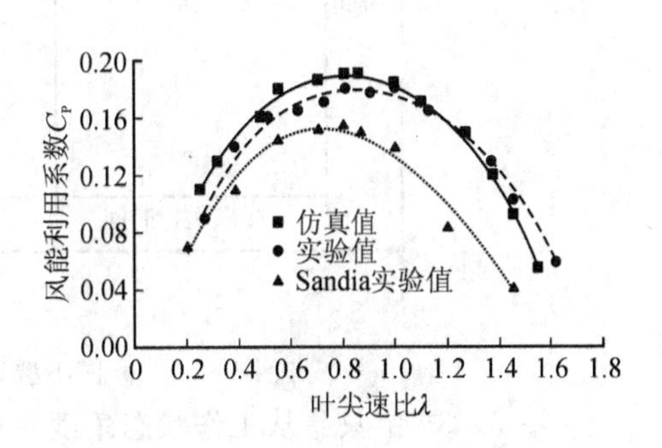

图 5-37　仿真与实验拟合曲线

5.4　垂直轴风力发电系统安全性及稳定性研究

风力发电机工作时风轮往复旋转、流场特性及结构受力复杂，所承受的载荷具有交变性和随机性，致使风力发电机易产生疲劳破坏。风力发电机的使用寿命主要取决于叶片、主轴、塔架及底座等零部件的疲劳寿命。因此，研究垂直轴风力发电机主要零部件的疲劳特性并进行抗疲劳设计，对于保证垂直轴风力发电机运行稳定具有重要意义。本节将以风力发电机安全性为设计准则，介绍垂直轴风力发电机设计安全性及稳定性。

5.4.1 风力发电机可靠性模型及指标

根据系统运行状态划分，可以总结出系统四状态可靠性模型，如图 5-38 所示。

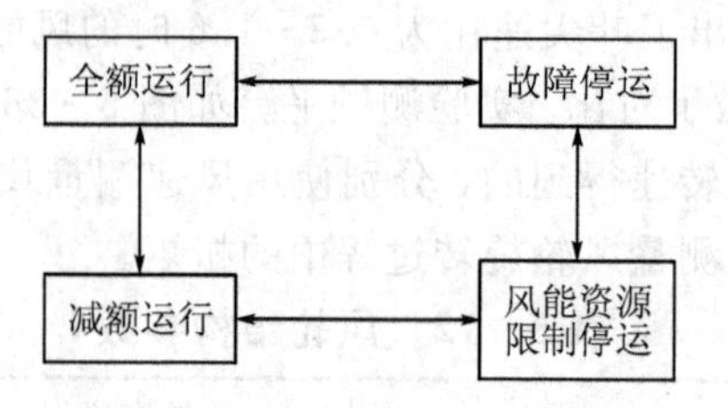

图 5-38 离网小型垂直轴风力发电系统四状态可靠性模型

图 5-32 所示模型中系统所处的四种状态之间可以因条件的改变而相互转移。根据此模型，可通过每一种状态在统计时间内出现的概率，对系统工作状态时间进行预算。

1. 时间指标

上述分析结果包含了所有系统工作状态，所以可以将统计时间内的工作状态时间进行时间指标定义，时间指标体系如图 5-39 所示。

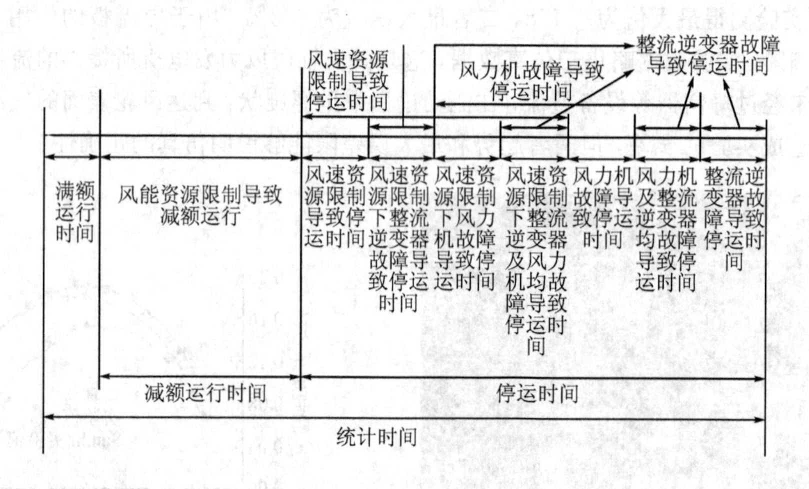

图 5-39 离网小型垂直轴风力发电系统时间指标体系

图 5-39 中只是从工作状态角度对统计时间内的各状态时间进行划分，直观地表示了工作状态时间种类，并不代表具体的时间分量。可以定义时间状态指标如下：

(1) 系统正常全额运行时间 TF：系统在统计时间内全额运行的累计时间。

(2) 风力发电机低效率工作导致系统减额运行时间 TT：统计时间内，仅受风力发电机低效率工作影响导致减额运行的累计时间。

(3) 风能资源限制导致系统停运时间 TWS：统计时间内，仅受风速资源限制导致系统停运的累计时间。

(4) 风力发电机故障导致系统停运时间 TTS：统计时间内，仅由风力发电机故障导致系统停运的累计时间。

(5) 整流逆变器故障导致系统停运时间 TCS：统计时间内，仅由于整流逆变器故障导致系统停运的累计时间。

(6) 风力发电机故障及整流逆变器故障导致系统停运时间 TTCS：统计时间内，由于风力发电机故障以及整流逆变器故障导致系统停运的累计时间。

(7) 统计时间 T：一般而言，T 为全年统计时间 8460 h。

由上述单个状态时间指标可总结出各累计状态时间指标如下：

(1) 减额运行时间 TT。

(2) 风能资源限制引起的停运时间 TWR：TWR＝TWS。

(3) 故障停运时间 TG：包含部分故障停运时间和系统完全故障停运时间两部分。其中，风力发电机故障引起的停运时间为 TTR，TTR＝TTS＋TTCS；整流逆变器故障引起的停运时间为 TCR，TCR＝TCS＋TTCS。

(4) 运行时间 TON：系统处于运行状态的累计运行时间，TON＝TF＋TT。

(5) 停运时间 TOFF：系统处于停运状态的累计时间，TOFF＝TTS＋TCS＋TWS＋TTCS。

(6) 统计时间 T：T＝TON＋TOFF。

2. 出力状态指标

结合前述工作状态分析，可以列出以下几种出力状态指标：

(1) 全额等效出力 FF：系统在满额运行下的等效出力。

(2) 减额工作等效出力 FP：系统处于减额运行状态下的等效出力。

(3) 等效出力 F：系统在统计时间内的平均出力。

(4) 最大出力 F_{max}：系统在统计时间内正常工作的最大出力。

3. 系统总体可靠性指标

结合上述分析的时间指标及处理状态指标，可以定义以下关于系统总体可靠性的指标：

(1) 故障率 λT：系统一年内发生完全故障的次数。

(2) 故障平均修复时间 μT：完全故障的平均修复时间。

(3) 设计可用率 Y_d：根据故障率及故障平均修复时间计算出的系统设计可用率，$Y_d = 1-\lambda T \cdot \mu T$。

(4) 实际可用率 PY：系统处于工作状态的时间与统计时间的比值，PY＝TON/T。

(5) 全额运行率 PF：系统处于全额运行状态的时间与统计时间的比值，PF＝TF/T。

(6) 减额运行率 PT：系统处于风速限制下的减额运行时间与统计时间的比值，PT＝TT/T。

5.4.2 离网小型垂直轴风力发电系统特点分析

1. 垂直轴风力发电机出力特点分析

离网小型垂直轴风力发电系统出力受风速及自身机械结构特性的影响，风能对其造成直接的输出影响。在风速低于起动风速时，风力发电机不能起动工作，其输出功率为0；大于切出风速时，风力发电机处于脱机状态，也没有输出功率；在中间正常工作风速区间内，风力发电机输出与风速成线性增长关系。图5－40为某小型风力发电机风速与输出功率曲线图。

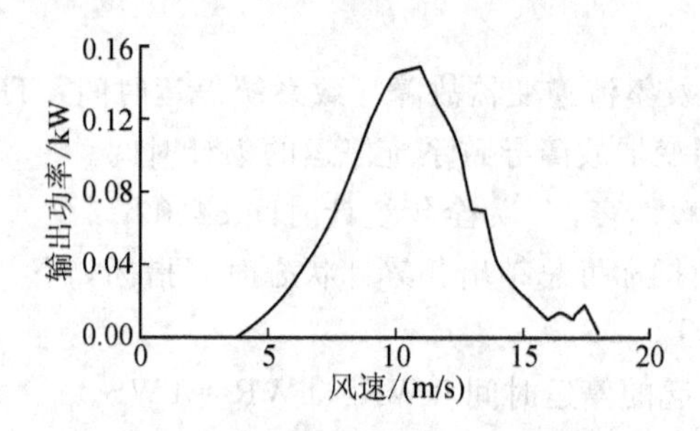

图5－40　小型风力发电机风机与输出功率曲线

在本书研究中将风力发电机工作状态分为正常工作与停机两种状态，正常工作可分为满额工作及非满额工作，停机状态可分为故障停机及资源限制停机两种。

2. 系统结构特点分析

离网小型风力发电系统属于电力系统中的发电部分，是微网分布式电源中的孤岛结构，而本书研究对象属于一个单体模型。从离网小型风力发电系统的拓扑结构可看出，可以将其分为风力发电机及电力系统两个部分。其中，电力系统的部分主要由整流、升压、斩波、逆变等环节组成。而这些环节的电路构成主要由电容、电感以及各类开关元件构成。相比较电容电感，开关管的损坏更为常见，尤其在本书定义的复杂工作环境下。图5－41所示为典型的整流逆变电路，从图中可以看出，任何一个开关管的损坏都将导致电路不能正常工作，不能达到预期目标。因此，本书将电路部分的安全性定义为整流逆变器的故障，整流逆变器中任何一个开关管的故障都将导致电路系统不能正常工作，从而导致离网小型风力发电系统不能正常工作。

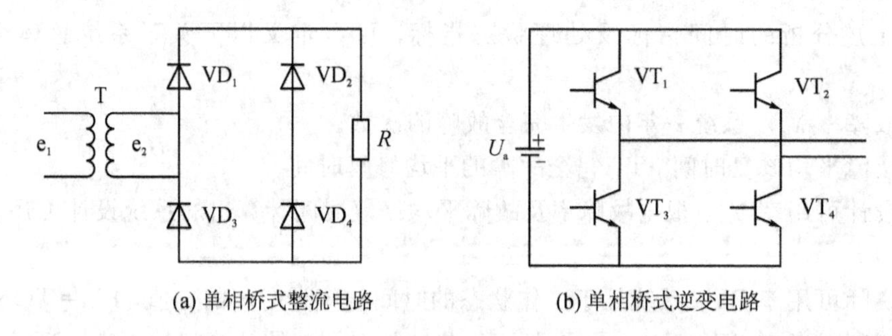

(a) 单相桥式整流电路　　(b) 单相桥式逆变电路

图5－41　单相桥式整流逆变电路

对于机械结构部分的风力发电机，与电力系统不同的是，由于受到复杂工作环境的影响，可能导致风力发电机低效率工作，风力发电机可能出现资源限制状态导致风力发电机不能正常满额工作，但不至于停运。

离网小型风力发电系统可靠性框图如图5－42所示。

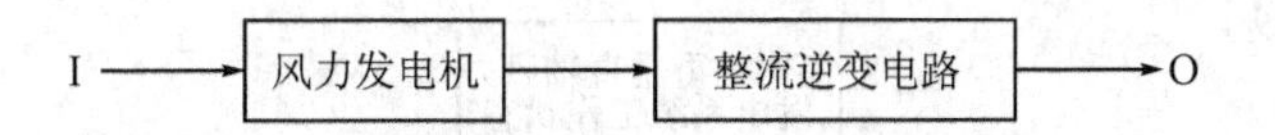

图 5-42　离网小型风力发电系统可靠性框图

风力发电机结构以及电力系统部分都会出现故障停运，所以由此可以计算出系统整体相关故障数据。设风力发电机一定时间内故障率为 A_1，修复时间为 B_1，一定时间内整流逆变电路的故障率为 A_2，修复时间为 B_2，且风力发电机与整流逆变电路的故障率以及修复时间均相互独立，则风力发电机和整流逆变电路的整体故障率分别为 $C_1=A_1\cdot B_1$ 和 $C_2=A_2\cdot B_2$。由风力发电机与整流逆变电路的连接形式可知，任何一个发生完全故障都会导致整个系统的停运。因此，系统的可靠性模型有完全故障与部分故障两种状态。

当整个系统完全故障时，即风力发电机结构和电力系统部分均发生故障，其故障率 A_3、修复时间 B_3 以及故障概率 C_3 分别为

$$A_3 = A_1 \cdot A_2 \tag{5-15}$$

$$B_3 = \frac{A_1 \cdot B_1 + A_2 \cdot B_2}{A_3} = \frac{A_1 \cdot B_1 + A_2 \cdot B_2}{A_1 \cdot A_2} \tag{5-16}$$

$$C_3 = A_3 \cdot B_3 = A_1 \cdot B_1 + A_2 \cdot B_2 \tag{5-17}$$

当系统出现部分故障时，可以分为风力发电机故障和逆变器故障两部分。当只发生风力发电机故障时，其故障率 A_f、修复时间 B_f 及故障概率 C_f 分别为

$$A_f = \frac{C_f}{B_f},\ B_f = B_1,\ C_f = C_2^1 \cdot C_1 \cdot (1 - C_2) \tag{5-18}$$

同理，当只出现逆变器故障时，系统故障率 A_n、修复时间 B_n 及故障率 C_n 分别为

$$A_n = \frac{C_n}{B_n},\ B_n = B_2,\ C_n = C_2^1 \cdot C_2 \cdot (1 - C_1) \tag{5-19}$$

又由于风力发电机与整流逆变电路故障相互独立，所以当整个系统处于部分故障时，其故障率 A_4、修复时间 B_4 及故障率 C_4 可以按下式计算：

$$A_4 = A_f + A_n = \frac{C_2^1 \cdot C_1 \cdot (1 - C_2)}{B_1} + \frac{C_2^1 \cdot C_2 \cdot (1 - C_1)}{B_2} \tag{5-20}$$

$$B_4 = \frac{C_4}{A_4} = \frac{C_2^1 \cdot C_1 \cdot (1 - C_2) + C_2^1 \cdot C_2 (1 - C_1)}{\dfrac{C_2^1 \cdot C_1 \cdot (1 - C_2)}{B_1} + \dfrac{C_2^1 \cdot C_2 \cdot (1 - C_1)}{B_2}} \tag{5-21}$$

$$C_4 = C_f + C_n = C_2^1 \cdot C_1 \cdot (1 - C_2) + C_2^1 \cdot C_2 (1 - C_1) \tag{5-22}$$

3. 离网小型垂直轴风力发电系统工作状态分析

考虑环境因素、风轮运行状态以及电路系统工作状态影响，假设系统各部件在正常工作时工作状态良好，则系统工作状态如图 5-43 所示。

离网小型垂直轴风力发电系统工作状态可以分为正常运行与停运两种。

正常运行状态可以分为两种：满额运行和低额运行。其中，风能资源的限制会造成风力发电机工作效率降低，造成离网小型风力发电系统的低额运行。

风力发电机故障和逆变器故障都会导致离网小型风力发电系统的停运；另外，当风速大于切出风速或者小于切入风速时，系统也会停运，所以风能资源也能限制其停运。

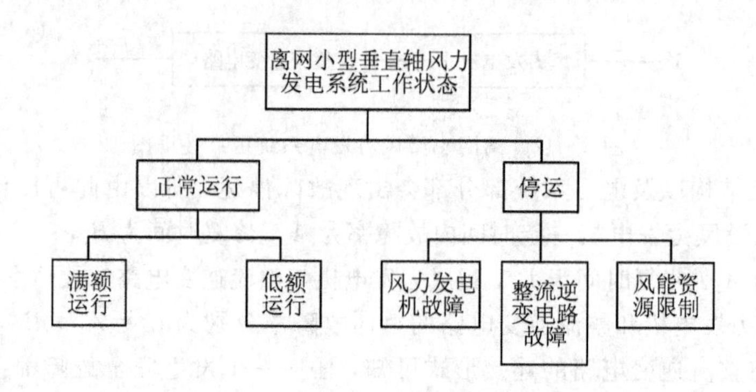

图 5-43　离网小型垂直轴风力发电系统工作状态

综上，可以定义离网小型风力发电系统有以下九种工作状态：

(1) 所有条件均在合理区间，离网小型风力发电系统满额工作运行，达到额定功率的70%以上；

(2) 风力发电机工作状态良好，但由于风能资源限制导致不能达到满额工作状态，处于额定功率70%以下工作状态；

(3) 风力发电机故障，而整流逆变器且风能资源都在合理区间，离网小型风力发电系统停运；

(4) 整流逆变器故障，风力发电机正常工作且风速资源在合理区间，离网小型风力发电系统停运；

(5) 风能资源处于切出风速或没有达到切入风速导致不能正常工作，而整流逆变器和风力发电机均能正常工作，离网小型风力发电系统停运；

(6) 风力发电机和整流逆变器均发生故障，而风能资源处于合理区间，离网小型风力发电系统停运；

(7) 风力发电机故障，且风能资源没有达到工作要求范围，而整流逆变器工作正常，离网小型风力发电系统停运；

(8) 整流逆变器故障，且风能资源没有达到工作要求范围，而风力发电机正常工作，离网小型风力发电系统停运；

(9) 整流逆变器和风力发电机均处于故障状态，同时受到风能资源限制，离网小型风力发电系统停运。

用 P_1，P_2，…，P_9代表上述九种不同状态发生的概率，T_1，T_2，…，T_9代表上述工作状态的时间，则

$$P_i = \frac{T_i}{T} \quad i = 1, 2, \cdots, 9 \tag{5-23}$$

式中：T 为统计时间，一般来说 T 为一年工作时间，即 8760 h。

5.4.3　叶片疲劳特性分析

疲劳分析属于可靠性分析中的重要组成部分，对产品在规定条件下和规定时间内的使用寿命进行预测，将预测寿命与设计寿命进行比较，尤其是关键零部件，可以实现设计反馈，对于风力发电机结构设计改进和安全使用具有重大意义。

疲劳分析包括交变载荷的建立以及相关的统计工作、材料疲劳特性的数据采集、结构的应力分析等内容。其中，交变载荷指随时间变化的载荷，而交变载荷随时间变化的统计值称为载荷谱。一般用 $S—N$ 曲线表示材料的疲劳特性，其中 S 表示材料承受的应力水平，N 表示材料的疲劳寿命水平。结构的应力分析是指有限元分析结果。获得上述数据内容后，选择合适的疲劳分析方法及损伤模型，然后根据疲劳损伤相关理论进行计算即可预测出其疲劳寿命[8]。疲劳分析基本流程如图 5 - 44 所示。

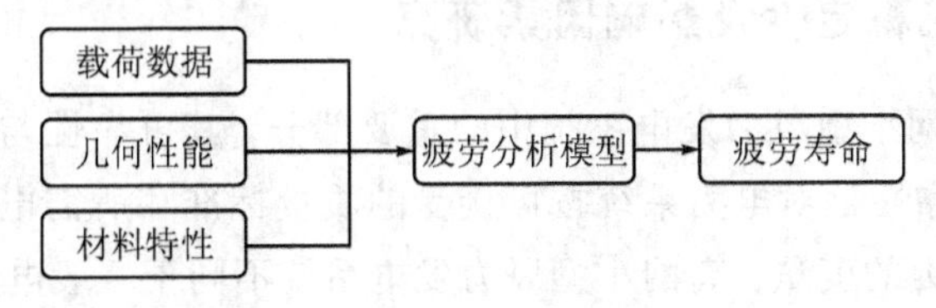

图 5 - 44　疲劳分析基本流程

疲劳分析建立在有限元分析的载荷数据基础上，运用疲劳分析基础理论进行疲劳寿命预测。因此，根据有限元分析结果的不同可以分为应力疲劳、应变疲劳、蠕变疲劳以及振动疲劳等。本书研究中根据前述的有限元分析结果及风速载荷特性，运用 nCodeDesignlife 软件以应力分析结果为基础进行应力疲劳分析。

在 Designlife 中，载荷的输入形式有三种，包括本书选用的时间序列载荷、多列同步载荷及柱状图载荷这三种形式的载荷都是通过 ASCII 转换进行导入的。风力发电机结构受风速载荷作用，所以本书在 nCodeDesignlife 中使用的载荷为时间序列。将有限元仿真结果记录文件通过 ASCII 进行转码后形成载荷文件，然后进行分析计算。

同时，根据有限元基础中的 Miner 线性累积损伤理论，损伤是一个应力循环而线性累加的过程。根据疲劳分析的循环次数结果可以估算出风力发电机的疲劳寿命，其计算公式如下：

$$Y = \frac{t \cdot n}{3600 \cdot T} \tag{5-24}$$

式中：Y 为估计寿命，单位为年；t 为载荷时间；n 为疲劳分析结果；T 为该风速的年分布时间。

风速越大，其应力值越大，所以疲劳分析结果越小，估计寿命越短。经过计算得出，30 m/s是该风力发电机结构的极限风速，即风速为 30 m/s 时的疲劳寿命即等于整机疲劳寿命。图 5 - 45 所示为 30 m/s 时时间序列载荷及疲劳寿命分析计算结果。

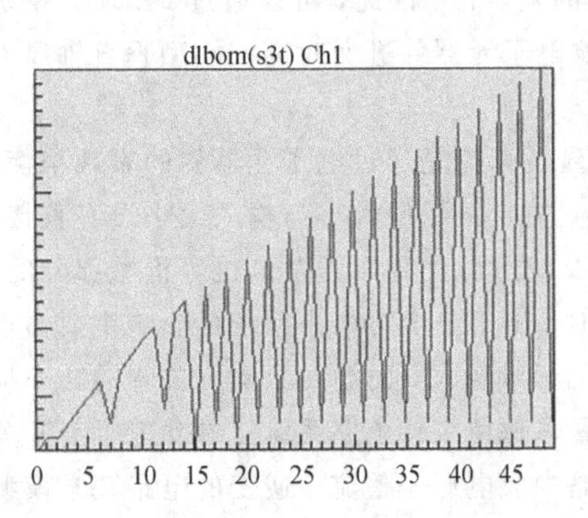

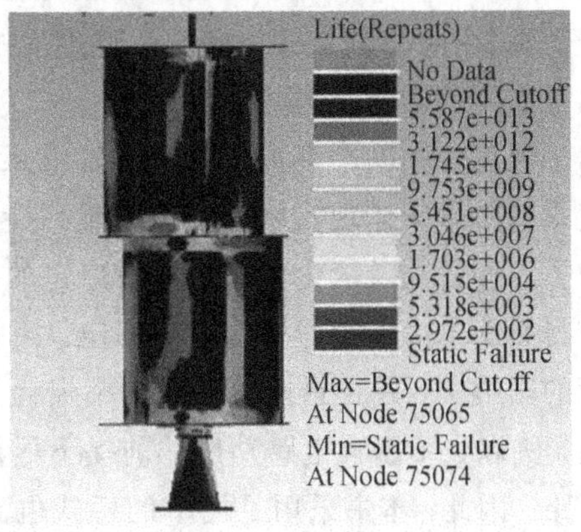

图 5 - 45　时间序列载荷及疲劳寿命分析计算结果

从图 5－45 所示的疲劳分析结果可以看出，寿命最小处为轴与轴承连接处以及叶片与底盘连接处，与有限元分析结果吻合。最小寿命为 2.972×10^{2}次，算出 30 m/s 风速全年分布时间小于等于 0.683 28 小时，所以按分布时间最大值估计的即为最小估计寿命。可以估算出，在此风速载荷作用下，风力发电机估计寿命为 6.04 年。同时，如果需要进一步改进结构，应从连接处进行。

5.4.4　风力发电机稳定性及影响因素研究

电力系统作为离网小型风力发电系统中的重要部分，其可靠性与机械结构的可靠性同样重要。电力系统可靠性是对电力系统按可接受的质量标准和所需电能总量不间断地向用户提供电力和电能能力的度量。离网小型风力发电系统不同于一般电力系统，它具有离网、孤岛以及单体等特点，属于电力系统中的发电部分。电力系统可靠性可以概括为充裕度和安全性两个方面的内容[9]。离网小型垂直轴风力发电系统的可靠性也应包含这两方面内容，故本节将结合系统工作的复杂环境从充裕性和安全性来分析离网小型垂直轴风力发电系统中电力系统的可靠性。

充裕性(Adequacy)是指电力系统维持连续供给用户所需电能总量的能力。复杂环境下，风速会影响风力发电机的输出，间接地影响离网小型风力发电系统的输出，导致输出电能质量降低，即降低其电能充裕性和系统整体可靠性；另外温度的升高可能会引起电路损耗增大，对电路系统输出充裕性产生影响。

安全性(Security)是指系统承受突然扰动的能力，例如对突然短路或未预料到的电子元器件失效的承受能力。而在本书的研究中，温度过高会导致电子元器件的直接失效，导致单个单元甚至整个系统发生故障，降低系统的可靠性。

1. 温度对离网小型风力发电系统的影响

离网小型风力发电系统中电力系统主要由电子元器件构成。电路系统的损耗可以降低离网小型风力发电系统的充裕性。电路系统的损耗体现为电子元器件的损耗，而器件损耗与结温有关，所以可以从损耗的角度分析电子元器件结温与环境温度的关系。另外，温度升高引起的元器件功能失效能直接影响系统的安全性。因此，可以通过 PLECS(系统级电力电子仿真软件)的热分析功能研究温度影响电子元器件进而对离网小型垂直轴风力发电系统的可靠性的影响过程[10]。

由于温度对离网小型垂直轴风力发电系统的影响是通过电子元器件的表现来衡量的，而风速系统的影响体现在风力发电机输入上，并且损耗的大小与输入大小没有直接关系，所以为了方便研究及简化模型，采用稳定的交流电源代替风力发电机等机械部分的输入，这样使得后面电力系统的输入更加稳定。同时，由于温度对电力系统的影响主要体现在对开关管的影响上，并且感性元件对功率损耗的影响较大，而温度只对开关管的功率损耗产生影响，所以在不影响电路功能的前提下尽量只保留维持电路系统正常功能且与开关管相关的电路。因此，本书采用了简单的桥式电路构成电源—整流—逆变的电路基本模型作为基本电路进行研究。在 PLECS 中建立的系统电路模型如图 5－46 所示。

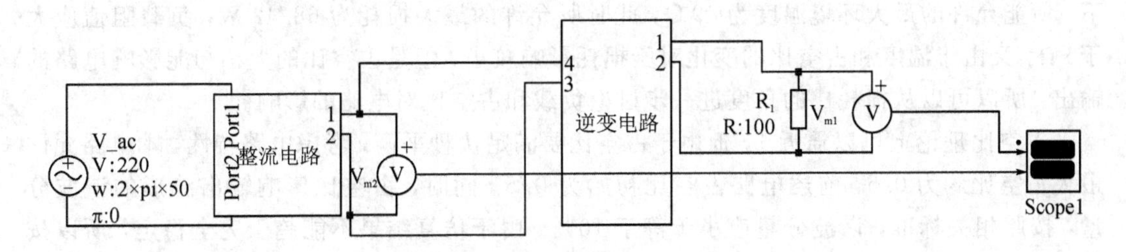

图 5-46　小型风力发电系统基本电路图

通过建立的电力系统模型，得到外接 100 Ω 负载时两个示波器结果如图 5-47 所示。从图 5-47 中可看出，电路的功能正常，开关管的结温与所建立的热环境一致，而开关损耗相对于导通损耗可以忽略不计，所以总损耗可以以导通损耗为主。导通损耗依据器件动态特性而来，与环境温度无关，但是却影响器件的结温。以最大值为准，图 5-48 为不同负载时晶体管的损耗。

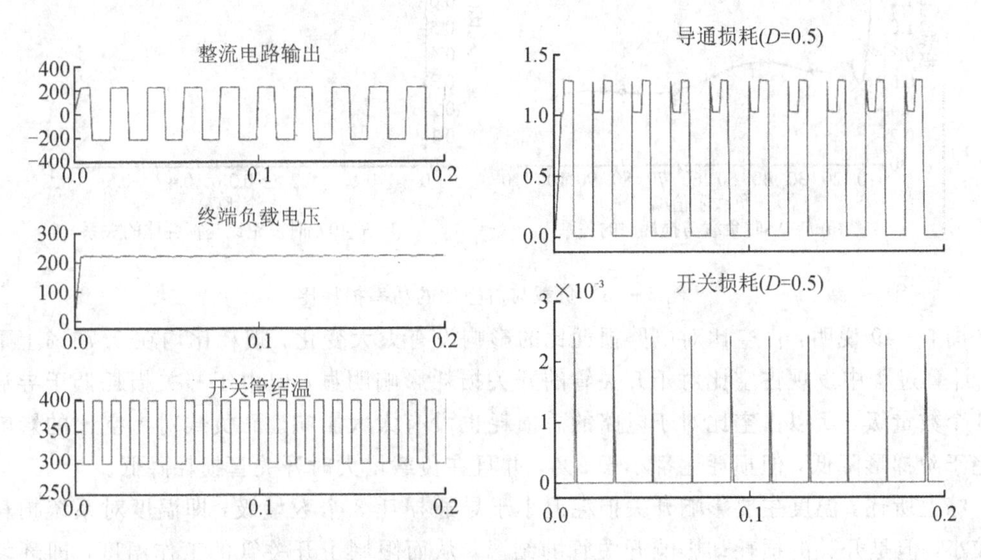

图 5-47　负载为 100 Ω 时 Scope 及 Scope1 波形

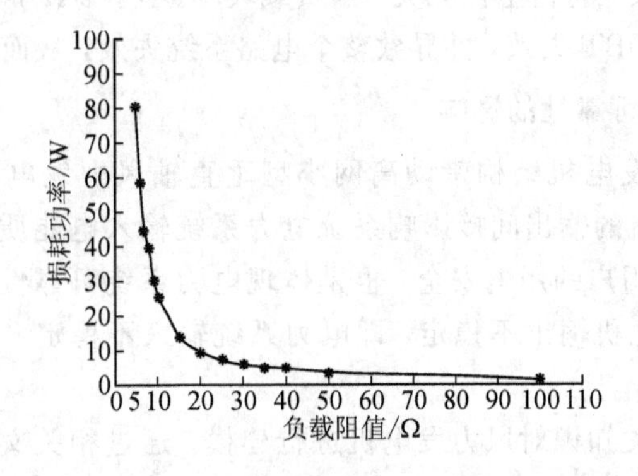

图 5-48　负载与损耗功率的关系

从图 5-48 中可知，随着负载的增大，损耗功率逐渐变小，而在 IGBT 极限工作条件下，所能允许的最大环境温度为49℃，此时所允许的最大损耗为68.42 W，负载阻值应大于5 Ω。又由于温度和占空比的变化对于损耗影响较小，但是占空比的大小却能影响电路的输出，所以可以从损耗比的角度进一步讨论负载和占空比对电路的影响。

占空比理论上可以逼近1，但由于占空比要满足伏秒平衡，考虑电路特性，本电路允许最大占空比约为0.5，前述电路占空比初始为0.5。同时，占空比影响输出波形的谐波分量，按照相关标准，谐波分量应小于等于10%。由于仿真结果不能趋于完全稳定，所以按照示波器的步长，将一定周期内的数据保存为CSV(逗号分隔值文件)格式来测量损耗比。首先研究在占空比 $D=0.5$ 时负载与损耗比的关系；然后选择某一负载阻值，讨论占空比与损耗比的关系，结果如图5-49所示。

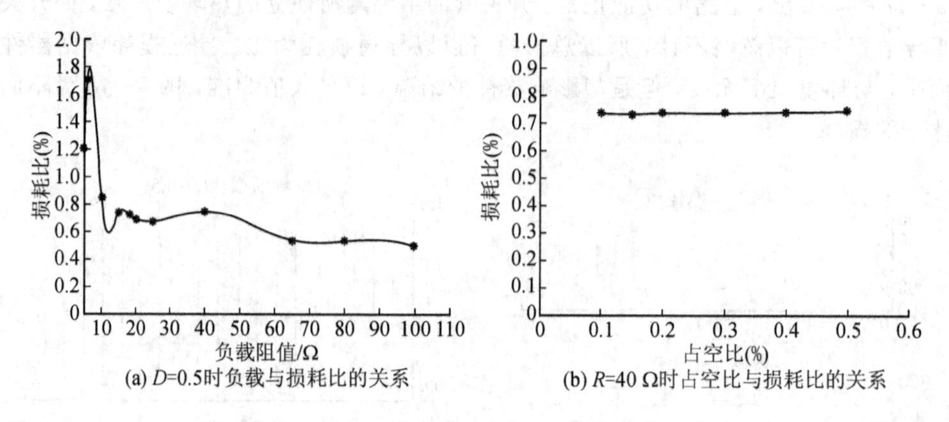

图5-49　负载与占空比的功率损耗比

图5-49说明，占空比对电路损耗比的影响没有太大变化，损耗比均在0.73%上下浮动。计算过程中发现占空比对于开关管的开关损耗影响明显，但由于开关损耗低于导通损耗3个数量级，所以占空比对于电路的总损耗也没有太大影响。而负载对占空比的影响大体趋于阶梯形降低，但损耗比都小于2%，并且在负载增大时开关管损耗降低。

综上所述，温度主要影响开关损耗但小于导通损耗3个数量级，即温度对系统损耗影响较小，但是开关的损耗却影响开关管的结温，从而限制了开关管的工作温度，即环境温度；同时损耗与负载有关，与占空比无关。当负载较小(小于5 Ω)时，电路最大工作环境温度为49°，否则会导致IGBT失效，并导致整个电路系统失效，从而影响其可靠性。

2. 风速对电路系统可靠性的影响

风能直接作用风力发电机结构带动离网小型垂直轴风力发电系统进行电能输出。同时，风能通过风力发电机的输出间接影响系统电力系统输入电能质量。电能质量作为衡量电能的重要标准影响着用户的用电安全，也是体现电力系统可靠性的有效指标。由于风速的不稳定，导致风力发电机输出不稳定，即电力系统输入不稳定，从而影响最后反馈给用户的电能质量。

结合空气动力学相关知识对风力发电机进行建模。通过相关文献可知，风力发电机输出的机械功率为

$$P=\frac{1}{2}C_{\mathrm{P}}\rho\pi R^{2}v^{3} \tag{5-25}$$

式中：P 为风力发电机输出功率，单位为 W；ρ 为空气密度，单位为 kg/m^3；R 为风轮半径，单位为 m；v 为实际风速，单位为 m/s；C_P为风能利用系数，与桨距角 β 及叶尖速比 λ 有关。C_P可以通过具体的三维流场实验仿真计算得出，也可以通过实际实验测量。通过测量实际数据的曲线拟合，可以得到风力发电机的 C_P曲线。C_P的计算公式如下[11]：

$$C_P(\lambda, \beta) = (0.44 - 0.0168\beta)\sin\left[\frac{\pi(\lambda - 3)}{15 - 0.3\beta}\right] - 0.00184(\lambda - 3)\beta \tag{5-26}$$

根据相关文献，β 取 3°时风能利用系数最大。而本书选择的风力发电机模型的叶尖速比为 1.3。根据上述数学模型，在 MATLAB/Simulink 中建立的风力模型和 C_P 仿真模型如图 5-50、图 5-51 所示。

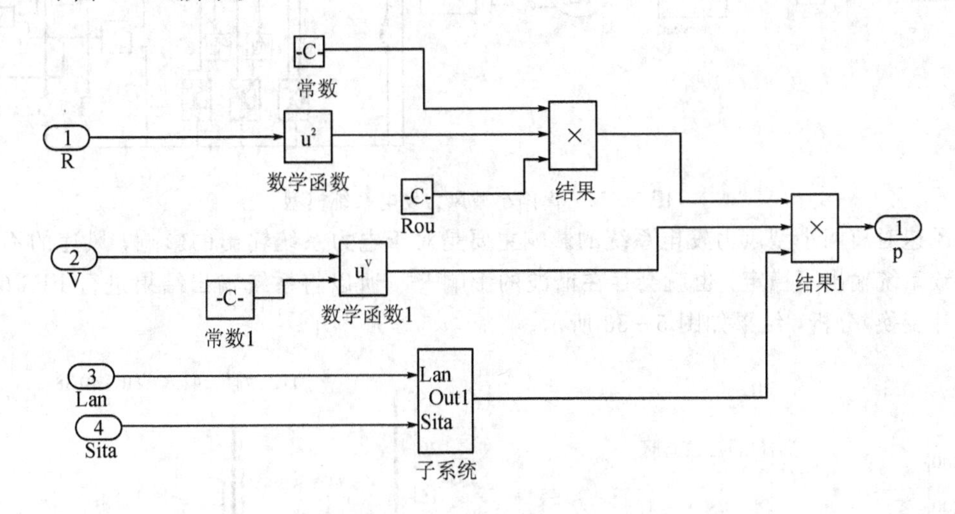

图 5-50 风力发电机模型

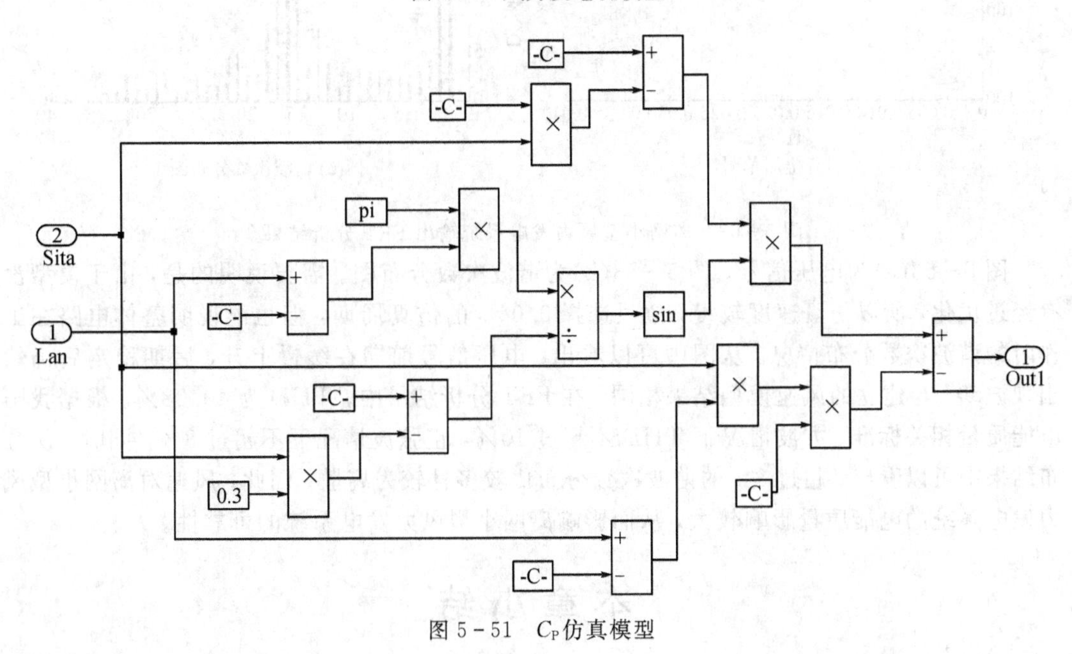

图 5-51　C_P仿真模型

建立上述模型后，结合风速模型，建立了离网小型风力发电系统模型，如图 5－52 所示。

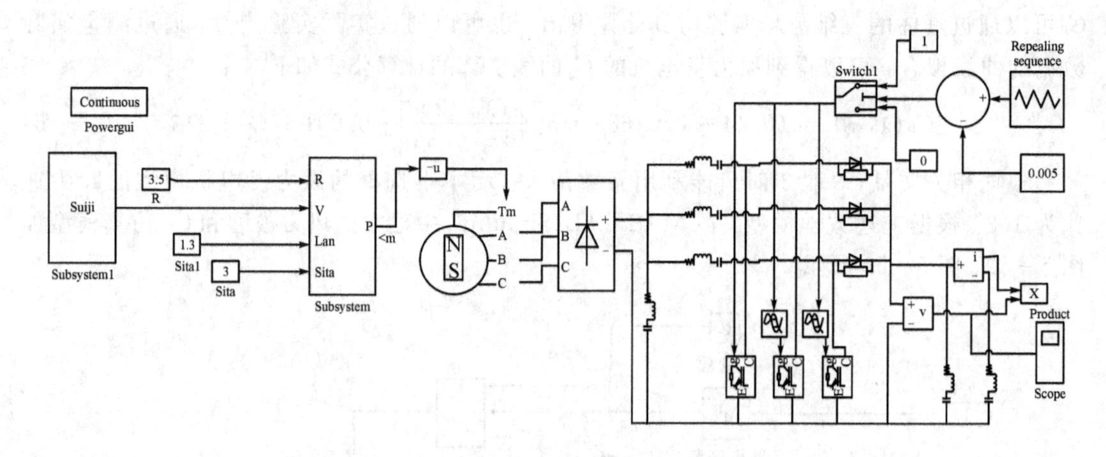

图 5－52　离网小型风力发电系统模型

风速对离网小型风力发电系统的影响主要是对于电力系统输出的影响，风速的不稳定会导致系统输出不稳定，也就会存在谐波的影响[12]。所以将系统输出结果进行 FFT(快速傅里叶变换)分析，结果如图 5－53 所示。

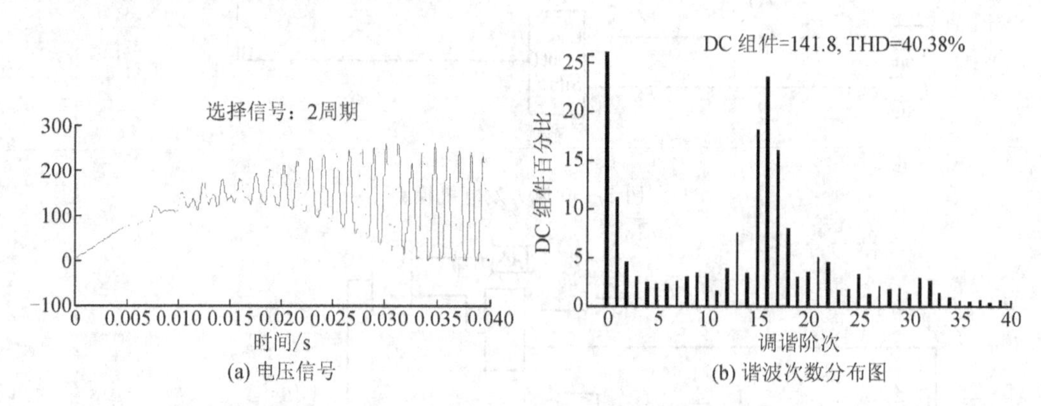

(a) 电压信号　　(b) 谐波次数分布图

图 5－53　离网小型风力发电系统输出 FFT 分析结果

图 5－53(a)为电压信号，图 5－53(b)为谐波次数分布图。需要说明的是，由于模型没有经过优化，所以仿真速度较慢，故只选择 0.04 s 的仿真周期，但也能说明整体电路在工作时的谐波次数分布情况。从图中可以看出，电压信号前期在缓慢上升，后期稳定后仍然出现波动，与建立的风速模型结果相同。在 FFT 分析结果中，THD 为 40.38％。根据我国电能质量相关标准，方波情况下 THD 不超过 10％，正弦波情况下不超过 8％。同时，从分布结果中可以看出，超过 8％的谐波次数分布比较多且较为离散。因此，风速对离网小型风力发电系统的电能质量影响较大，从而影响离网小型风力发电系统的可靠性。

本章小结

本章主要从垂直轴风力发电机的系统结构参数、一体化风力发电机设计、风力发电机系统的其他结构以及风力发电系统的安全性和稳定性进行论述，详细介绍了离网小型垂直轴风力发电系统的机械结构特点及核心设计要素。

首先，通过对垂直轴风力发电机的部分关键结构参数进行系统分析，并结合风力发电机理论模型及研究团队进行相关研究时所建立的结构模型进行仿真分析，得到相关参数对风力发电机气动性能的影响情况，通过云图可以清晰地反映参数变化带来的风力发电机气动性能的改变，从而为后续研究打下了良好的基础。

在前面的理论研究基础上，作者又对一体化风力发电机进行了分析研究，通过一体化风力发电机特性分析、结构设计及性能分析，论证了作者所设计的一体化风力发电机具有较好的散热性、稳定性及较高的风能转化率。

虽然垂直轴风力发电机的整体结构较水平轴而言减少了很多功能结构，但部分附件仍然具有重要的作用，不可或缺。对于传动系统而言，其对风力发电机的风能转化率影响很大，合理地设计传动机构不仅可以降低摩擦、振动等因素造成的风能损耗，还对电能质量有一定影响；制动系统是风力发电机进行自我保护的关键，对风力发电机的安全运行具有重要作用，因此，可靠耐用的机械制动对于小型垂直轴风力发电机来说是较优的选择；其次还有塔架、导流板等机构，对风力发电机效率的影响也较大，特别是对于导流板而言，由于当前对垂直轴风力发电机内部流体分布及作用效果的研究尚不够成熟，通过合理地设计优化导流板，可为风力发电机效率的提高提供一个新的方向。

最后，本章还从风力发电系统的安全性和稳定性出发，建立了小型垂直轴风力发电机可靠性模型及评价指标，结合风力发电系统的出力特点及结构特点，对风力发电机叶片疲劳特性进行分析，最终得出了风力发电机稳定性及其影响因素。

本章内容不仅是对前章风力发电机气动理论的拓展应用，也是作者多年研究经验的体现。通过对垂直轴风力发电机机械结构的设计研究，得到了具有效率高、稳定性好、结构紧凑等诸多特性的风力发电机结构。

参考文献

[1] SHELDAHL R E, FELTZ L V, BLACKWELL B F. Wind tunnel performance data for two-and three-bucket Savonius rotors[J]. Journal of Energy, 1977, 2(3): 160-164.

[2] IIDA A, KATO K, MIZUNO A. Numerical Simulation of Unsteady Flow and Aerodynamic Performance of Vertical Axis Wind Turbines with Les[C]. 16th Australasian Fluid Mechanics Conference (AFMC), 2011, 1295-1298.

[3] AMIRI M, TEYMOURTASH A R, KAHROM M. Experimental and numerical investigations on the aerodynamic performance of a pivoted Savonius wind turbine[J]. Proceedings of the Institution of Mechanical Engineers Part A Journal of Power&Energy, 2016, 231(2): 87-101.

[4] MORSHED K N, RAHMAN M, MOLINA G, et al. Wind tunnel testing and numerical simulation on aerodynamic performance of a three-bladed savonius wind

turbine[J]. International Journal of Energy&Environmental Engineering, 2013, 4(1): 18.
[5] 赵振宙，郑源，周大庆，等. 基于数值模拟 Savonius 风力机性能优化研究[J]. 太阳能学报，2010, 31(7): 907-911.
[6] 刘希昌，莫秋云，李帅帅，等. 小型垂直轴风力发电机的气动噪声数值模拟与试验[J]. 流体机械，2016, 44(6): 11-16.
[7] 王志光. 施加一阶模态后风轮气动力的数值模拟[D]. 呼和浩特：内蒙古工业大学，2014.
[8] SIGMUND K A. Fatigue of Aluminum Automotive Structure [D]. Norwegian: Norwegian University of Science and Technology, 2002.
[9] 郭永基. 电力系统可靠性原理和应用 [M]. 北京：清华大学出版社，1986.
[10] 刘桂英，杨艳玲，王华华，等. 基于PLECS的Boost电路热分析[J]. 广西师范学院学报(自然科学版)，2012, 01: 51-57, 65.
[11] ABDIN E S, XU W. Control Design and Dynamic Performance Analysis of a Wind Turbine-induction Generator Unit[J]. Energy Conversion, 2000, 1(15): 91-96.
[12] 邹园. 风力发电系统谐波检测及抑制方法的研究[D]. 北京：华北电力大学，2012.

第6章　垂直轴风力发电机全生命周期评价

随着我国环境资源问题的日益凸显，《国家中长期科学和技术发展规划纲要(2006—2020)》明确指出了我国必须要把节约资源作为基本国策，全面落实科学发展观，大力发展循环经济，加快经济增长的转型，加快构建资源节约、环境友好型社会，使人、环境资源和经济的发展相协调，实现可持续发展的最终目的[1]。近些年我国风力发电行业发展迅速，风力发电产品在工业和民用中的大部分领域均有涉及，在能源供应方面占据着重要的地位。我国作为一个制造业大国，机电产品在国民经济中影响巨大，而风力发电机是机电产品之一，有关风力发电机的可持续发展的研究有着重要的现实意义[2-3]。

本章首先从产品生命周期设计的定义与原则、生命周期评价(Life Cycle Assessment, LCA)技术进行整理说明，随后研究了生命周期评价在垂直轴风力发电机中的应用，自主开发了一款适用于小型风力发电机的LCA评价系统，并根据现有评价方法的不足之处，给出了多场景LCA评价方法。

6.1　全生命周期设计与评价

产品生命周期设计对产品的生命周期的各类指标(质量、成本等)有着很大的影响，占比可达2/3以上。因此，需要对产品进行生命周期设计，从设计的源头对产品生命周期过程中的环节进行控制，减小对环境及资源的影响，能够对生命周期进行评估的生命周期评价技术也是不可或缺的。

6.1.1　产品生命周期设计及其原则

产品生命周期(Product Life Cycle)包括产品的概念成形、生产制造、使用废弃、回收再制造再使用等各个阶段。

产品生命周期设计是指对产品生命周期的质量、成本以及产品的开发和生产进行充分的考虑，设计之初对相关因素进行优化，努力减小产品生命周期中的资源消耗和对生态环境的负面影响，同时注重人体的安全与健康。

产品生命周期设计原则分为以下几个部分：

(1) 产品生命周期优化原则：对产品整个生命周期进行综合考虑，降低在生产和使用过程中造成的环境影响。

(2) 产业链与不同产品中类似零部件优化原则：进行产业链整体优化，多梯度使用自然资源，降低产业链中的能源消耗。

(3) 企业与用户协同优化原则：企业对用户进行引导，使用户的关注重点从产品的特征转移到功能和服务的特征。

(4) 标准化原则：以引导、协调、系统、创新和国际五个性质为原则，构建一个绿色的标准体系。

(5) 经济、政治和文化三要素共同影响原则：在经济方面需要企业公平竞争，在文化方面需要加大教育力度，在政治方面要制定严格的相关法律法规以进行制约。

(6) 信息化原则：利用互联网、大数据、云计算和 Web 2.0 等先进技术，建立一个环境友好型和资源节约型社会，建立一个公平透明的环境。

(7) 可持续发展原则：企业摒弃唯利是图的观念，树立绿色可持续发展观，用户要培养绿色消费习惯，共建绿色家园。

6.1.2 生命周期评价技术(LCA)

1. LCA 的定义

产品的 LCA 是对产品的全生命周期过程(从原材料获取到最终的报废)造成的环境影响进行评价的技术，是一种定量的、系统的评价产品造成的环境影响的标准方法。

国际环境与化学协会在 1994 年首次给出了 LCA 的定义：LCA 是评价产品产出过程及其关联过程对环境造成的影响，通过量化产品生命周期中的能源消耗和环境排放物来评价其在能源和环境方面的表现，并针对性地提出改善建议以提高产品的绿色属性。LCA 旨在评价产品整个生命周期过程输入/输出的影响，其内容包括产品原材料获取、生产制造、材料及产品运输、使用维护以及报废处理等阶段[4]。

2. LCA 的技术框架

国际标准化组织(ISO)对 LCA 进行了相应的操作规范，确定了生命周期评价的基本技术框架，包括四个步骤：目标的定义和范围的确定(Goal Definition and Scoping)、清单分析(Inventory Analysis)、影响评价(Impact Assessment)以及结果解释或改善分析(Improvement Assessment)[5]。

3. LCA 的需求

LCA 的需求主要包括社会的需求、企业的需求及绿色金融的需求。

从社会的需求方面来说，人类的生产经营活动对环境造成了越来越大的影响，包括政府、采购商和用户在内，社会的需求会越来越强。政府等管理机构需要制定完善的法律法规，加强环境类的立法及绿色类的审计；采购商需要确保产品的绿色性，主要依靠产品生命周期中影响环境的信息；用户需要优选绿色产品，抵制非绿色产品。

从企业的需求方面来说，制造企业首先依据产品生命周期中影响环境的信息，对整个过程进行控制并改进；其次寻找整个过程中影响最大的一个或几个部分，针对性地采取措施以降低影响；再者就是依据环境影响数据，相应地满足市场、政府及用户的需求；最后则是依据产品基本属性、成本等比较相关设计方案。此外，要严厉杜绝“漂绿”行为。

从绿色金融的需求方面来说[6]，传统类型的金融活动过于注重经济的增长，往往忽视了环境因素，给地球环境带来了沉重的负担。绿色金融则可以通过贷款、股票和保险等金融类服务，将社会上的各类资金逐步引入绿色产业。据统计，我国上市企业目前的环境信息透明化水平总体偏低，需要金融监管机构和证券交易所对企业进行监管规范和引导，促进企业环境信息透明化的进程。

6.2　生命周期评价在风力发电机上的应用

在风力发电的整个过程中，环保问题仍然存在。例如：组成风力发电机构的装置制造，往往会通过工厂进行，而其中的部分工厂有着一定程度的污染问题；再者就是风力发电装置使用后的回收问题，部分装置的回收成本可能过高，导致其很大可能会被直接废弃，从而产生了资源浪费甚至环境污染。因此不论何种产品，都需要对这个产业进行生命周期评价[6-12]。

根据生命周期设计概念及原则、LCA 的相关需求，将风力发电机的生命周期评价分为两个部分：风力发电机评价体系的构建和评价结果及其分析。

6.2.1　风力发电机评价体系构建

选取的研究对象是一台自主研发的球形垂直轴风力发电机，对该风力发电机的整个生命周期阶段——原材料获取、零部件生产、运输和风力发电机的报废处理的各类资源消耗以及对环境造成的影响进行评价，分析某个或某些资源消耗和对环境影响较大的部件，针对性地作出改善方案。其中具体步骤有：研究目标及研究范围的确定、生命周期阶段清单分析、生命周期阶段 Plan 模型的建立(以 GaBi 软件为基础)、模型 Balance 计算、评价结果处理和改善分析。研究对象为自主研发的一种新型球形垂直轴风力发电机，其整机的结构示意图如图 6-1 所示。

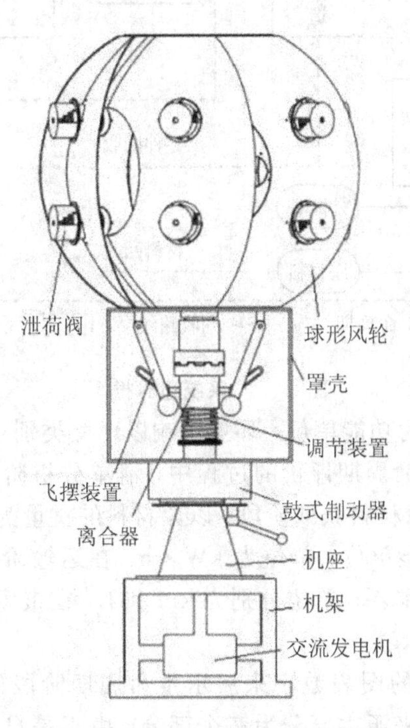

图 6-1　球形风力发电机结构图

风力发电机主要结构零部件如图 6-2 所示。

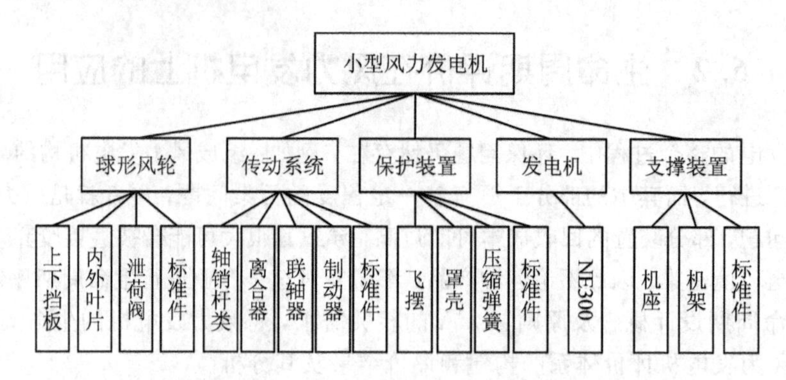

图 6-2　风力发电机主要部件构成

通过对研究目标的具体分析，确定评价的系统边界，包括此球形风力发电机的主要生命周期阶段，即生产阶段、材料部件运输阶段(外购)和风力发电机报废处理阶段。其他阶段如产品后续的销售运输等，对资源消耗和环境的影响相对较小，因此忽略不予研究。具体评价范围的系统边界如图 6-3 所示。

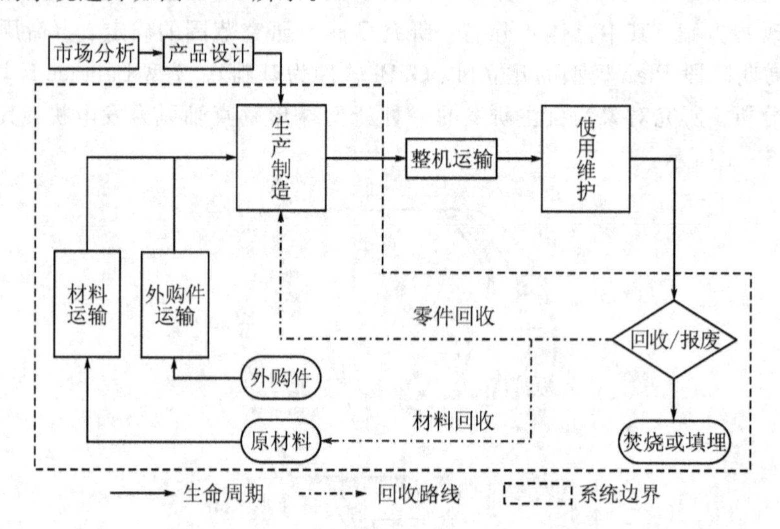

图 6-3　系统边界框图

评价中资源消耗以 MJ 为功能单位，环境影响以环境类别当量单位 kg 为功能单位。在对此球形风力发电机进行生命周期评价的过程中，清单分析阶段的具体对象不同，相应的功能单位也不同。其中，在原材料获取阶段，以原材料的重量为功能单位，单位为 kg；在制造阶段，以消耗的电能为功能单位，单位为 kW·h；在运输阶段，清单分析主要是运输的距离和运输方式产生的能源消耗，单位分别为 km 和 L；在报废处理阶段，主要以回收材料的重量为功能单位，单位为 kg。

清单分析主要采用大量的图表数字来展示生命周期阶段研究的数据内容，主要见表 6-1～表 6-3。其中的数据来源主要分为三个部分：由于是自主研发的风力发电机，可以直接从装配图中获取零部件的材料，通过 PRO/E 软件计算可得到相关质量的精确数值；通过对生产厂家的生产车间进行实地调研，可以获得风力发电机零部件加工制造中所经过的工艺流程和耗电量，并且生产厂家还提供了运输阶段的数据；在清单分析中，有部分数据无法收集(商业机密类等)，主要通过查阅参考文献获得相关数据，主要包括《中国钢铁工业年鉴 2012》[13]《工业污染物产生和排放系数手册》[14]《产品生命周期评价方法及应用》[15]。

表 6-1　部分厂内加工零部件清单

加工部件	组成零件	数量	材料	质量/g
球形风轮	风球外叶片	6	ZALSi9Mg	5085.6
	风球内叶片	3	ZALSi9Mg	1836.0
	顶端挡板	1	ZALSi9Mg	366.8
	底端挡板	1	ZALSi9Mg	366.8
	卸荷阀壳体	12	45 钢	125.5
传动系统	离合器	1	45 钢	5637.7
	传动轴	1	45 钢	2021.0
	空心轴	2	45 钢	3600.5
	内螺纹圆柱销	1	45 钢	50.2
	导向杆	5	45 钢	210.5
	圆柱销轴	4	45 钢	480.2
	对中环	1	45 钢	102.0

表 6-2　厂内加工汇总清单

材料	球形风轮	传动系统	保护装置	支撑装置	总质量
铝合金	7655.2	—	—	—	7655.2
45 钢	125.5	15 670.9	—	3213.8	19 010.2
Q235	—	—	—	15 127.3	15 127.3
不锈钢	—	1420.2	5500.8	—	6921
40Cr	—	508.5	1775.0	—	2283.5
铸铁	—	3450.0	—	—	3450.0
橡胶	—	1010.2	—	—	1010.2

表 6-3　外购部件清单

外购部件	组成零件	数量	材料	质量/g
发电机	外壳	1	铝合金	1577.2
	轴、轴承	1	45 钢	392.3
	定子	1	99.5%铝+铁硅	528.1
	绕组	1	铜线	631.6
	转子	1	硅铁合金	870.8
轮胎联轴器	轮胎体	1	橡胶	212
	联轴器	1	45 钢	1588
	十字槽圆柱螺钉	2	45 钢	7.6
标准件	螺钉	9	45 钢	65.5
	销轴	1	45 钢	13.5

在获得相关数据并进行整合后，对计算得到的零部件材料的清单数据再次进行精确性评估，将部分质量的和与总质量相比较，求得相对误差从而得到数据的精确度。设计时此风力发电机总质量约为 63.400 kg，计算的部分质量和为 63.3987 kg，相对误差仅为 0.0016%。在整个清单分析过程中，产品的生产阶段是工作量最大的一个阶段，且复杂程度最高[16-18]。生产阶段的零件耗电量计算公式如下：

$$W_{\mathrm{A}} = \sum W_{\mathrm{A}i} = \sum U_{\mathrm{A}i} \cdot t_{\mathrm{A}i} \tag{6-1}$$

式中：W_{A} 为零件 A 的生产耗电量；$W_{\mathrm{A}i}$ 为零件 A 生产环节中工序 i 所消耗的电量，以 kW·h为单位；$U_{\mathrm{A}i}$ 为工序 i 中设备的运行功率，$t_{\mathrm{A}i}$ 为工序 i 中设备的运行时间。厂内加工的零部件和风力发电机的装配过程中的主要加工步骤及工具见表 6-4。

表 6-4 主要加工步骤及工具

加工步骤及工具	
放样	根据图纸确定风力发电机零部件的实际尺寸，此过程主要用到剪刀、划线、尺规和样冲等工具，由工程人员手工完成
下料	根据所需加工的零部件实际尺寸及形状，对已选定的原材料进行切割加工，主要用到的设备有剪板机和压力机
成型	对下料完成的原材料毛坯进行实际尺寸的加工制造成型，主要用到的设备有车床、铣床、冲床(压力机)和卷板机
组装	对已加工好的风力发电机零部件结合紧固件及焊接等工艺过程进行组装，装配成风力发电机整机
喷漆	主要对风力发电机的支架部分做防锈保护，有喷涂底漆和喷涂面漆两个步骤，主要使用除锈工具刮等进行喷漆前处理，使用喷枪进行喷漆

根据生产加工工艺的步骤分析，收集并计算出厂内加工的所有零部件相关加工设备的耗电量，可得总耗电量为 108.5 kW·h。

轮胎联轴器和发电机属于厂外购买部件，也是风力发电机结构中的重要组成部分，主要由专门的厂商进行制造加工，然后风力发电机制造商再组装，将其安装到风力发电机中。加工制造的过程相对复杂，并且厂商对加工技艺保密，难以获取其生产阶段的数据。因此，外购部件的清单分析主要通过查阅收集已公开的相关文献资料，估算制造阶段的耗电量。本书研究的发电机的型号为 NE300，加工过程中会使用到各类加工设备，如车床、锯床等机床。通过查阅相关机床的功率，并对加工时间进行估算，此型号的发电机生产消耗的电量约为 25 kW·h[19]。

风力发电机的运输阶段主要包括两个部分，主要是原材料的获取及运输和外购的零部件的获取运输。对同地区较短距离的运输情况予以忽略，远距离的运输则进行清单分析，以此得到在生产阶段的运输信息表，如表 6-5 所示。

表 6-5　运输清单

运输部件	运输地点	运输距离/km	运输方式
钢、铝、铸铁	柳州——桂林	168	陆运卡车
标准件	柳州——桂林	168	陆运卡车
发电机	无锡——桂林	1534	陆运卡车
轮胎联轴器	泊头——桂林	1822	陆运卡车

一般的小型风力发电机的安装地点主要是偏远山区，此类地点的地理位置使得报废后的材料或零部件回收困难。为了对此球形风力发电机在报废时所产生的环境影响进行对比，对此风力发电机的零部件采用回收与填埋两种处理方式，以此来比较在报废处理阶段中存在的差异，找出相对潜力值较小的处理方式。表 6-6 为报废阶段具体清单数据。

表 6-6　报废阶段清单

废弃物	质量/g	一类处理方式	二类处理方式
铝合金	9760.5	填埋	回收
钢	49 188.9	填埋	回收
铸铁	5450.0	填埋	回收
橡胶	1010.2	填埋	焚烧
铜	631.6	填埋	回收

通过之前进行的清单分析，在生命周期评价软件 GaBi6 中建立每个阶段的 Plan 模型，再根据已经建立好的 Plan 模型进行 Balance 计算，得到资源消耗量和五个环境影响类别的计算结果。Plan 模型主要分为四个部分：厂内加工零部件生产阶段、厂外购买零部件生产运输阶段、总生产阶段和报废处理阶段。

厂内加工零部件生产 Plan 模型的输入部分主要包括原材料生产阶段的清单、原材料运输阶段的清单和耗电清单，输出后为加工完成的零部件。由于 GaBi6 软件采用全英文名称，包括清单中的“基础流”和“流程”两个部分，出于方便识别的目的，模型中添加了中文备注。厂内加工零部件生产 Plan 模型如图 6-4 所示。

外购部件的生产模型主要分为三个部分：发电机生产 Plan 模型、轮胎联轴器生产 Plan 模型和标准件生产 Plan 模型。在建立的模型中输出相关基础流，主要为原材料清单和生产耗电。具体建立的模型如图 6-5、图 6-6 和图 6-7 所示。

根据已建立的零部件生产 Plan 模型建立总生产阶段 Plan 模型，该部分主要包括发电机、轮胎联轴器、标准件和厂内加工零部件。在总模型中输入运输清单(外购件)，再输出经过生产的完整风力发电机。具体模型如图 6-8 所示。

以清单分析中两种报废后的零部件处理情况建立两个不同的处理模型，即报废填埋处理模型 1 和报废回收处理模型 2。模型 1 中，橡胶材料中可生物降解项均填埋，金属材料中含铁金属材料项均填埋。模型 2 中，钢材流程采用回收钢材项，橡胶则以焚烧方式进行处理，分别如图 6-9 和图 6-10 所示。

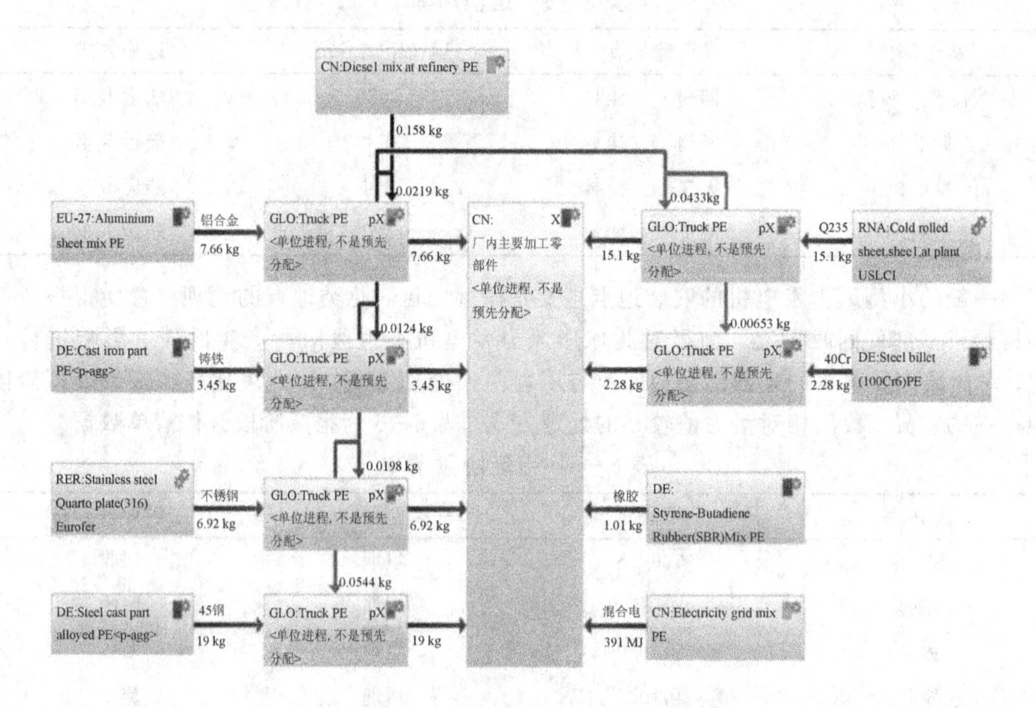

图 6-4　零部件(厂内)Plan 模型

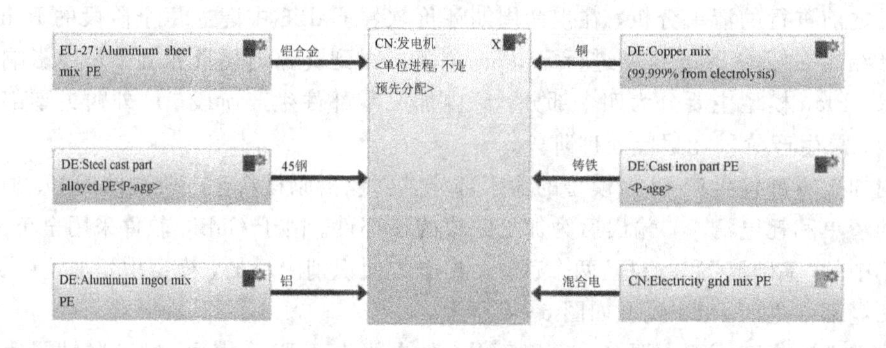

图 6-5　发电机生产 Plan 模型

图 6-6　联轴器生产 Plan 模型

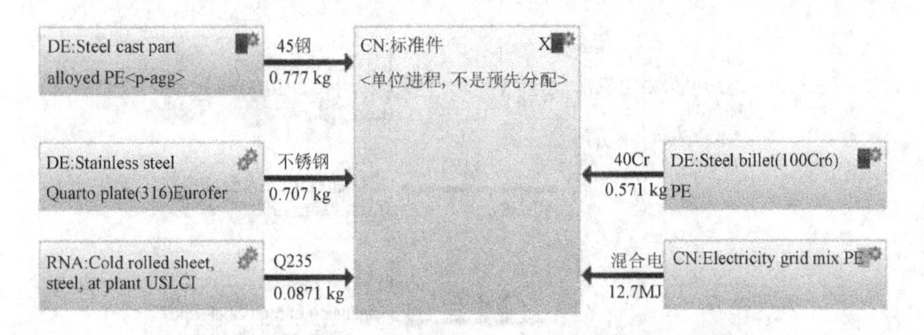

图 6-7　标准件生产 Plan 模型

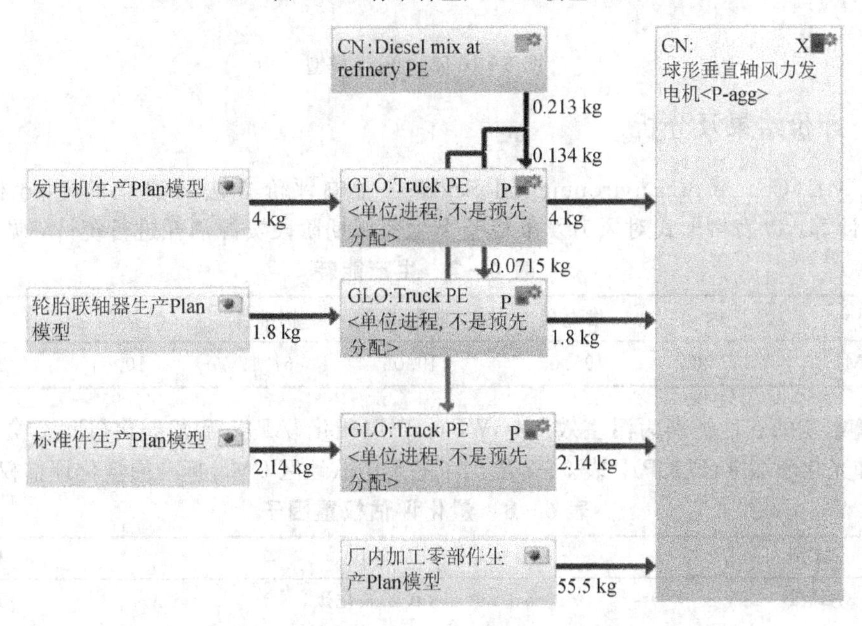

图 6-8　风力发电机总生产阶段 Plan 模型

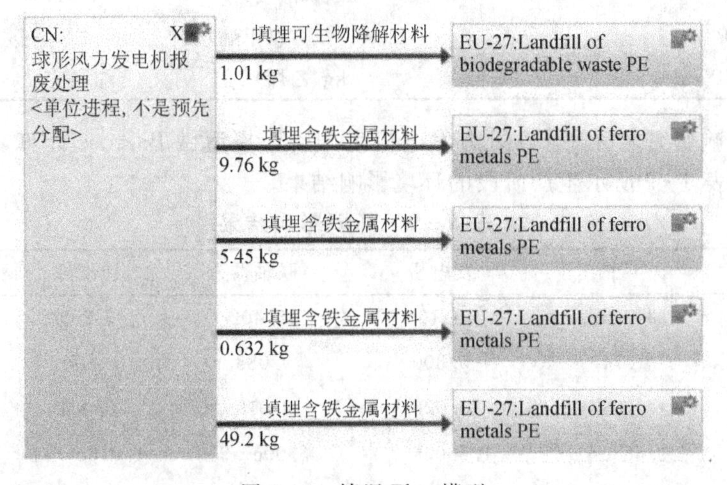

图 6-9　填埋 Plan 模型

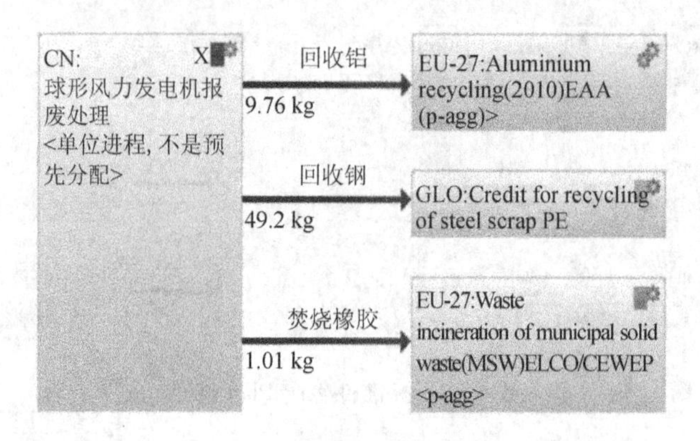

图 6-10 回收 Plan 模型

6.2.2　评价结果及分析

以 CML(Centre of Environmental Science)影响评价方法对建立的 Plan 模型进行 Balance 计算，以表格形式对风力发电机整个生命周期阶段资源消耗进行统计，见表 6-7。

表 6-7　生产能耗

类别	厂内	发电机	联轴器	标准件	运输	总量
消耗/MJ	2652.22	496.03	149.06	67.17	10.64	3375.12

环境影响的五种类别为温室效应(GWP)、环境酸化(AP)、富营养化(EP)、臭氧层破坏(ODP)和光化学烟雾(POCP)。表 6-8 给出了基于中欧地区 CML 标准的量化评估权重因子。

表 6-8　量化评估权重因子

类别	单位	权重
GWP	kg(二氧化碳)	10.0
AP	kg(二氧化硫)	2.0
EP	kg(磷酸根)	7.0
ODP	kg(一氟三氯甲烷)	3.0
POCP	kg(乙烯)	3.0

对环境影响研究之后，对该风力发电机生产阶段模型做 Balance 计算，并对数据进行统计，得到了表 6-9 所示生产阶段的环境影响结果。

表 6-9　环境影响结果

类别	厂内	发电机	联轴器	标准件	运输
GWP	250.289	48.164	13.402	6.269	0.340
AP	1.747	0.300	0.088	0.071	0.002
EP	0.083	0.026	0.010	0.004	0.001
ODP	1.588e-6	1.500e-7	5.00e-9	1.010e-11	1.10e-12
POCP	0.013	0.021	0.007	0.004	0.001

对得到的特征化结果进行标准归一化处理，可得风力发电机生产阶段零部件的环境影响评价结果，如图6-11所示。

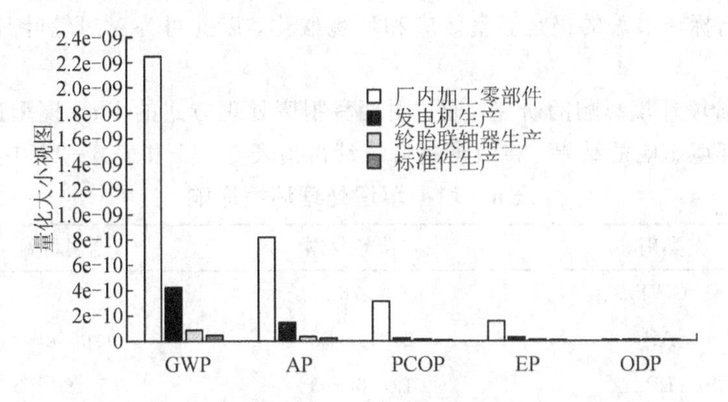

图6-11 生产阶段环境影响评价结果

由图6-11可知，整个零部件的生产阶段，环境影响比重最大的为厂内加工零部件，其次则是发电机。影响类别中，占比最大的主要是温室效应和环境酸化。因此对生产阶段影响最大的厂内加工零部件阶段模型进行Balance计算，得到表6-10中的统计数据。

表6-10 厂内加工环境影响

	电能	铝合金	碳钢	不锈钢	橡胶	其他
部分	生产耗能	风轮	标准件	轴	联轴器	其他
GWP	104.21	76.97	39.60	20.89	3.34	5.28
AP	0.720	0.431	0.411	0.164	0.009	0.012
EP	0.084	0.2	−0.032	0.009	0.001	0.002
ODP	1.1e−10	2.1e−8	1.04e−7	1.46e−6	1.02e−9	2.03e−8
POCP	0.57	0.24	0.025	0.022	0.001	0.001

对表6-10中数据进行标准归一化处理，得到如图6-12所示的厂内零部件环境影响评价结果。

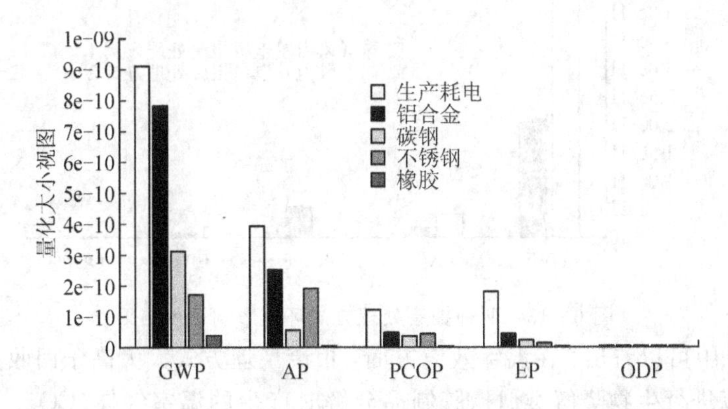

图6-12 厂内加工环境影响评价结果

从图6-12中可知，厂内生产的部件中，对环境影响最大的是生产耗电，指标则是温室效应和环境酸化最为突出，主要原因在于我国火电占比较大，火力发电的过程中会产生大量一氧化碳和二氧化硫等。其次是风轮部分对环境影响也占有较大比例，主要为铝合金材料，其中特征指标最显著的仍是温室效应和环境酸化，以此可为对风轮叶片的改善分析提供一定的依据。

对于报废阶段环境影响的研究，通过对两种报废处理方式的 Plan 模型进行 Balance 计算，得到两种环境影响的结果，将数据进行统计得出表 6－11 和表 6－12 中的特征化结果。

表 6－11　填埋处理环境影响

类别	可降解材料	金属材料
GWP	1.76	0.66
AP	2.311e−3	1.055e−3
EP	1.786e−3	5.29e−4
ODP	1.473e−11	7.56e−12
POCP	2.8e−4	3.331e−4

表 6－12　回收处理环境影响

类别	铝材料	钢材料	焚烧橡胶材料
GWP	4.78	0.23	0.91
AP	8.365e−3	2.45e−5	1.179e−4
EP	6.933e−4	3.61e−2	6.76e−5
ODP	6.525e−8	4.12e−10	1.81e−9
POCP	8.717e−4	0	0

同样将特征化结果进行标准归一化处理，得到如图 6－13 所示的两种报废处理方式环境影响评价的结果。

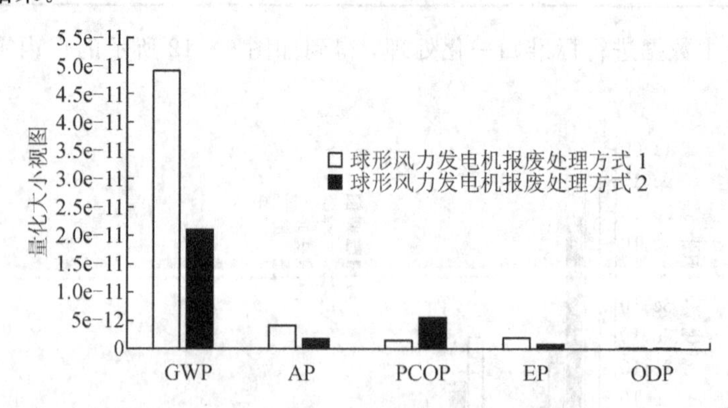

图 6－13　两种报废处理方式环境影响评价结果

从图 6－13 中可以看出，在温室效应方面，报废填埋方式大大高于回收处理方式，主要是因为填埋可以进行生物降解类似橡胶制品分解时产生的温室气体（CO_2、NO_X 等）[20]。富营养化方面，回收处理方式则远高于填埋处理方式，主要原因在于对金属材料进行回收时，虽然节约了资源、避免了污染，但是之后的回炉重造过程必然会产生工业废水等产物从而加重富营养化[21]。通过加权分析之后，回收处理方式相对于填埋处理方式环境影响更小，但仍需要优化回炉重造的工艺以及提升工业废水排放的相关要求。

通过之前的数据不难看出，此风力发电机中对环境影响最大的部分和耗能最大的部分是风轮的叶片。风轮叶片是风力发电机的核心部件之一，工作环境往往伴随着高温潮湿等复杂情况，材料性能要求较高，并且为了提高输出功率，结构设计方面也有着一定要求。随着材料学的不断进步，树脂类基体材料、纤维类复合材料的优良性能逐渐凸显，近年来被广泛用于机电产品的生产之中。其中的玻璃纤维复合材料——玻璃钢(Fiber Reinforced Plastic，FRP)，对比传统碳纤维或芳纶纤维材料成本更低，且在防腐蚀和耐热性方面表现更好，是小型风力发电机叶片材料的理想选择之一。因此，改善分析主要针对该风力发电机的叶片部分，考虑以玻璃钢材料替换原有叶片材料，再将原铝合金材料和新的FRP材料在获取阶段和生产制造阶段的能耗与环境影响做对比，建立Plan模型后经过Balance计算并特征化结果，可得如表6-13所示的两种材料在获取阶段和生产制造阶段的能耗和物质排放数据。

表6-13 环境排放及能耗对比

项目		获取阶段		生产制造阶段	
		铝合金	FRP	铝合金	FRP
环境排放/kg	CO	1.536	0.012	0.015	0.005
	CO_2	158.1	31.20	12.03	6.02
	SO_2	0.567	0.053	0.016	0.0002
	H_2S	0.035	6.3e−5	2.01e−4	7.12e−5
	NO_x	0.201	0.031	0.03	0.002
	CH_4	0.215	0.0124	0.024	0.014
能耗/MJ		690.58	317.26	80.23	32.65

由表6-13中数据可知，FRP材料相比铝合金材料，在原材料获取阶段和生产制造阶段的环境排放和能耗都比较小，具有良好的绿色属性。因此，在满足叶片结构设计的基础上，将铝合金材料更换为FRP材料能够很大程度上提高该小型风力发电机的环境效益。

6.3 小型垂直轴风力发电机LCA评价系统的开发

本节在对评价系统功能需求分析的基础上，以Microsoft Visual Studio 2008为开发平台，结合Oracle10g数据库和PL/SQL查询语言对系统的功能模块和数据库进行设计，最后对评价系统的功能进行实验验证。目前，SWT-LCA(Small Wind Turbine-Life Cycle Assessment)评价系统已申请获得了计算机软件著作权(登字第0789465号)。

SWT-LCA评价系统是面向小型风力发电机产品的研发人员对产品进行绿色设计时评价产品生命周期阶段资源消耗和环境影响的工具。其主要功能有：首先，通过本系统事先获知在研发产品的资源消耗和环境影响表现，针对性地进行零部件绿色设计，在设计阶段提高产品绿色度；其次，可以获取已有的小型风力发电机产品的零部件的材料和质量，输入本系统就可以计算出其各零部件的资源消耗和环境影响表现，从而找出关键耗能部位，针对性地进行优化改善；最后，该款软件的用户信息、产品信息和排放因子数据库具备了更新扩展的功能，可以使软件数据库信息随着外部数据信息的变化做出相应的修改和添加，保证了产品资源消耗和环境排放评价结果的客观性和准确性。系统的运行环境见表 6-14。

表 6-14　系统运行环境

软件环境	操作系统	Microsoft Windows XP，Microsoft Windows 7
	编译器	Microsoft Visual Studio 2008
	数据库	Oracle10g
硬件环境	机型及 CPU	奔腾 2.0 GHz 以上处理器，内存 2 GB 以上，硬盘可使用空间 10 GB 以上

SWT-LCA 评价系统，主要包括用户管理模块、数据库管理模块和产品评价模块的设计，如图 6-14 所示。

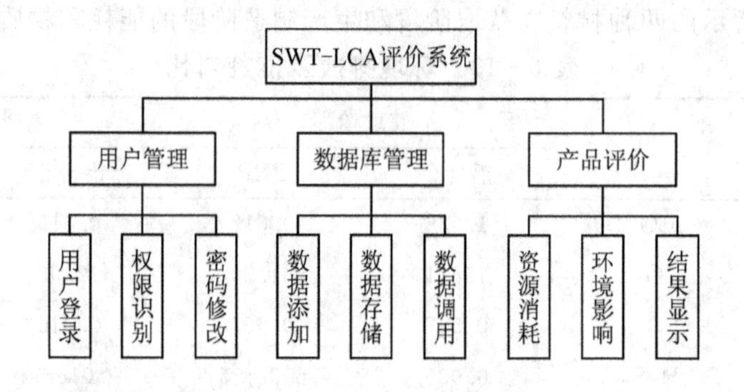

图 6-14　系统功能图

用户管理模块主要具有三个功能，即用户登录、普通用户和管理员用户的权限识别以及用户密码修改。其中，只有管理员有权限对数据库进行管理，而一般用户只能使用数据库中的资源信息，没有更改数据库内容的权限。该功能模块的权限结构如图 6-15 所示。

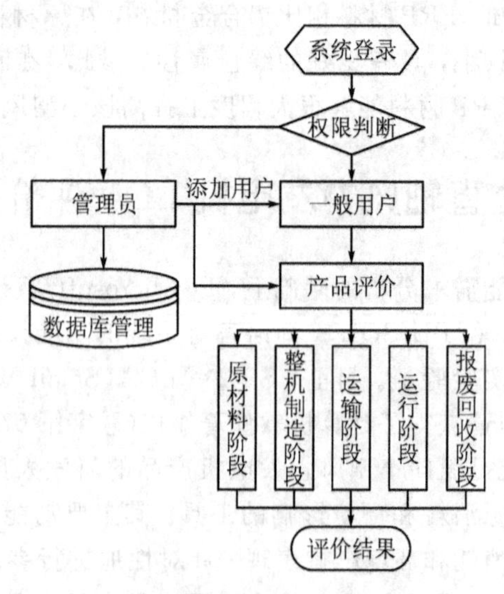

图 6-15　用户管理模块

数据库模块是支持完成小型风力发电机产品生命周期评价的核心模块。数据库中存储了小型风力发电机生命周期原材料阶段单位质量材料的资源消耗和环境影响数据、生产制造阶段单位耗电量的资源消耗和环境影响数据、运输阶段单位油耗的资源消耗和环境影响数据以及报废处理阶段的材料不同处理方式的资源消耗和环境影响数据。当对产品进行评价时可以方便、及时、准确地从数据库中得到所需的数据信息，具体的功能模块结构图如图 6－16 所示。

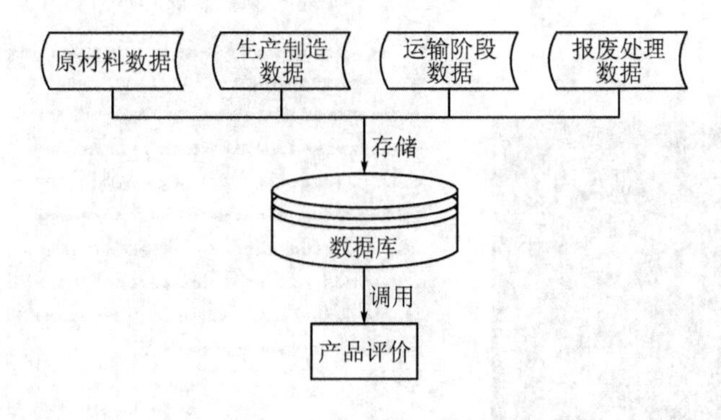

图 6－16　数据库模块

本系统的产品影响评价功能模块对小型风力发电机在资源消耗和环境影响两方面进行评价。其中，在资源消耗方面考虑了原材料阶段的矿能耗、生产阶段的电能耗以及运输阶段的油耗；在环境影响评价方面主要考虑了五种影响潜力值较大的环境影响类别，即温室效应、环境酸化、富营养化、臭氧层破坏和光化学烟雾。产品评价模块具体框架如图 6－17 所示。

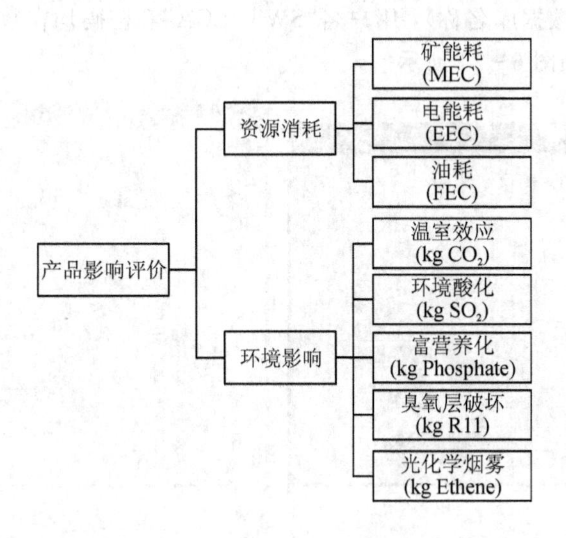

图 6－17　产品评价模块

SWT－LCA 评价系统主要实现了用户管理模块、数据库更新管理模块和产品生命周期评价模块。其中，对用户管理模块主要测试管理员添加一般用户功能、一般用户登录功能；对数据库更新管理模块主要测试在原材料阶段、生产阶段和报废回收阶段的单位量数据输入存储功能；对产品生命周期评价功能模块主要测试评价中数据调用情况、评价结果以及生成结果报告功能。

首先，以管理员身份登录评价系统，如图 6－18 所示。如果是管理员身份登录则提示是管理员权限登录；如果是一般用户，则提示一般用户权限登录。在界面左上角单击相应的按钮可以进行注销、修改密码以及用户管理等操作，如图 6－19 所示。

图 6－18 登录界面

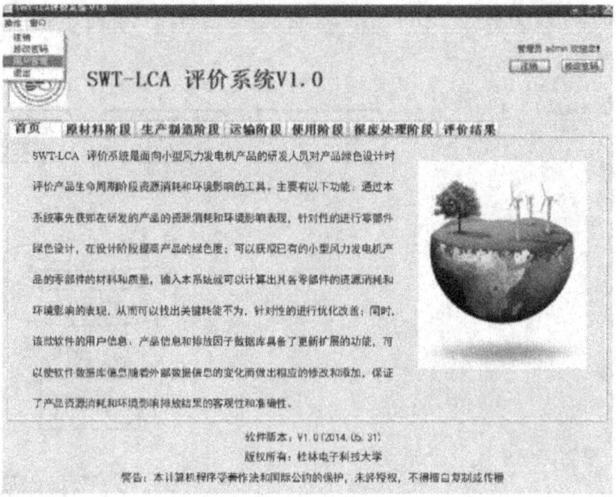

图 6－19 主界面

以管理员身份进行用户管理可进行用户添加、修改、删除和重置密码的操作，测试添加一般用户“ka1”，如图 6－20 所示。

数据库管理模块在第一次运行系统时会出现链接数据库的窗口，输入数据库名称(安装 Oracle10g 的全局数据库名称)，用户名“SWT_LCA”和密码均在数据库中设定，单击“确定”进入登录界面，如图 6－21 所示。

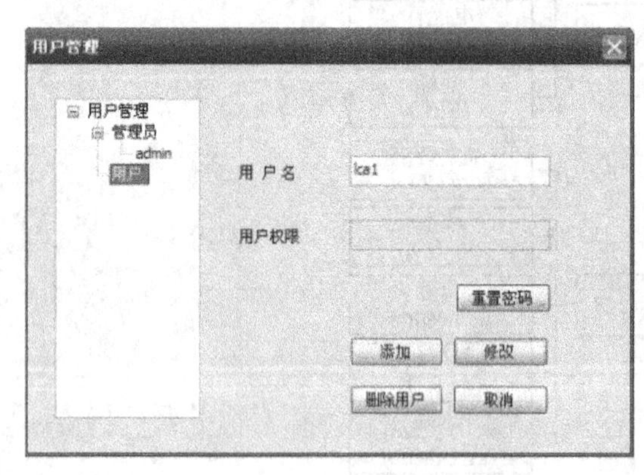

图 6－20 用户管理界面

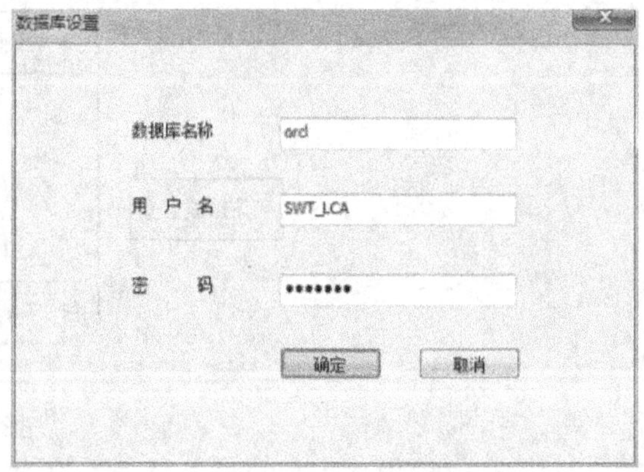

图 6－21 数据库登录界面

单击原材料阶段，出现原材料阶段对话框，输入原材料中文名称“铝合金”，重量和数量值均为单位量“1”，输入单位量下环境影响五个类别的单位当量值以及资源消耗量并单击“添加”，再单击“保存”，界面右下角“原材料”下拉框中出现“铝合金”，提示添加并保存成功，如图 6－22 所示。

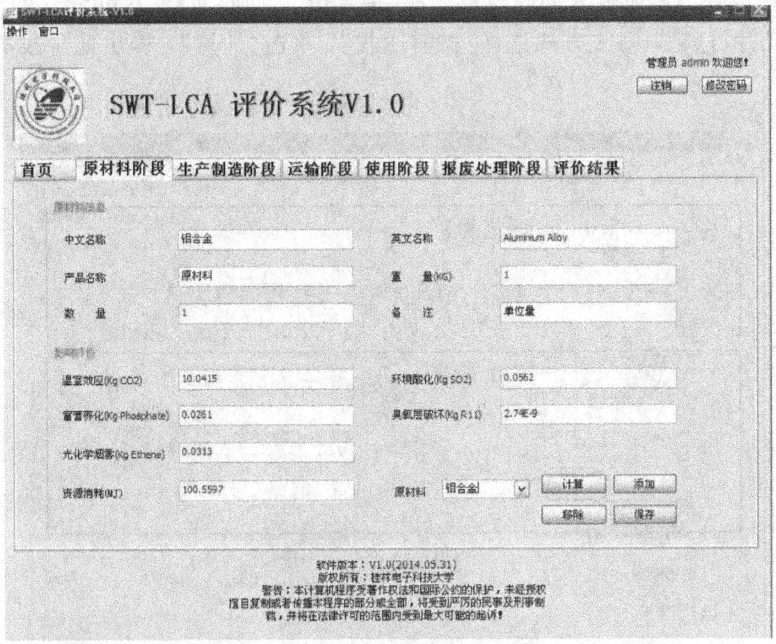

SWT-LCA评价系统-V1.0
操作　窗口
管理员 admin 欢迎您!
注销　修改密码
SWT-LCA 评价系统V1.0
首页　原材料阶段　生产制造阶段　运输阶段　使用阶段　报废处理阶段　评价结果
原材料信息
中文名称　铝合金　英文名称　Aluminium Alloy
产品名称　原材料　重　量(KG)　1
数　量　1　备　注　单位量
影响评价
温室效应(Kg CO2)　10.0415　环境酸化(Kg SO2)　0.0562
富营养化(Kg Phosphate)　0.0261　臭氧层破坏(Kg R11)　2.7E-9
光化学烟雾(Kg Ethene)　0.0313
资源消耗(MJ)　100.5597　原材料　铝合金　计算　添加
移除　保存
软件版本：V1.0(2014.05.31)
版权所有：桂林电子科技大学
警告：本计算机程序受著作权法和国际公约的保护，未经授权擅自复制或者传播本程序的部分或全部，将受到严厉的民事及刑事制裁，并将在法律许可的范围内受到最大可能的起诉！

图 6-22　添加示例

在风轮原材料阶段输入材料中文名称“铝合金”、产品名称“风力发电机叶片”、重量“7.6652”kg、数量“9”、备注“内叶片 3 个，外叶片 6 个”，单击“计算”，得出此阶段的影响评价结果，如图 6-23 所示。

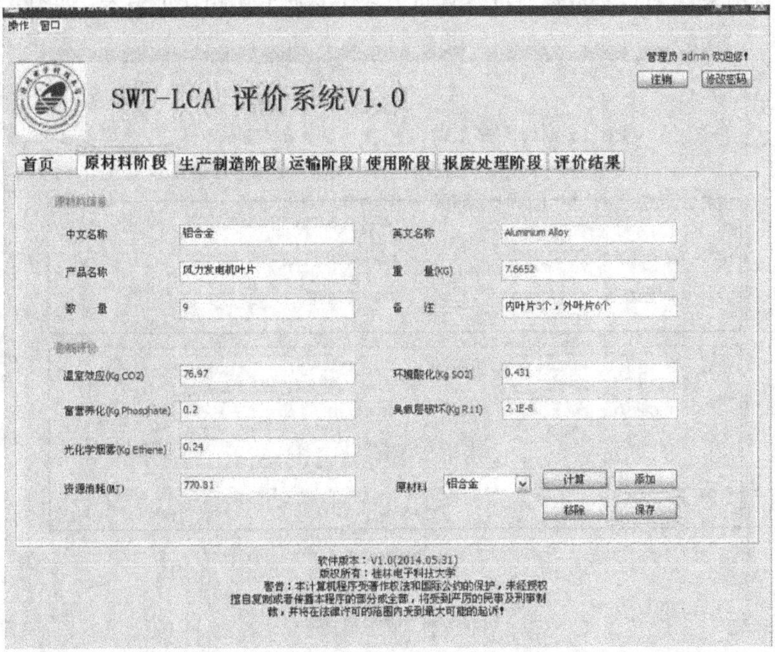

操作　窗口
管理员 admin 欢迎您!
注销　修改密码
SWT-LCA 评价系统V1.0
首页　原材料阶段　生产制造阶段　运输阶段　使用阶段　报废处理阶段　评价结果
原材料信息
中文名称　铝合金　英文名称　Aluminium Alloy
产品名称　风力发电机叶片　重　量(KG)　7.6652
数　量　9　备　注　内叶片3个，外叶片6个
影响评价
温室效应(Kg CO2)　76.97　环境酸化(Kg SO2)　0.431
富营养化(Kg Phosphate)　0.2　臭氧层破坏(Kg R11)　2.1E-8
光化学烟雾(Kg Ethene)　0.24
资源消耗(MJ)　770.81　原材料　铝合金　计算　添加
移除　保存
软件版本：V1.0(2014.05.31)
版权所有：桂林电子科技大学
警告：本计算机程序受著作权法和国际公约的保护，未经授权擅自复制或者传播本程序的部分或全部，将受到严厉的民事及刑事制裁，并将在法律许可的范围内受到最大可能的起诉！

图 6-23　原材料阶段评价结果

在风轮报废处理阶段输入回收材料名称“铝合金”、回收质量“7.6652”kg、回收率“81％铝”、备注“叶片材料”，回收方式选择“材料回收”，单击“计算”，得出此阶段的影响评价结果，如图 6－24 所示。

图 6－24 报废阶段评价结果

在输入风轮叶片所选择的生命周期阶段信息并计算得出各个阶段影响评价结果之后，在主界面单击“评价结果”，可以获取风轮叶片评价阶段汇总后的影响评价结果，如图 6－25 所示。

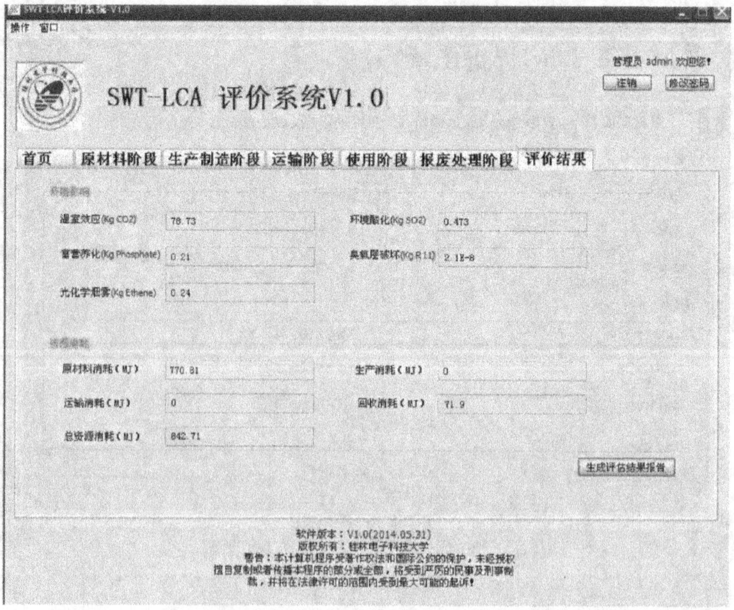

图 6－25 汇总评价结果

6.4　多情景 LCA 预安装评估方法

机电产品的物质基础来自大自然，存在于社会环境，整个生命周期与环境密不可分。当前机电产品生命周期阶段包括市场需求分析、产品设计、生产制造运输、使用维护和废弃回收等阶段。

机电产品生命周期各个阶段中时间、地点和环境条件等与产品的环境属性密切相关，如制造阶段所处环境是生产制造企业，使用阶段处于用户环境等。机电产品生命周期涉及人员、社会、经济等多方面的内容，即使同类产品的同一阶段也不尽相同。如家用电器使用后的废弃处置，有的回收后到制造企业，部分零部件经再制造后重新使用，有的被长期搁置，有的直接填埋处理等。

这些环境属性的变化，导致了当前生命周期评价中的主要难点：数据的获取和数据的准确性、多态性、时变性及敏感性。而在一般的 LCA 评价中，往往忽略了产品过程的差异，选择其中的一种情况进行评价，容易造成评价结果与实际情况不一致，造成不必要的资源浪费。针对此类问题，本书给出了一种多情景 LCA 安装评估方法，即在产品生命周期阶段引入场景因素，进行多场景的综合分析，提升评价的准确性。以南海某海岛（记为 South）和东海某海岛（记为 East）预安装某款小型垂直轴风力发电机为例，引入全生命周期评价技术，在此基础上进行多场景因素分析，并以能量偿还时间为指标，对比两安装地的评估结果，进行预安装评估，对该方法进行了验证。

6.4.1　多场景总输入能量计算

风力发电机生命周期的总输入能量多场景的综合分析计算主要包括研究目的与范围确定、清单分析和评价结果三部分，多场景因素的引入主要在清单分析阶段。

1. 研究目的与范围确定

多场景总输入能量计算的研究目的是计算多场景因素下风力发电机生命周期输入总能量。生命周期输入总能量记为 E：

$$E = E_r + E_p + E_t + E_u + E_s \tag{6-2}$$

式中：E_r 为原材料阶段能量输入；E_p 为生产阶段能量输入；E_t 为运输阶段能量输入；E_u 为使用阶段能量输入；E_s 为报废阶段能量输入。根据研究目的和输入总能量 E 的计算公式划分研究范围，主要包括生产耗能、运输耗能、使用耗能及报废处理耗能四部分，研究范围系统边界图如图 6-26 所示。

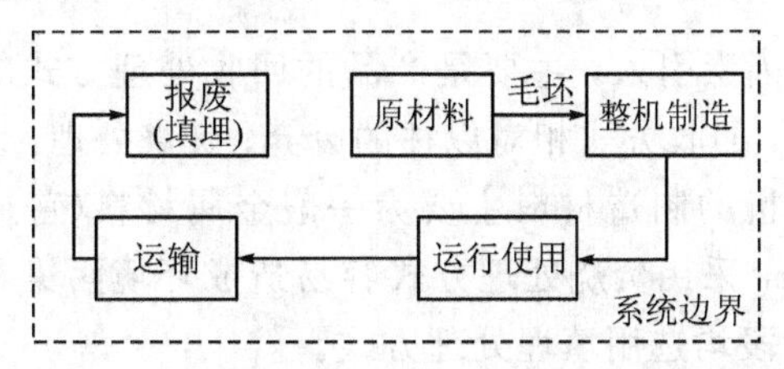

图 6-26　风力发电机 LCA 系统边界图

2. 清单分析

清单分析包括四个方面：原材料清单、整机生产数据清单、运输清单和报废处理清单。以 JDX－S－300 型垂直轴风力发电机为研究对象，其部分参数如表 6－15 所示。

表 6－15　风力发电机部分参数

参数	数值
起动速度 v/ms	1.5
额定速度 v/ms	12
工作速度 v/ms	2～15
额定功率 P/W	300
最大功率 P/W	400
重量 G/kg	33.5

（1）生产阶段场景因素的引入，如社会的进步会使得生产阶段场景产生一定程度的变化，即企业的制造工艺水平的提升、员工结构的优化等。通过对相关数据进行研究发现，我国工业的能耗水耗距离、二氧化硫距离等已逐年下降；通过对企业中员工的总数、结构、运行效率关系进行分析，发现在一定程度上控制员工总量，并且调整员工的结构，能够提升企业人力资源的管理效率，进而提升运营效率等。此类生产阶段场景因素会对后续的生产耗能的计算结果造成一定影响。

（2）运输阶段的场景因素引入，主要改变的是清单中的运输方式和运输距离。如厂家为节约成本，生产厂址与装船地点之间原采用汽车运输，现改用火车运输。以本书预安装风力发电机为例，即在南海某海岛(South)和东海某海岛(East)预安装风力发电机，现有运输方式中，从大陆港口至海岛阶段仍采用货轮运输，陆上运输阶段原采用公路运输，因生产规模扩大而采用大批量运输，基本改为铁路运输方式以节约成本。部分运输数据清单如表 6－16 所示。

表 6－16　运输数据清单

	方式	运输工具	Distance
南部	陆路	柴油卡车	513 km
	水路	货轮	36n mile
东部	陆路	柴油卡车	1433 km
	水路	货轮	13n mile

（3）回收阶段的场景因素引入，主要是产品的回收处理方式的区别。由于回收成本的变化、国家政策的变化等，回收方式相对以往的废弃、焚烧处理，多采用回收再制造和填埋处理两种方式。风力发电机的制造材料主要为一般金属材料(普通铝材)，回收价值较低；部分构件中含有塑料成分，采用焚烧处理方式容易造成环境污染，所以南海和东海海岛预安装风力发电机的报废阶段均选用填埋处理方式。

3. 评价结果

利用 GaBi6 软件，通过输入风力发电机生命周期中的清单数据，建立 Plan 模型。根据风力发电机生命周期 Plan 模型，利用 GaBi6 软件计算生命周期总耗能，计算结果如图 6-27所示。

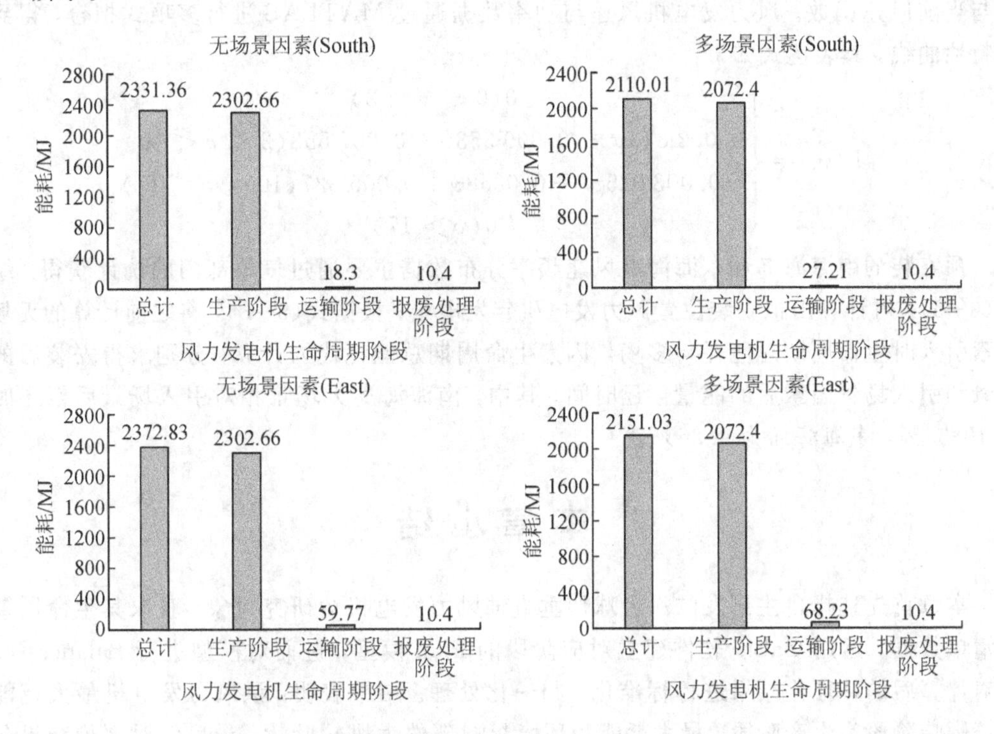

图 6-27　计算结果

从图 6-27 中可以得出，耗能最高的仍是生产阶段，引入场景因素进行分析计算后，生产能耗有一定程度的降低；相对于生产能耗，运输能耗占比很小，在引入场景因素后有一定提升；报废回收阶段没有考虑场景因素影响(即原处理方式与现处理方式相同)，能耗无变化。其中南海与东海海岛能耗部分主要区别在于运输阶段，主要是因为生产厂址与两海岛之间距离相差较大；预安装风力发电机均由同一厂家进行生产制造，生产耗能部分差异极小。

6.4.2 能量偿还时间计算

能量偿还时间(Energy Pay Back Time，EPBT)指的是发电系统中生命周期阶段输入总能量与其年发电量的比值，具体表达式为

$$\mathrm{EPBT}=\frac{E_{\mathrm{I}}}{E_{0}} \tag{6-3}$$

式中：E_{I} 为输入总能量；E_0 为年发电量。

风力发电机年发电量主要利用概率论求解方法计算，计算表达式如下：

$$f(v)=\frac{1}{b-a} \tag{6-4}$$

$$\overline{P}=\int_0^{\infty}P(v)f(v)\mathrm{d}v \tag{6-5}$$

$$E_0=\overline{P}\times 24\times 365 \tag{6-6}$$

式中：$f(v)$为风频概率密度函数，$\overline{P}$为不同风速下的平均功率，$P(v)$为风力发电机输出功率与当前风速函数。风力发电机风速与功率数据通过MATLAB进行多项式拟合，得到功率特性曲线，其表达式如下：

$$P(v)=\begin{cases}0(0\leqslant v<2)\\0.002\,813v^2-0.009\,353v+0.007\,553(2\leqslant v<10)\\-0.003\,025v^2+0.0658v+0.005\,327(10\leqslant v\leqslant 17)\\0(v>17)\end{cases} \tag{6-7}$$

预安装的南海海岛和东海海岛风速频率分布数据主要通过气象部门的统计获得。结合式(6-5)，可计算出拟安装位置风力发电机年发电量；根据式(6-3)，将之前计算的无场景因素引入时生命周期总能耗与多场景因素生命周期总能耗代入计算，分别求得安装后的无场景和引入场景因素后的能量偿还时间。其中，南海海岛无场景相对引入场景后偿还时间多10.38%，东海海岛为9.26%。

本章小结

本章首先选择自主研发的一台球形垂直轴风力发电机为研究对象，获取其生命周期阶段清单数据，运用GaBi6软件建立对应阶段的Plan模型，进而对模型进行Balance计算，并对计算后的特征化结果进行标准化、归一化处理。结果表明：该风力发电机最大耗能和环境影响阶段为生产阶段，最大耗能和环境影响部件为风轮叶片。最后针对评价结果分别对最大耗能部件和生命周期阶段进行了改善分析。

其次，根据风力发电机的评价过程及结果，开发了小型风力发电机LCA评价系统，通过对评价系统的功能模块设计、数据库设计及系统界面设计，完成了评价系统的功能要求。在系统实现验证阶段，以简单零部件球形风力发电机风轮叶片部分的原材料阶段和报废处理阶段为例，输入风轮叶片清单数据后计算获取了评价结果并生成了评价结果报告，大大简化了产品评价的操作步骤，提高了小型风力发电机产品绿色设计的可操作性。

最后针对LCA评价中场景信息缺乏、评价结果针对性不强的问题，给出了一种多场景LCA预安装评价方法，利用生命周期评价技术，分别以南海某海岛及东海某海岛为预安装地点，对一款小型垂直轴风力发电机进行了多场景分析的预安装评估。通过对比南海与东海海岛的评估结果，验证了方法的普及性，同时发现引入场景因素后，南海及东海海岛风力发电机生命周期输入总能量和能量偿还时间计算结果更准确、更符合实际，相对未引入场景因素时计算结果有一定程度的降低，风力发电机绿色效益更好。

参考文献

[1] 王俊民. 产品生态设计中的政府责任分析[J]. 华人时刊旬刊，2012(9)：194-195.

[2] 奚道云，张秀芬，孙婷婷. 机械产品绿色设计标准研究[J]. 机械工业标准化与质量，2013(10)：12－15.

[3] 顾新建，等. 机电产品模块化设计方法和案例[M]. 北京：机械工业出版社，2014.

[4] Society of Environmental Toxicology and Chemistry. A Technical Framework for Life-Cycle Assessment [M]. SETAC Foundation for Environmental Education，Inc，Washington，September，1994.

[5] ISO 14040，Environmental Management-Life Cycle：Life Cycle Inventory Analysis[S]. 1997.

[6] 马丹丹. 企业漂绿行为的研究[J]. WTO 经济导刊，2014(6)：72－74.

[7] WIEDMANN T O，SUH S，FENG K，et al. Application of Hybrid Life Cycle Approaches to Emerging Energy Technologies-The Case of Wind Power in the UK[J]. Environmental Science and Technology，2011，45(13)：5900－5907.

[8] KALDELLIS，J K. ZAFIRAKIS. D. The wind energy revolution：A short review of a long history [J]. Renewable Energy，2011，36：1887－1901.

[9] JOGENSEN A，BOCQ A L，Nazarkina L，et al. Methodologies for Social Life Cycle Assessment[J]. The International Journal of Life Cycle Assess，2008，13(2)：96－103.

[10] 李方义，李剑峰. 产品绿色设计全生命周期评价方法研究现状及展望[J]. 现代制造技术与装备，2006：1：8－13.

[11] 任苇，刘年丰. 生命周期影响评价(LCIA)方法综述[J]. 华中科技大学学报，2003，3：83－86.

[12] 孙启宏，范与华. 国外生命周期评价(LCA)研究综述[J]. 世界标准化与质量管理，2002，12：24－25.

[13] 国家冶金工业局. 中国钢铁工业年鉴 2012[J]. 中国钢铁工业年鉴，2012.

[14] 国家环境保护局科技标准司. 工业污染物产生和排放系数手册[M]. 北京：中国环境科学出版社，2003.

[15] 杨建新. 产品生命周期评价方法及应用[M]. 北京：气象出版社，2002.

[16] 孙博. 洗碗机生命周期分析及其应用研究[D]. 合肥：合肥工业大学，2010.

[17] 苏新梅. 中小功率柴油机全生命周期评价体系的构建[D]. 济南：山东轻工业学院，2009.

[18] 刘钢. 机电产品全生命周期环境经济性能评估理论与方法研究[D]. 北京：清华大学，2003.

[19] 赵春晴. 基于 GaBi5 软件的板翅式全热交换器生命周期评估[D]. 南京：南京理工大学，2012.

[20] 徐杰峰，王小文，王乐力，等. 中国橡胶种植生命周期评价研究[J]. 中国生态农业学报，2011，01：172－180.

[21] 付春平，钟成华，邓春光. 水体富营养化成因分析[J]. 重庆建筑大学学报，2005，1：128－131.

第7章　实验研究与论证

在前面几章中，分别从电机的电磁理论设计、热源损耗计算、风力发电机气动性能分析与永磁发电机磁-热耦合温度场计算等方面对离网小型垂直轴风力发电机进行了探索研究。为了验证设计的离网小型垂直轴风力发电机是否能够满足风力发电机的整体要求与有限元仿真的准确性，本章按照电机和风轮的设计要求制造了离网小型垂直轴风力发电机的样机，同时搭建了综合测试实验平台进行样机性能测试实验并将实验结果与仿真结果进行对比，论证设计的合理性。

7.1　风轮转矩特性实验

实验以实验室现有的S型风力发电机为实例，通过搭建小型垂直轴风力发电机输出转矩测量实验平台获取其在不同工况下的输出转矩，并进一步求出其风能利用系数，与仿真结果进行对比。

7.1.1　实验平台控制系统

实验平台控制系统包括三部分：风速控制系统、转矩获取系统和叶尖速比控制系统。图7-1为实验平台总体设计方案。

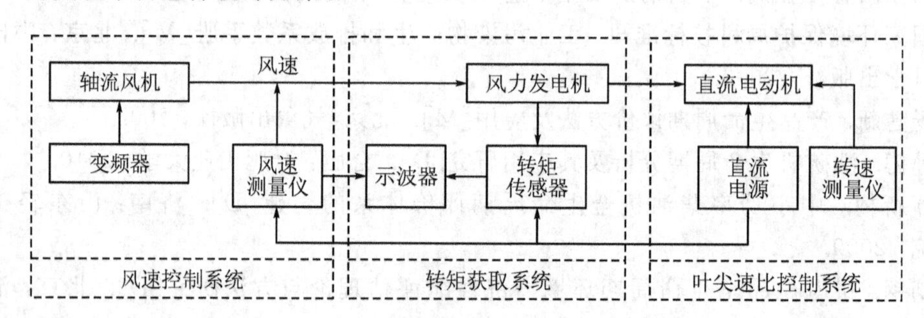

图7-1　实验平台总体设计方案

1. 风速控制系统

风速控制系统的风速是通过轴流风力发电机、变频器和风速测量仪进行控制。实验所需风是由轴流风力发电机供给的，轴流风力发电机的转速与电机的极对数和电源频率相关，通过变频器改变轴流风力发电机所接入的三相交流电源频率实现对叶轮转速的控制，进而控制达到轴流风力发电机流量可控的目的，实现了对风速大小的调节。风速控制系统如图7-2所示。

图 7-2　风速控制系统

实验准备阶段将风速测量仪放置在风力发电机位置，对变频器进行调频。待风速稳定后测出该频率对应的输出波形周期，图 7-3 为不同变频器频率所对应的输出波形。以 3 Hz 为一个间隔，在 10～40 Hz 范围内调节变频器频率，共测出 11 组频率所对应的风速。

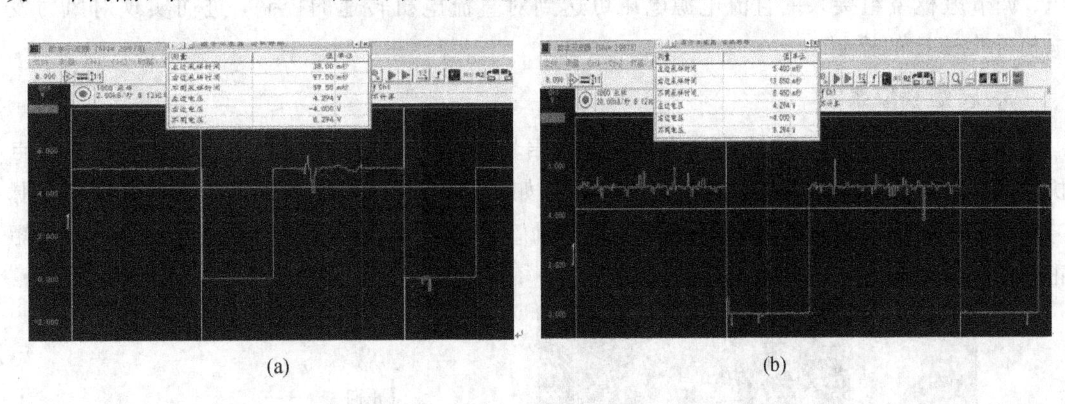

(a)　　(b)

图 7-3　风速传感器输入波形

表 7-1 为所测量的不同变频器频率所对应的风杯输出的波形及风速，并对所测风速结果进行曲线拟合，得出频率和风速的关系，如图 7-4 所示。

表 7-1　所测频率及对应风速

变频器频率/Hz	风杯输出波形周期/ms	风速/(m/s)	变频器频率/Hz	风杯输出波形周期/ms	风速(m/s)
0	0	0	25.04	16.5	5.62
9.9	59.6	1.77	28.06	14.7	6.27
13	44	2.9	31.01	13	7.05
16.07	34.8	2.82	34.03	9.4	9.63
19	21	4.48	36.97	8.1	11.1
21.96	19	4.92	39.9	8.5	10.7

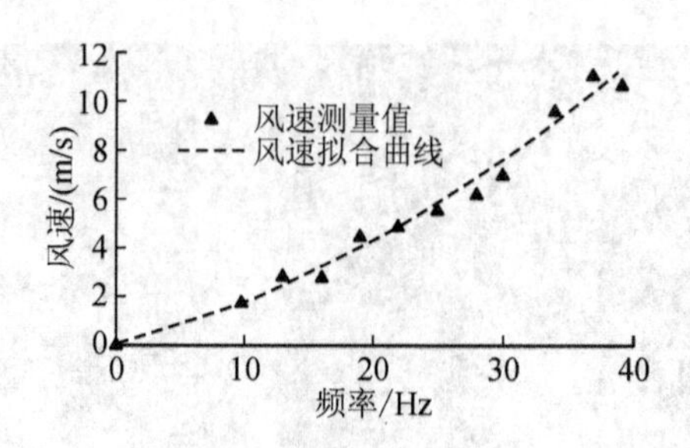

图 7-4 频率与风速关系曲线

2. 叶尖速比控制系统

叶尖速比对风力发电机的功率系数具有较大的影响，风力发电机的转矩系数随着叶尖速比变化而改变，为得到不同叶尖速比所对应的转矩系数需实现对叶尖速比的控制。在叶尖速比控制部分，是通过调节直流转速达到对风轮叶尖速比控制的，选用的是他励型直流电机，其包括励磁绕组接口 T_1、T_2 和电枢接口 S_1、S_2。为了给他励型直流电机提供稳定的磁场，需要在 T_1、T_2 外接直流电源，将 S_1、S_2 电枢接口接入另外的直流电源，给定励磁电压，调节电枢绕组接入的直流电源电压可达到对直流电机转速的控制，进而实现对风力发电机叶尖速比的控制。

3. 转矩获取系统

实验是通过 JN338 转矩测量仪获得转矩信号，该仪器通过联轴器安装在风轮和直流电机之间，当风轮转动时传感器输出转矩信号，如图 7-5 所示。通过示波器测得其输出的脉冲频率，该传感器转矩与脉冲频率的关系如图 7-6 所示。式(7-1)、式(7-2)分别为转矩正向和反向计算方法。

图 7-5 风轮转矩信号输出装置

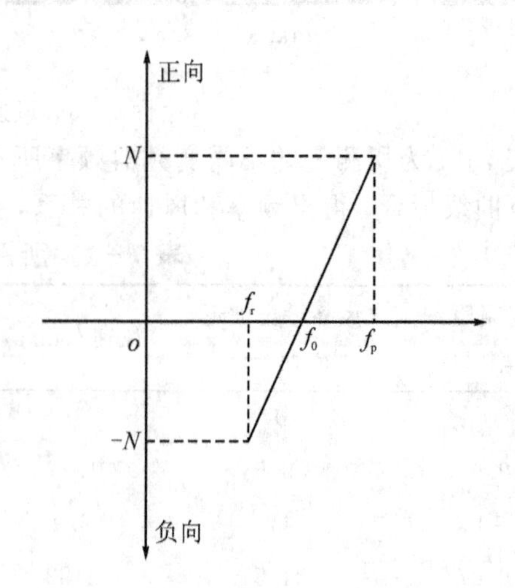

图 7-6 转矩与脉冲频率的关系

$$M_p = \frac{N(f - f_0)}{f_p - f_0} \tag{7-1}$$

$$M_{\mathrm{r}}=\frac{N(f_0-f)}{f_0-f_{\mathrm{r}}} \tag{7-2}$$

式中：N 为转矩满量程，其值为 2 N·m；f_{p}为正向满量程频率，其值为 15 kHz；f_{r}为反向满量程频率，其值为 5 kHz；f 为实验测量值；f_0 为零转矩。图 7-7 为其静止(零转矩)时的输出波形，f_{r}=10 kHz。

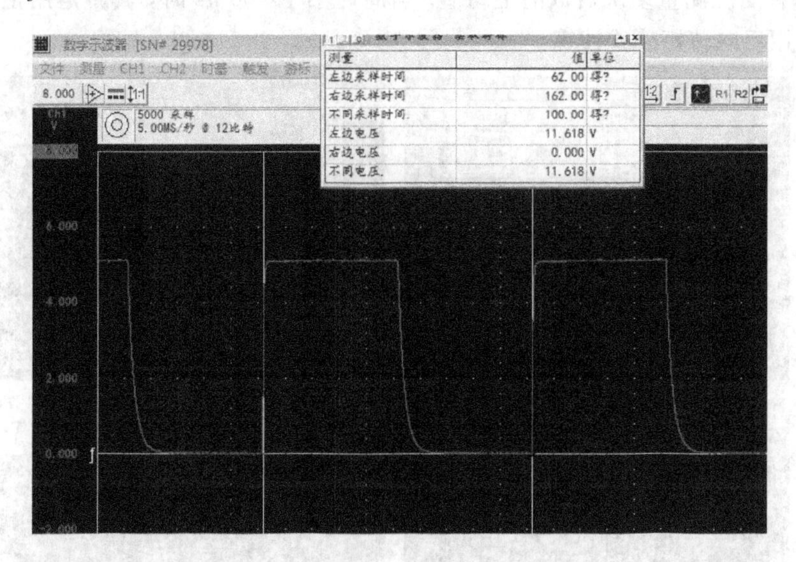

图 7-7　零转矩输出

测出风力发电机转矩 T，由下式可计算出其转矩系数：

$$C_{\mathrm{m}}=\frac{T}{\frac{1}{2}\rho A_{\mathrm{s}}RV^2} \tag{7-3}$$

式中：ρ 取 1.225 kg/m³，A_{s} 为 0.18 m²，R 为 0.15 m。

图 7-8 为最终完成的风轮转矩测量系统。

图 7-8　转矩测量系统

7.1.2　实验结果及分析

图 7 - 9 为风力发电机在不同叶尖速比下所输出的波形信号，通过波形读出所测信号的周期，并计算出该叶尖速比时风轮的转矩。由于风轮在旋转时所输出转矩是交替变换的，其波形是每种工况测量多次后取的平均值。当周期小于 100 μs 时，其转矩用正向转矩公式计算，反之用反向转矩公式计算。

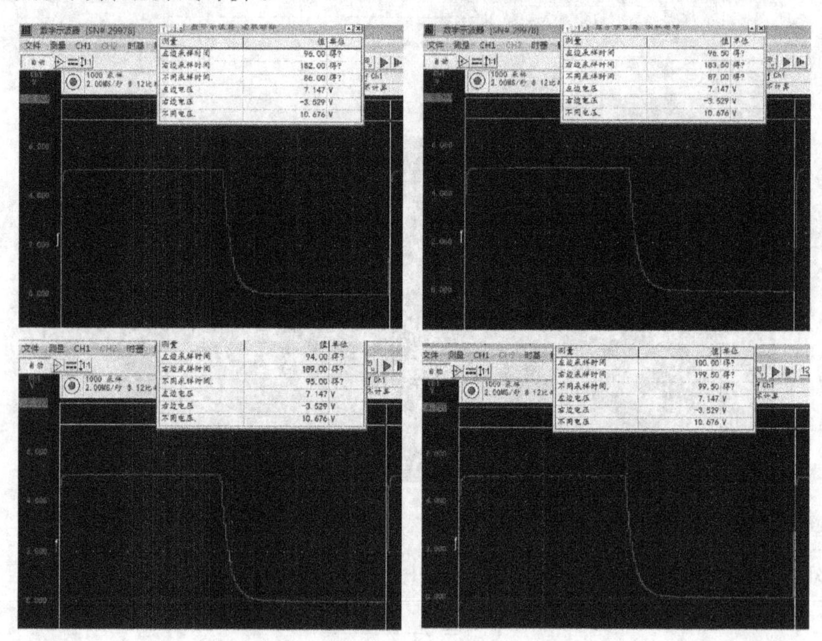

图 7 - 9　不同叶尖速比输出波形

表 7 - 2 为不同叶尖速比所测量的波形周期值，并通过此值计算出对应的风轮转矩、转矩系数及功率系数。

表 7 - 2　实验测量不同叶尖速比的值

叶尖速比	波形周期/μs	风轮转矩/N·m	转矩系数	功率系数
0.27	88	0.545	0.101	0.06
0.38	86	0.651	0.121	0.089
0.51	85	0.706	0.131	0.125
0.62	87	0.598	0.111	0.137
0.73	88	0.545	0.101	0.152
0.81	95	0.211	0.039	0.105
0.9	98	0.082	0.051	0.078
1	99.5	0.02	0.004	0.026
1.13	101.5	−0.059	−0.011	−0.005

采用实验所用风轮的结构参数，以 1∶1 建立其三维模型，并对其进行流场仿真计算。首先计算叶尖速比从 0.3 至 1.1 九种不同叶尖速比的转矩系数 C_m，然后进一步计算各个叶

尖速比所对应的功率系数。表 7－3 所示为所建立 LES 模型仿真计算得到的结果。

表 7－3　仿真计算不同叶尖速比的值

叶尖速比	转矩系数 C_m	功率系数	叶尖速比	转矩系数 C_m	功率系数
0.3	0.201	0.0603	0.8	0.129	0.1032
0.4	0.208	0.0832	0.9	0.101	0.0909
0.5	0.2092	0.1046	1	0.0492	0.0492
0.6	0.197	0.1182	1.1	0.0088	0.00968
0.7	0.174	0.1218			

对实验和仿真值进行曲线拟合，如图 7－10 所示。图 7－10(a)为两者测量结果的输出转矩系数对比，图 7－10(b)为两者功率系数的计算结果。由图中可知，仿真结果和实验趋势一样，且输出功率系数都在叶尖速比为 0.7 左右达到最大值，仿真值和实验值最大差值为 0.03，最小相差 0，从而验证了所建立计算模型的可行性。

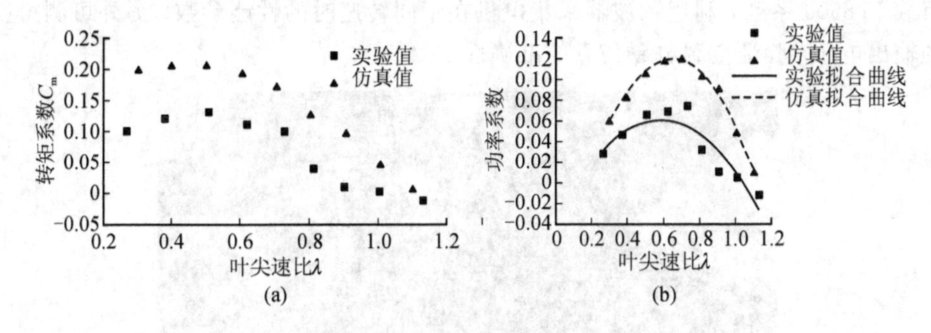

图 7－10　实验值和仿真值对比

由图 7－10 可知，实验测量值比仿真值偏小，这是因为轴流风力发电机所提供的流场并不是均匀水平的，在流动过程中呈螺旋状，易造成风轮周围流场不稳定，因此造成实验的误差。为排除轴流风力发电机因提供流场的不稳定所带来的误差，以 Sandia 实验室 S 型风力发电机为例，计算不同叶尖速比的转矩系数 C_m 值与 Sandia 实验室数据结果对比，以验证模型的准确性。图 7－11(a)为仿真值与实验值的对比，两者 C_m 曲线走势相同，随着叶尖速比的增加 C_m 值降低；在叶尖速为 0.2～0.6 区间仿真计算结果略低于实际值，在 0.6～1.4 区间仿真计算结果略高于实测值。计算功率系数 C_P 与叶尖速比 λ 的关系，图 7－11(b)为仿真

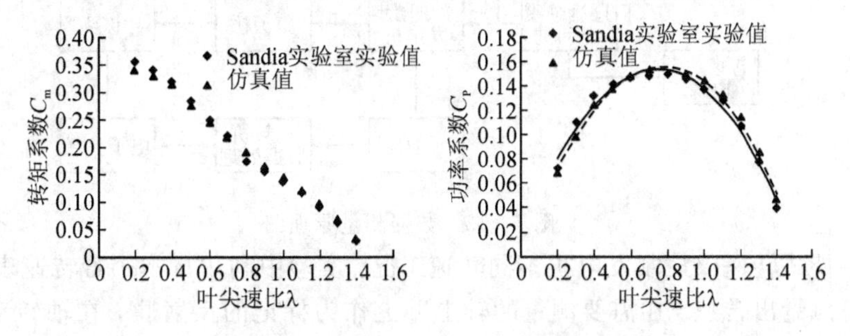

图 7－11　流场数值计算仿真值与实验值对比

值与实验值的对比。通过比较仿真计算的转矩系数 C_m 和功率系数 C_P 与实验值能够较好地吻合，从而验证了计算模型的准确性。

7.2　风轮转速对电磁特性的影响实验

为验证风轮转速对电机电磁性能的影响，本节将搭建与仿真元器件相对应的实验设备。

7.2.1　实验方案与测试

搭建的实验平台如图 7－12 所示。本实验采用 355 W 直流励磁电机作为原动机，使用两台直流电源当做电源让电机转动，其中一个电源接入电机的励磁接口 T_1、T_2，另外一个电源接入电机的电枢接口 S_1、S_2。给定励磁电压，通过调动电枢电压大小对电机进行调速，实现变速驱动发电机。输出电压经过整流桥与电容结合的整流滤波电路，接上直流可编程电子负载 IT8500 系列，利用示波器采集电机在不同转速时的性能参数。另外可测得空载下电机的输出电压，验证空载电磁仿真的准确性。

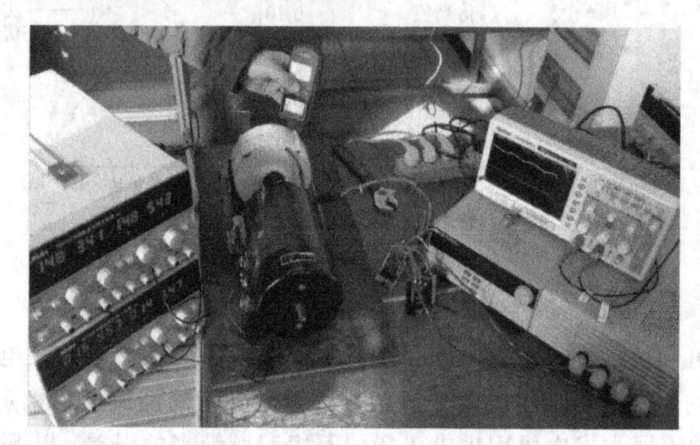

图 7－12　样机及实验平台

数据测量原理图如图 7－13 所示。

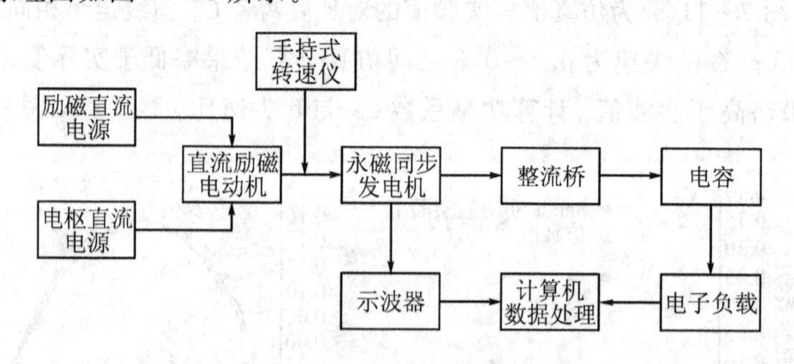

图 7－13　数据测量原理图

利用手持式转速仪控制发电机不同转速工况，实验中利用日本小野转速表 HT－4200，不接触即可测量出转速。在需要测量的轴上贴上作为标记的反射膜，在轴转动过程中按住光线按钮，使光线对准轴上的标记膜，即可读出转速。该型号转速表的精确测量范围为

30～5000 r/min，而且在测量过程中可以保存实时数据，可测量多组数据再计算平均值，保证高精确度。其主要特点为安全、方便检测，无须考虑旋转轴的受力负载。通过 20 000 μF 电容与整流桥搭建的整流滤波系统使三相交流电转换成直流，使负载正常工作，利用示波器可记录输出电压波形曲线。

7.2.2 实验结果及分析

为验证仿真结果的准确性，需要对比空载及负载条件下三相交流电压、直流电压仿真值与实验值。额定转速下，示波器测量空载的输出三相电压波形如图 7-14 所示。

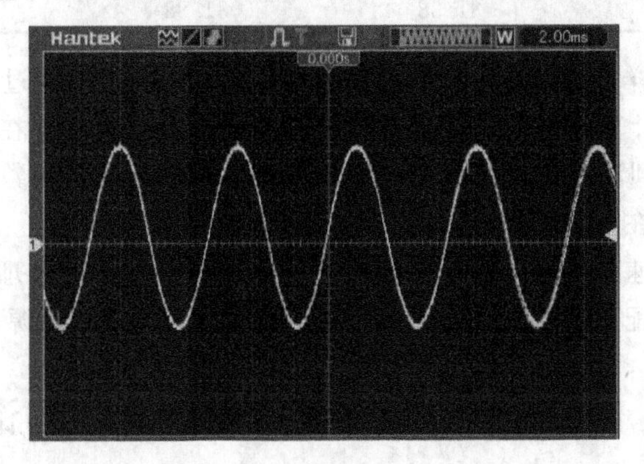

图 7-14　空载三相电压波形

将波形内部数据以 CSV 表格形式导出到计算机，进行数据处理，可得到空载下三相输出电压的有效值，与之前的仿真值进行比较，如表 7-4 所示。

表 7-4　空载线电压有效值

转速/(r/min)	仿真值/V	实验值/V	误差(%)
250	13.56	13.84	2.02
300	15.98	16.16	1.11
350	18.42	18.82	1.06
400	22.29	21.84	2.06
450	25.64	25.13	2.03
500	28.24	27.78	1.65

表 7-4 中的仿真值是出于对电机模型假设的前提下进行仿真计算的，可以看出额定转速范围内仿真值略小于实验值。实验中的气隙磁密受到谐波影响会更大，并且在瞬时仿真中的有效值需要手动截取周期波形来计算，不能从 0 时间(初始采样时间)开始，所以在人工操作上也会产生误差，误差值在 2%左右。

整流负载下的直流电压可直接通过电子负载显示采集。实验中采用的电子负载 IT8500 系列内建高分辨率和高精度的测量电路，具有定电压 CV、定功率 CW、定电流 CC 和定电阻 CR 模式，可直接利用显示器读出输出电压值，对整流负载之后的电压进行实测对比，对比结果如表 7-5 所示。

表 7-5 整流负载下电压值

转速/(r/min)	仿真值/V	实验值/V	误差(%)
250	15.08	15.30	1.44
300	18.35	18.60	1.34
350	21.95	22.00	0.23
400	24.92	25.20	1.11
450	28.08	28.52	1.54
500	31.38	31.88	1.57

与空载的情况一样，比较整流电压实验值与仿真值。由于实验过程中整流桥电路会增加谐波分量，而且在计算过程中，电机运行状态与整流负载状态存在整流桥，还会受到温度的影响，电阻会受到温度变化而变化，也会导致仿真数据与实验数据之间存在误差。得到的数据存在的误差在 2%以内。

研究电机不同转速下的电压输出特性可验证电机内部结构的合理性，有效解决功率大小与电机尺寸之间的配对问题，增长电机使用寿命的同时可节省资源，降低成本。

7.3 风速对电能质量的影响规律的论证

本节运用实验验证的方法论证风速对电路系统输出波形谐波分量的影响，证实风速模型的准确性，同时也说明风速对于电路系统的输出波形的谐波分量存在影响。

7.3.1 实验平台搭建

由于实际实验中实验室风速环境不能达到实验要求，所以采用电机代替风力发电机结构，电源输入代替风速输入的方法来进行模拟实验。手动调节电源就可以间接调节电机转速，从而调节发电机输出，达到模拟风速影响发电机输出的效果。主要实验平台搭建原理如图 7-15 所示。

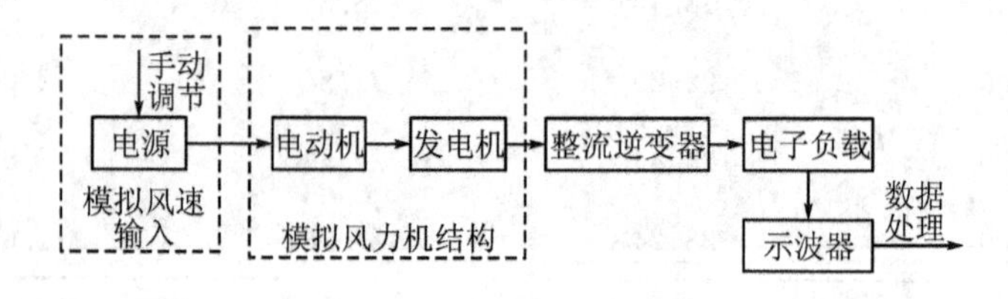

图 7-15 实验平台搭建原理

按照上述实验平台原理，利用本实验室现有仪器搭建的简单离网小型风力发电系统实验平台如图 7-16 所示。其中，电机为直流励磁电机，发电机为永磁交流盘式发电机，两者通过联轴器连接，保证了电机对发电机的直接带动。而发电机的输出电流经过整流逆变器之后接入电子负载，随后通过示波器进行数据采集。其中，电子负载只是起到分压作用，所以其负载类型和数值大小对本实验没有直接影响。

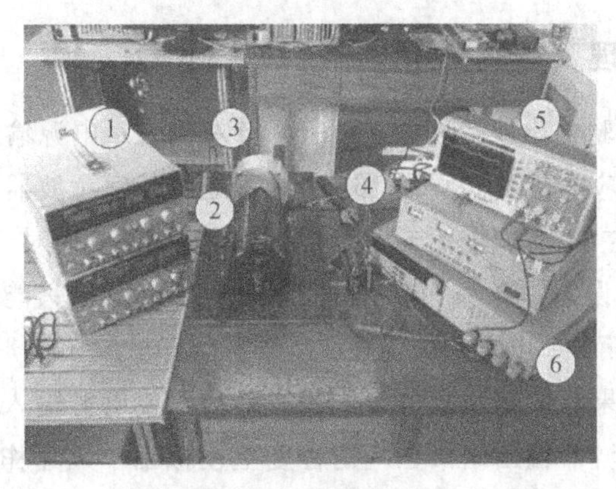

图 7-16　实验平台

如图 7-16 所示，风力发电机结构由励磁电机②带动盘式发电机③模拟而成，通过直流电子负载仪①中的两个直流可控电源给励磁电机进行供电，通过整流逆变装置④处理后，连接负载⑥，输出信号可以通过示波器⑤测得。

7.3.2　实验内容

由于实验目的是研究风速影响电机输出，从而影响电能质量，所以其中数值大小并无具体要求，主要内容是风速的模拟及最终数据采集处理。而通过调节电源输入来模拟风速，数据采集可以通过示波器来完成。另外，本实验采取四分量模型为风速模拟依据，在模型体系下，规定时间内进行电源调节，其趋势与四分量模型中的风速趋势相同，最后将每个模拟风速输入作用下的示波器数据进行保存叠加便可以得出组合风速作用下的系统输出。其结果如图 7-17 所示。

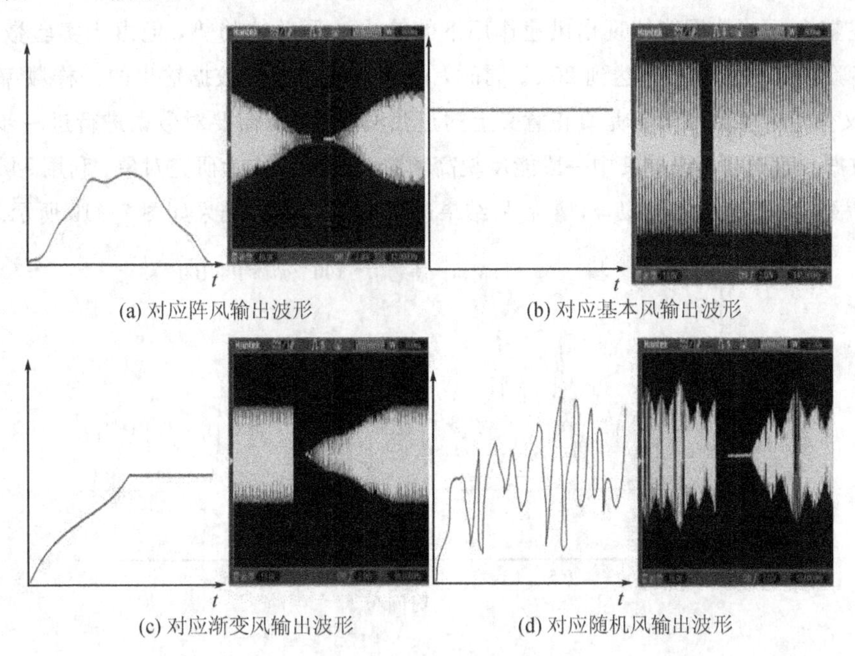

图 7-17　实验输出波形

7.3.3　实验数据处理及结果分析

图 7-17 所示的实验输出波形图中，每一部分左侧表示电源输入，右侧为示波器输出。为了方便保存数据，对应的仿真时间为 16 s 左右。通过保存示波器 CSV 文件生成，采用频率为 1e-6。可以看出左侧电源输入与风速四分量模型相符，而对于随机风的高频部分，有两个因素造成存在一定误差：第一，电源只能手动调节，所以只能取点后进行模拟还原波形，与原波形有误差；第二，电机响应速度太慢，所以导致输出波形趋势并不能与输入电源完全同步。对比上述结果与风速仿真可以看出，手动调节电源输入在一定程度上还原了风速模型，因此相应的示波器输出结果在一定程度上模拟出了风速作用下的离网小型风力发电系统的输出。将上述四个波形数据保存为 CSV 文件后进行累加，得到实验模拟的组合风速对应的输出波形，如图 7-18 所示。

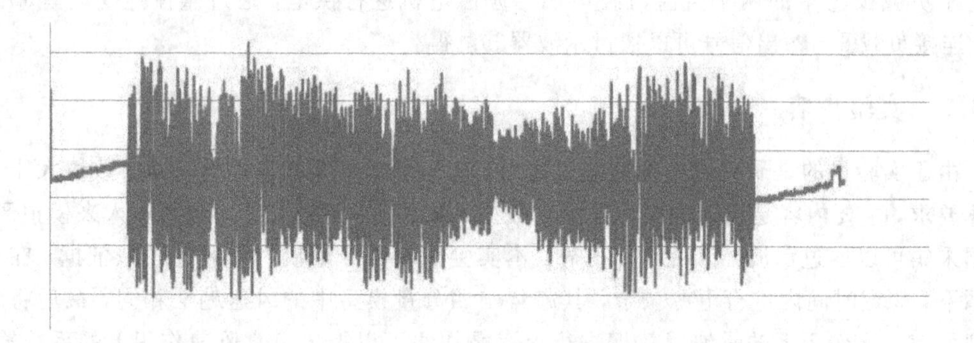

图 7-18　实验输出组合结果

上述整合后的数据能体现出风速作用下的输出波形总体趋势，但由于实验数据记录的需要，实验操作时间较长，达到 20 s。同时，由于示波器采样数据输出的采样频率较高，所以 CSV 文件组合生成图形不是真正意义上的正弦波。因此，需要对数据进行进一步处理。综合考虑数据处理过程，选择其中一段能反映高频趋势的数据作为研究对象，利用 MATLAB 中的 cftool 根据数据进行曲线拟合，最后将结果进行 FFT 分析，结果如图 7-19 所示。

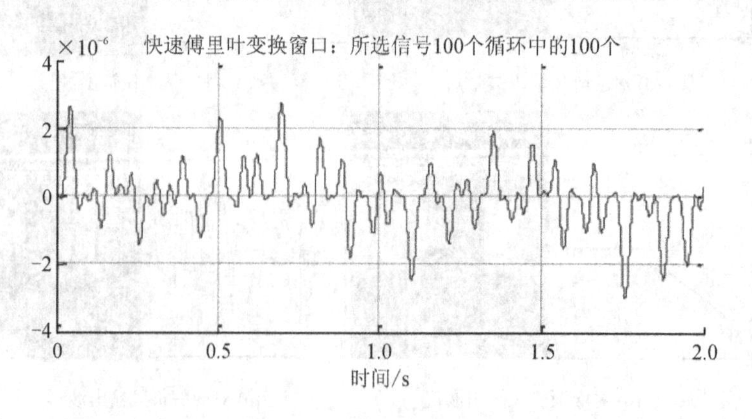

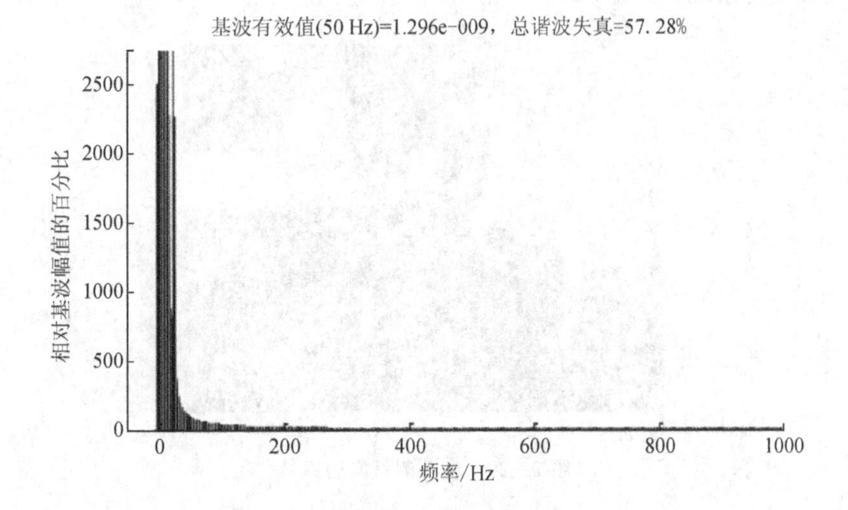

图 7-19　实验输出结果 FFT 分析

实际实验结果与仿真结果都表明风速作用下的 THD 值较大，这是由于仿真所选发电机模型比实际较为理想，其次是手动调节还存在一定误差，而幅值变化幅度过大正是由于风速变化导致的。综合实验及仿真数据可以得出，风速对于系统输出电能的质量存在严重的影响。因此，系统需要进一步通过功率补偿和谐波滤除等相关控制策略以及电路来降低乃至消除此部分影响。

7.4　电机的温升特性实验

实验系统总共包括三个部分，分别为风速控制系统、叶尖速比控制系统和温升测量系统，其中风速控制系统和叶尖速比控制系统见 7.1.1 小节。

7.4.1　温升测量系统

温升测量系统主要是为了测量一体化风力发电机在运行过程中的温度变化。电机内部的温度随着风力发电机转速的改变而改变，为了得到不同转速情况下电机内温度的变化，通过叶尖速比控制系统结合 RDC2512B 型智能直流低电阻测试仪两者协同完成电机内部温度测量。智能直流低电阻测试仪的原理是利用电机绕组在受热前后电阻率的变化间接测量绕组温度的，测量所得结果为电机线圈温度的平均值。

对于永磁发电机而言，由于电机内部绕组采用的是铜线圈，所以线圈的热态计算公式为

$$T_2 = \frac{R_2}{R_1}(T_1 + 234.5) - 234.5 \tag{7-4}$$

式中：R_1 为绕组冷态电阻，单位为 Ω；R_2 为断电瞬间电机的热态电阻，单位为 Ω；T_1 为冷态温度，即电机运行前的室内温度，单位为℃。

温升测试实验系统如图 7－20 所示。

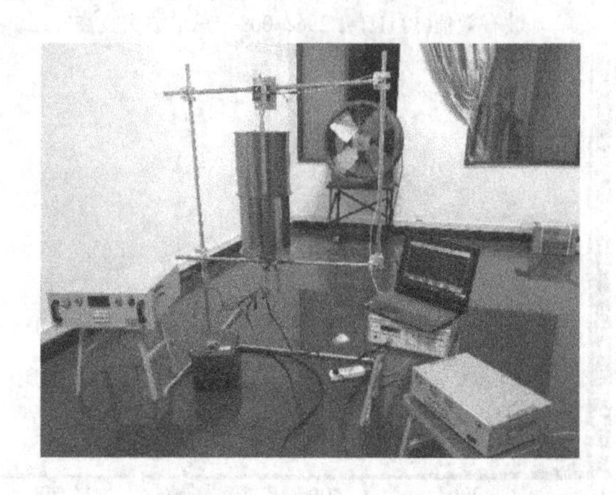

图 7－20　温升测试实验系统

7.4.2　实验结果及分析

图 7－21 给出了在室温环境下转速为 400 r/min 时的一体化风力发电机运行 40 分钟的电机内部最高温升曲线。为了验证本书使用的热网络法计算一体化风力发电机温升变化的准确性，图中将热网络法和磁-热双向耦合联合仿真得到的数据结果与通过温升实验测试平台得到的数据进行对比。从图中可以看出，实验测得的电机最高温升曲线与仿真所得的曲线趋势一致，随着时间的增加电机内部温升呈现先增加后稳定的趋势。仿真得到的最高温度稳定在 119.98℃，而实验测量所得的电机内部最高温度维持在 103.03℃，仿真与实验最高温升误差为 14.13％。

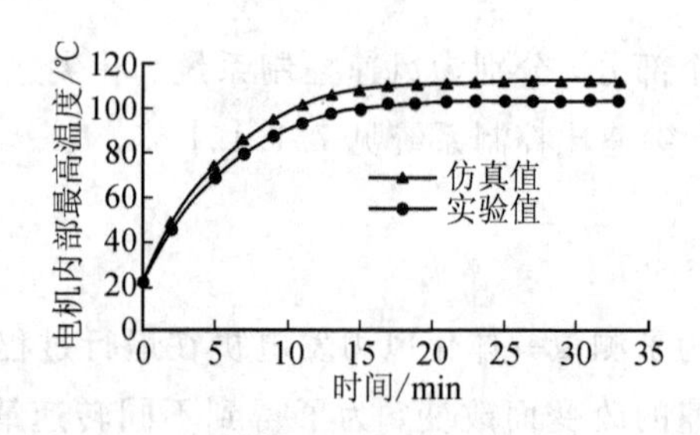

图 7－21　电机最高温升变化曲线

实验与仿真存在误差的原因是实验采用低电阻仪测试电机内部温升，电阻仪的原理是根据电机内部由于温升变化导致的电机绕组的电阻值变化进行测量的。由于低电阻测试仪只能在断电情况下进行电机冷态测量，断电时的冷态反应时间会造成电机测量温升略小于实际温升。其次，低电阻仪测量数据反映的是电机内部绕组的平均温升情况，而仿真得到的数据是电机内部的最大温升，由于电机内部绕组端部扭转换位的原因使电机绕组的局部温升降低，导致实验误差增加。本书制作样机的钕铁硼为耐高温钕铁硼，工作温度可达 120℃，而转子铁芯的绝缘材料的绝缘等级为 H 级，可在 180℃环境中正常工作，因此，从电机内部温升方面考虑，电机可以正常工作，没有发生不可逆损坏风险。

本章小结

本章利用搭建的综合测试实验平台，对样机进行性能测试实验，对比实验结果与仿真结果，论证设计的合理性。实验与验证主要包括以下四个部分：

以实验室现有的 S 型风力发电机风轮为实验验证对象，搭建垂直轴风力发电机转矩测量实验平台，测量出不同叶尖速比时的风轮功率系数，并对该风轮以文献[1]中建模方法计算出不同叶尖速比所输出的功率系数。对比实验和仿真结果曲线可发现，两条曲线随叶尖速比变化趋势相同，且都在叶尖速比为 0.7 附近时功率系数达到最大值，并通过与 Sandia 实验室风洞实验数据对比排除因轴流风力发电机流体的不稳定造成的误差，验证了所建立模型的正确性。

基于电磁场计算理论，结合电机电磁场有限元原理，利用实验室搭建的实验平台，对不同工况下电机的空载及整流负载的电磁电压特性进行分析，将空载及整流负载的电压仿真值与实测值进行了比对，误差不超过 2%。

通过风速对电能质量影响实验，论证了风速对电路系统可靠性的影响。实验结果表明：风速作用下的 THD 值较大，风速的不稳定导致风力发电机输出不稳定从而影响电能质量；输出电能谐波分量占比较大，严重影响电能质量以及电路系统的安全性。因此，系统需要进一步通过功率补偿和谐波滤除等相关控制策略以及电路来降低乃至消除此部分影响。

通过电机温升特性实验，验证了电机内部最高温升出现在绕组中的结论。实验最高温度为 103.03℃，仿真最高温度为 119.98℃，二者最高误差为 14.13%。然后从实验测量手段与仪器的局限性方面说明了误差产生的原因，从材料性能方面论证了风力发电机温升在安全裕度范围之内。

参考文献

[1] 刘希昌，莫秋云，李帅帅，等. 小型垂直轴风力发电机的气动噪声数值模拟与试验验证[J]. 流体机械，2016，44(6)：11-26.